作者序

在現今這個雲端化的時代，以網頁為基礎的各項應用已經融入到日常的生活和工作中，網頁應用開發逐漸成為一個不可或缺的技術，不僅是專業開發人員，許多網頁使用者也相繼投入這個領域進行學習。然而，雖然網路提供的學習資源非常豐富，但在內容上較為分散，也缺乏一系列由淺入深且循序漸進的內容編排，零碎的知識與欠缺完整參考範例的搭配，使得初學者無法有效應用線上資源，在學習上備感挫折。

眾多蓬勃發展的網頁開發技術中，微軟提出 ASP.NET 相關技術與類別庫占有一席之地，在 .NET Framework 開發平台 (development platform) 下，採用 C＃語言進行開發的方式，相當普遍。而為了提升多作業平台整合與相應的開發能力，微軟於 2014 年推出新的架構 ASP.NET 5，並在 2016 年更名為 ASP.NET Core，這個變更代表了 .NET 平台的重要發展，將 .NET Framework 和 .NET Core 合併成一個統一的平台。這樣的合併有助於簡化 .NET 開發，並提供更一致的開發體驗，且 ASP.NET Core 具有跨越不同作業系統的能力，除 Windows 外，Mac OSX 與 Linux 也能進行開發，而 .NET Core 與現有的 .NET Framework 是可以並存的，能在同一台電腦上同時運行兩種開發環境，保持與過去應用程式的相容性。此外 .NET Core 應用程式的部署變得更簡單，不需要擁有大型的 Framework Runtime，讓應用程式更輕巧；同時 .NET Core 採用的是分散式套件管理，應用程式可以獨立下載和更新所需的套件版本，不需要一個固定的大版本，讓專案開發更加彈性。總而言之，.NET Core 為 .NET 開發帶來了更大的靈活性，同時也減少了不必要的複雜性，這個重要改變也促進了 .NET 系統的進步，並為未來的 .NET 開發提供更多選擇和機會。

ASP.NET Core 已經持續更新到 8.0 測試版本，除承襲先前版本的優點外，更加入許多實用的功能，使用者可更快速有效率地完成應用程式開發，然而，如何有效率地發揮 ASP.NET MVC 的優勢是許多人頭痛的地方，錯誤的觀念及步驟反而造成事倍功半的窘境，有鑑於此，也就有了這本書的產生。這本書主要目的是在 .NET 8 的環境下，如何使用 ASP.NET Core 與 MVC 軟體開發模式來建立一個強大且可擴展的平台，將引導讀者掌握軟體開發的基本技能，從 ASP.NET、MVC 模式、開發工具、設計原則和專案實作一一介紹與討論，並輔以各範例的詳解步驟，幫助讀者建立軟體開發的基礎。

此書將建構多個項目來理解 .NET 8 中的基本概念。在前面章節中將使用 ASP.NET Core Web 應用程式 (Model-View-Controller) 來學習 Create(新增)、Read(閱讀)、Update(更新)、Delete (刪除) 等資料基本操作。而實作章節則會帶領讀者開發電商線上平台的各個基本功能，如：會員系統、購物車、訂單管理等，從實作中學習如何開發應用程式。本書在實作範例時加入了許多知名且實用的套件，像是 Toastr 和 DataTables 等，帶領讀者一步步將套件引用至專案中，讀者可以根據需求和設計風格，來提高網頁的使用者體驗和美工設計，最後將會詳細介紹如何在 Azure 上部署應用程式。

ASP.NET Core 結合 MVC 軟體開發模式，對於初學者而言，有一定的進入障礙，為了讓初學者能夠更容易的了解與學習，本書提供了很多的範例與補充說明，以減低學習者在學習上的困難，在實作的程式碼部分，本書的範例詳細解釋每行程式碼，讓學習者能更容易的了解整個程式運作的架構和方式，進而有更深入的體會與了解。最後，這是一本由學生團隊和指導老師們合力完成的書籍，這本書的範例都是學生練習後的成果，範例程式碼都經過學生們再三確認無誤，學生們才是這本書的真正作者。

姜琇森、蕭國倫

撰寫於 國立臺中科技大學資訊管理系

目錄

Chapter **01** 環境建置 & 關於 .NET 8

Chapter **02** C# 基礎語法

Chapter 06 檔案結構

Chapter 07 Product + 首頁

Chapter **11** 專案部署

環境建置 &
關於 .NET 8

1-1 ASP.NET Core 簡介

　　隨著科技的發展，微軟 (Microsoft) 為了整合多種作業平台及提升開發能力，在 2014 年推出了 ASP.NET 5。然而，ASP.NET 5 的命名容易讓人誤以為是 ASP.NET 的升級版，實際上 ASP.NET 5 是從頭開始打造的新一代 ASP.NET Core 功能。因此，微軟於 2016 年 5 月正式將 ASP.NET 5 更名為 ASP.NET Core 1.0，並與 .NET Core Framework 一起運作。

　　ASP.NET Core 是由微軟創建的第一個具有跨平台能力 (Windows, Mac OSX 與 Linux)，除了開放原始碼，同時也提升了性能、安全性和可擴展性等，是屬於輕量型的 Web 程式框架。ASP.NET Core 也提供了許多解決效能的指導方針，例如：**積極快取、瞭解程式碼中的熱點路徑、避免阻塞式呼叫等等**，可用於建立現代化、具備雲端功能的 web 應用程式。

　　發佈 .NET Core 1.0 後，微軟持續改進和升級 .NET Core 的技術，包括引入新的功能和 API、優化效能和安全性、增加對不同平台和設備的支持等。一直到 .NET Core 3.1 後，**微軟在 2019 年 5 月時正式宣布**

將 .NET Core 和 .NET Framework 合併成一個統一的 .NET 平台，稱為 .NET 5。.NET 5 繼承了 .NET Core 的許多特性，同時也包含了 .NET Framework 的許多 API 和功能。這個合併的過程不僅整合了 .NET Core 和 .NET Framework 的優勢，還使 .NET 生態系更加統一、簡化了開發人員的選擇和學習成本。

▨ .NET 支持策略

　　每年的 11 月份會發佈 .NET 的新主要版本，奇數版本是短期支援 (Standard Term Support, STS)，偶數版本則是長期支援 (Long Term Support, LTS)。所有版本的質量都是一樣的，差別在支持時間的長短。LTS 版本可獲得 3 年的免費支持和維護程式。STS 版本可獲得 18 個月的免費支持和維護程式。

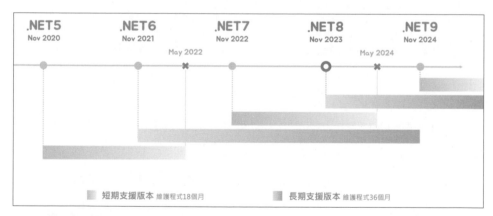

▲ 圖 1-1　.NET Core 版本演進 (圖片來源：.NET 5 和 .Net Core 官方支持策略)

1-2 .NET 8 簡介

　　.NET 8 是 .NET 7 的後繼版本，它作為長期支援版本 (LTS) 並得到三年的支援。目前預覽版已經更新到第三版了。**主要新增了以下功能：**

- "dotnet publish" 和 "dotnet pack"：
  由於 dotnet publish 和 dotnet pack 命令都是在要產生生產資產，因此預設為生成資產。

- System.Text.Json 序列化：
  對 System.Text.Json 序列化和反序列化功能進行了各種改進，例如自定義對不在 JSON 負載中的成員的處理、支援從介面層次結構序列化屬性。

- 處理隨機性的方法：
  System.Random 和 System.Security.Cryptography.RandomNumber Generator 類型引入了兩種處理隨機性的新方法。

- GetItems<T>（ ）：
  System.Random.GetItems 和 System.Security.Cryptography. RandomNumberGenerator.GetItems 方法可用於從輸入集中隨機選擇指定數量的項。

- 隨機播放 <T>（ ）：
  新的 Random.Shuffle 和 RandomNumberGenerator.Shuffle<T>（ Span <T>）方法可用於隨機化範圍的順序。這些方法對於減少機器學習中的訓練偏差很有用

- 以性能為中心的類型：
  例如新的 System.Collections.Frozen 命名空間包括集合類型 Frozen Dictionary<TKey，TValue> 和 FrozenSet<T>； 新 System.Buffers. IndexOfAnyValues<T> 類型旨在傳遞給在傳遞的集合中查找任何值的第一個匹配項的方法等。

- System.Numerics 和 System.Runtime.Intrinsics：
  改進了 .NET 8 上的硬體加速，包括重新實現 Vector256<T>、新增

Vector512<T>、使用屬性標記硬體內部函數需要常量等；也新增 Lerp(TSelf, TSelf, TSelf) API 用於高效且正確地執行線性內插。

■ 數據驗證特性：

System.ComponentModel.DataAnnotations 命名空間新增用於驗證雲原生服務的特性，包括對非使用者輸入數據的驗證，也更新了 RangeAttribute 和 RequiredAttribute 類型的屬性。

■ 函數指標的自檢支援：

從 .NET 8 開始，反射操作會返回 System.Type 對象，可訪問函數指標的元數據，如調用約定、返回類型和參數。

■ 本機 AOT：

從 .NET 7 開始引入了本機 AOT 的選項，而在 .NET 8 中則新增 macOS 上的 x64 和 Arm64 體系結構的支援，並優化了 Linux 上本機 AOT 應用的大小。

■ .NET 容器映像：

容器映像現在使用 Debian 12(Bookworm)。 Debian 是 .NET 容器映像中的默認 Linux 發行版。

■ 在 Linux 上生成自己的 .NET

在以往的 .NET 版本中需要從 dotnet/installer 提交源 tarball，才能生成。在 .NET8 中 dotnet/dotnet 儲存庫中可以直接生成 .NET，使用 dotnet/source-build。

■ Linux 的最低基本支援線：

.NET 8 的 Linux 最低支援基線已更新。Ubuntu 16.04 成為最低版本，RHEL 7 不再支援，而是支援 RHEL 8+。

在本書撰寫的當下，.NET8 的預覽版已經更新到第七版了，若要查看所有新功能以及進一步的資訊，可以到以下網址觀看更多內：

ASP.NET Core updates in .NET 8 Preview 7 -.NET Blog
https://reurl.cc/0Z4nOo

1-3 開發工具、環境架設

　　.Net 8 的最終版本預計在 2023 年 11 月發布，目前可以使用預覽版本。.Net 8 預覽版是使用 Visual Studio 預覽版提供的，**這也是本書中我們將使用的版本。**

.NET8
Preview

Visual Studio2022
Preview

SSMS 2022

▲ 圖 1-2　專案使用到的開發工具

　　我們將在本書中學習 ASP.NET Core MVC。因此，讀者必須對 C# 程式語言有基本的了解。如果您使用過傳統的 .NET 應用程式，那完全沒問題。只要您了解 C# 的基礎知識，應該能很好地學習這門課程。最重要的是，我們的資料庫使用 SQL Server。所以應該要有一些使用 SQL Server 撰寫查詢的經驗，會更好入門這本課程。

▨ 開發工具

Visual Studio 2022 功能：

Microsoft Visual Studio（簡稱 VS 或 MSVS）是微軟公司的開發工具套件系列產品。VS 是一個基本完整的開發工具集，所寫的目的碼適用於微軟支援的所有平台，2021 年 4 月 19 日，微軟宣布了 Visual Studio 2022（Version 17），它是第一個作為 64 位元行程執行的版本。

以下提出幾點：

■ 我們的 64 位元升級
將 Visual Studio 調整成最大的專案和複雜的工作負載，並不會發生記憶體不足的情況。

■ 隨附 .NET 8 Preview
使用 C# 和 .NET MAUI 開發跨平台應用程式。使用 Blazor 建置回應式 Web API。

■ C++20 支援
我們以 C++20 為目標的最新工具鏈，且與 2022 二進位相容。

■ 目前的最佳 IntelliCode
透過更加了解您的代碼內容，並利用近 50 萬個開放原始碼存放庫代碼模式的智慧，IntelliCode 現在會自動完成較大的代碼區塊。

■ 適用於您的 IDE
Visual Studio 2022 具有重新整理的外觀，其全新圖示和佈景主題可改善清晰度與一致性，但仍保持熟悉度。

■ 增強的偵錯
使用可讓您快速診斷問題的偵錯工具，完全開發您身為開發人員的潛能。

▨ SQL Server Management Studio：

　　是微軟的一個與其資料庫產品 Microsoft SQL Server 配合使用的產品，以便於設定、配置及管理其元件。原為 SQL Server 2000 的管理工具，名為「SQL Server Enterprise Manager」。該工具包括腳本編輯器和圖形工具，與服務器的對象和功能一起使用。

開發工具 - Visual Studio 2022

步驟01 開啟微軟官方網站

　　　　首先到官方網站下載 .NET8 的 Preview 版本

　　　　(https://dotnet.microsoft.com/en-us/download/dotnet/8.0)

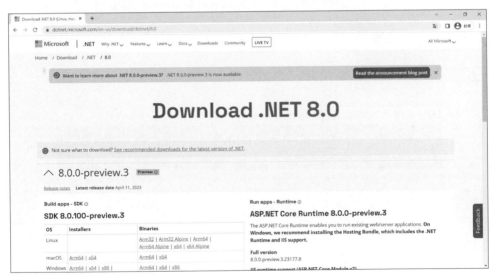

▲ 圖 1-3　微軟官方網站 .NET8 preview 下載網站

步驟**02** 選擇適合的 Windows 位元版本下載。

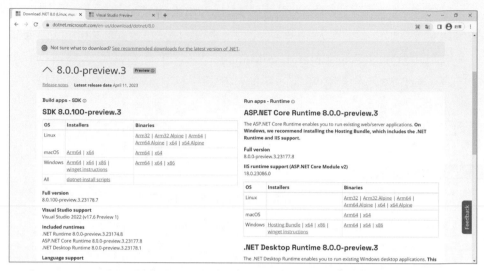

▲ 圖 1-4　微軟官方網站 .NET8 Preview 下載網站

步驟**03** 檔案下載完成後執行→點選安裝。

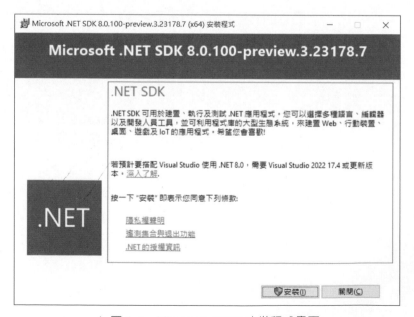

▲ 圖 1-5　Microsoft .NET8 安裝程式畫面

步驟04 安裝完成後點選關閉。

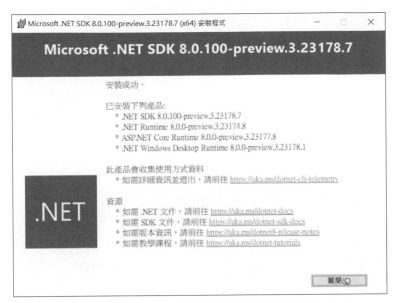

▲ 圖 1-6　Microsoft .NET8 安裝程式畫面

步驟05 接著下載 Visual Studio 2022 預覽 (Preview)

https://visualstudio.microsoft.com/zh-hant/vs/preview/

▲ 圖 1-7　Microsoft Visual Studio Preview 下載網站

步驟06 接著點選下載預覽。

步驟07 選擇 Visual Studio Community。

▲ 圖 1-8　Microsoft Visual Studio Preview 下載網站

步驟08 檔案下載完成後執行 → 點選繼續。

▲ 圖 1-9　Visual Studio Preview 安裝程式畫面

Visual Studio Installer

正在準備 Visual Studio 安裝程式就緒。

已下載

正在安裝

▲ 圖 1-10　Visual Studio Preview 安裝程式畫面

Visual Studio Installer

正在準備 Visual Studio 安裝程式就緒。

已下載

已安裝

▲ 圖 1-11　Visual Studio Preview 安裝程式畫面

步驟09 安裝選擇性工具，這邊要點選。

- ASP.NET 與網頁程式開發。
- .NET 桌面開發。
- 資料儲存和處理。

▲ 圖 1-12　安裝選擇性工具

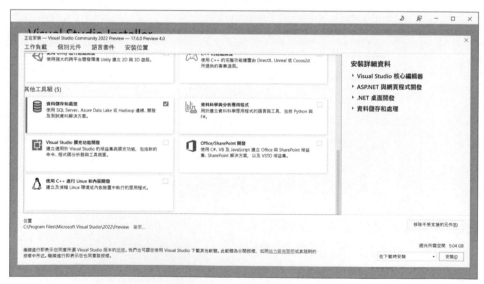

▲ 圖 1-13　安裝選擇性工具

步驟10 請登入自己的 Visual Studio 帳號或略過。

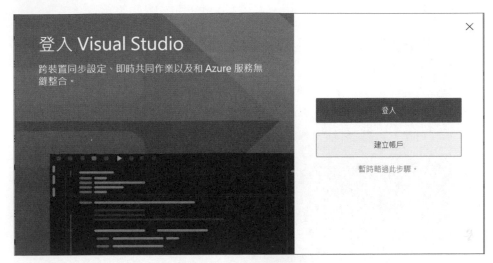

▲ 圖 1-14　登入帳戶畫面

步驟11 環境設定。

選取習慣的配置模式後,點擊「啟動 Visual Studio」。

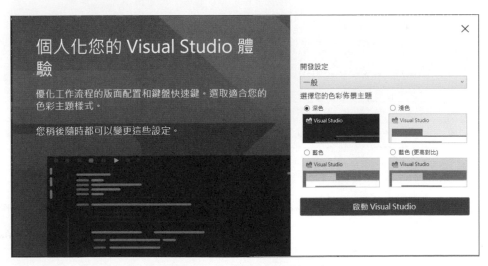

▲ 圖 1-15　選擇預設環境設定

步驟12 啟動完畢。

啟動後進入 Visual Studio 2022 Community 的起始畫面。

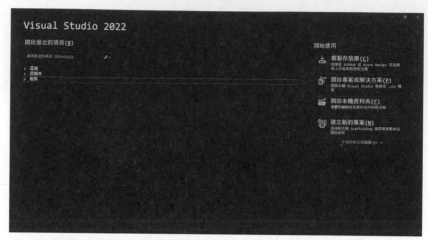

▲ 圖 1-16　Visual Studio 2022 Community 的起始畫面

開發工具 - SQL Server Management Studio (SSMS)

步驟01 開啟微軟官方網站。

首先到微軟官方網站上下載，點選開發人員版。

(https://www.microsoft.com/zh-tw/sql-server/sql-server-downloads)

▲ 圖 1-17　微軟官方網站 SQL Server Management Studio 下載網站

步驟02 點選安裝執行檔後，安裝類型選則「基本」，會採 Windows 授權
身份登入。

▲ 圖 1-18　SQL Server 2019 Developer 安裝類型

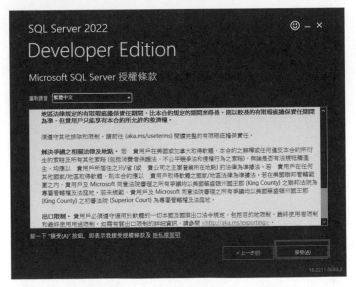

▲ 圖 1-19　Microsoft SQL Server 授權條款

步驟03 選擇安裝路徑，預設為 C:\
可以指定想要的路徑位置。

▲ 圖 1-20　選擇下載路徑位置

步驟04 點擊安裝。
等待下載，下載好後按關閉。

▲ 圖 1-21　下載畫面

▲ 圖 1-22　安裝順利完成畫面

下載 SQL Server Management Studio (SSMS)。

https://learn.microsoft.com/zh-tw/sql/ssms/download-sql-server-management-studio-ssms?view=sql-server-ver16

下載 SSMS

↓SQL Server Management Studio (SSMS 免費下載) 19.1 ↗

▲ 圖 1-23　下載 SSMS 畫面

步驟05 點選→ SQL Server Management Studio (SSMS 免費下載)19.1，點選安裝。

▲ 圖 1-24　安裝 SSMS 的畫面

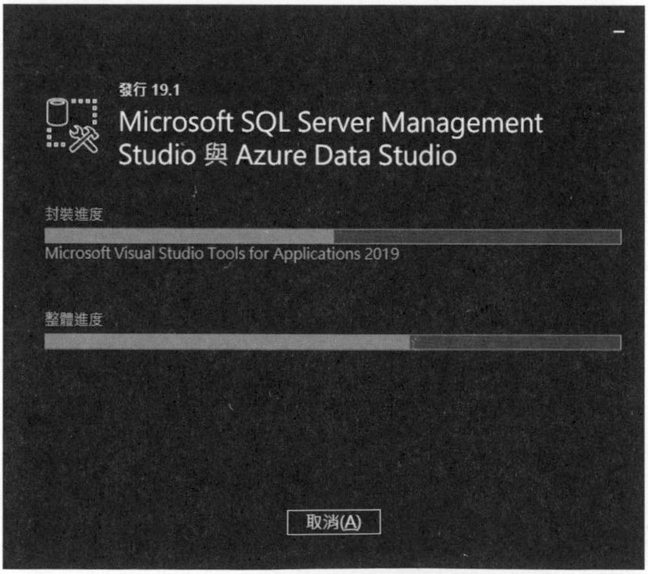

▲ 圖 1-25　安裝畫面

▲ 圖 1-26　安裝畫面

步驟06 伺服器名稱的部分在後續建立資料庫連線時會用到。

▲ 圖 1-27　連線伺服器畫面

1-4 ASP.NET Core 網站生命週期

✍ 簡介

　　生命週期是指應用程式從接受使用者的請求，最後將結果呈現在使用者面前，其背後運行的流程。簡單來說，就是中間經過了哪些事件，到最後把網頁呈現出來的過程，就是生命週期。

　　當一個 HTTP Request 進來時，會先經過 Middleware，再去針對設定的 Routing 去找對應的 Controller action 最後透過 Action 裡面進行邏輯處裡再將結果回傳給 View。

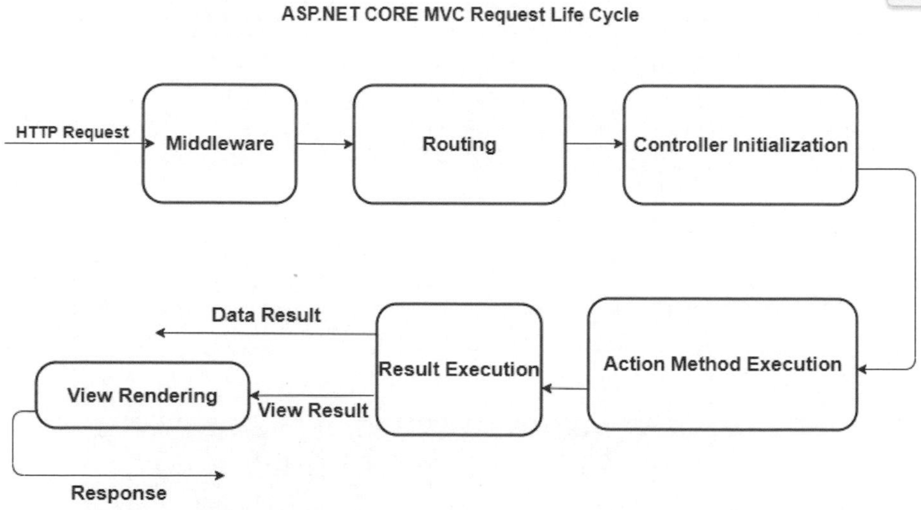

ASP.NET CORE MVC Request Life Cycle

HTTP Request → Middleware → Routing → Controller Initialization

Data Result ← View Rendering ← Result Execution ← Action Method Execution

View Result → View Rendering

Response →

▲ 圖 1-28　ASP.NET CORE MVC 生命週期（圖片來源：c-sharpcorner）

　　理解生命週期就可以同時理解網站的運行機制，大多數的網站生命週期都是類似的，而 MVC 是一個適合專責分工的架構，從生命週期的角度更能了解 MVC 運行的過程。

✍ ASP.NET Core 啟動

ASP.NET Core 將 Program.cs 檔案作為應用程式的進入點，下圖為此檔案的典型範例。圖中顯示的程式碼會使用建置器來設定主機及其服務。 然後，它會為應用程式建立要求管線，以控制如何處理應用程式的每個要求。

```
var builder = WebApplication.CreateBuilder(args);

// Add services to the container.
builder.Services.AddRazorPages();

var app = builder.Build();

// Configure the HTTP request pipeline.
if (!app.Environment.IsDevelopment())
{
    app.UseExceptionHandler("/Error");
    // The default HSTS value is 30 days. You may want to change this for
    // production scenarios, see https://aka.ms/aspnetcore-hsts.
    app.UseHsts();
}

app.UseHttpsRedirection();
app.UseStaticFiles();

app.UseRouting();

app.UseAuthorization();

app.MapRazorPages();

app.Run();
```

▲ 圖 1-29　Program.cs 程式碼範例檔

|課|後|習|題|

一、填充題

1. ASP.NET Core 是由微軟創建的第一個具有 _____ 能力,除了開放_____,同時也提升了性能、安全性和可擴展性等。

2. ASP.NET Core 提供了許多解決效能的指導方針,例如:_____、_____ 、_____等,可用於建立現代化、具備雲端功能的 web 應用程式。

3. .NET 的主要版本,奇數版本是 _____,可獲得_____的免費支持和維護程式,偶數版本則是_____ ,可獲得_____的免費支持和維護程式。

4. MVC 是一個適合_____的架構,從_____的角度更能了解 MVC 運行的過程。

5. _____繼承了_____的許多特性,同時也包含了 .NET Framework 的許多 API 和功能。

二、是非題

1. (   ) 在 .NET 8,中 Random.Shuffle 和 RandomNumberGenerator.Shuffle<T>(Span<T>)方法,不適用於減少機器學習中的訓練偏差。

2. (   ) 從 .NET 7 開始引入了本機 AOT 的選項,在 .NET 8 中新增了 macOS 上的 x64 和 Arm64 體系結構的支援。

3. (   ) .NET 8 的 Linux 最低支援基線已更新。Ubuntu 15.04 成為最低版本支援 RHEL 7+。

4. （　　）ASP.NET Core 將 appsetting.json 檔案作為應用程式的進入點。

5. （　　）Microsoft Visual Studio 是一款開發工具，可以用來開發多種平台的應用程式。

三、選擇題

1. 微軟在 2019 年 5 月時正式宣布將 .NET Core 和 .NET Framework 合併成一個統一的 .NET 平台，請問統稱為什麼名稱呢？

   A. .NET Core 3.1　　　　　　　B. .NET Core 1.0
   C. .NET 5　　　　　　　　　　D. .NET 9

2. 2021 年 4 月，微軟宣布了 Visual Studio 2022（Version 17），它是第一個作為 64 位元行程執行的版本，請問 Visual Studio 2022 新增了哪些功能呢？

   A. 目前的最佳 IntelliCode　　　B. 增強的偵錯
   C. C++20 支援　　　　　　　　D. 以上皆是

3. 下列哪個作業系統版本是 .NET 8 支援的最低版本？

   A. Ubuntu 16.04　　　　　　　B. Ubuntu 14.04
   C. RHEL 7　　　　　　　　　　D. macOS 10.11

4. 以下哪個最能描述應用程式的生命週期？

   A. 應用程式的安裝、運行和卸載過程。
   B. 應用程式從接受使用者的請求，最後將結果呈現在使用者面前，其背後運行的流程。
   C. 應用程式的開發、測試和部署過程。
   D. 應用程式的編譯、打包和發布過程。

5. 以下哪個工具是微軟的一個與其資料庫產品 Microsoft SQL Server 配合使用的產品？

A. Microsoft Excel　　　　　B. Microsoft Access
C. Microsoft SQL Server　　D. Microsoft Visual Studio

解答

一、填充題

1. 跨平台；原始碼
2. 積極快取；瞭解程式碼中的熱點路徑；避免阻塞式呼叫
3. 短期支援；18 個月；長期支援；3 年
4. 專責分工；生命週期
5. .NET5；.NET Core

二、是非題

1. X　2. O　3. O　4. X　5. O

三、選擇題

1. C　2. D　3. A　4. B　5. C

Chapter

02
C# 基礎語法

在撰寫程式前,我們需要先了解關於 C# 的一些基本觀念。C# 是一個現代通用的物件導向語言 (Object-Oriented Programming,簡稱 OOP),於 2000 年由微軟 (Microsoft) 的 Anders Hejlsberg 帶領團隊開發,並且交由 Ecma 和 ISO 核准認可,主要用來替代 C、C++ 及 Java 語言,具有物件、類別和繼承。隨著時間的推移,從 2002 年發展到現在,目前 C# 的版本為第 11 版,於 2022 年 11 月發行。

2-1 程式架構

專案開發時,了解和設計一個良好的架構是非常重要的。因為不同的程式語言有著不同的編寫風格,也就是我們俗稱的語言規範。以下將逐一說明關於 C# 的語言規範,而本章節的程式操作可以到 Visual Studio 2022 的主控台應用程式進行練習。

```
1    // 宣告名稱空間
2    using System;
3    using System.Collections.Generic;
```

```
4   using System.Linq;
5   using System.Text;
6   using System.Threading.Tasks;
7
8   /* 撰寫一支啟動程式
9   以 "Welcome to C# World" 呈現 */
10  namespace ConsoleApp  // 命名
11  {
12      class Program   // 類別
13      {
14          static void Main(String[] args) // 主程式
15          {
16              // 敘述區段
17              Console.WriteLine("Welcome to C# World");
18              Console.Read();
19          }
20      }
21  }
```

　　一個專案可能有一個或多個組件，由一支或多支程式撰寫而成，而這一行行的**程式敘述**主要包含了【宣告名稱空間、命名、類別、主程式、敘述區段、註解】。

- 程式的開頭為 using 指示詞，會參考 System 命名空間，提供階層式的方法來組織 C# 程式，將功能相同者聚集到一起，並依照資料性質進行分類，儲存在不同資料夾中，避免因相同名稱而產生衝突。
- 以 namespace 自行定義空間名稱，有助於在較大型的程式設計專案中控制類別和方法名稱的範圍。
- 類別是一個結合狀態 (欄位) 和動作 (函式、方法) 的資料結構，可以使用關鍵字 Class 定義類別名稱 (Program)，區隔不同的作用。
- 主程式 Main() 是所有 C# 程式的進入點，也是程式啟動時，第一個會被執行的方法，主要控制開始及結束的位置。

使用 C# 程式語言時，需要注意基本撰寫的規則以及命名的限制。

☑ 撰寫的規則：

1. 括號的運用

   在使用 C# 程式語言時，會使用到不同型式的括號，需要特別注意程式區塊都要以「{}」做包圍，並在方法或函式名稱後面，以「()」方式選擇性加入參數，還有在撰寫陣列時，需要以「[]」來表達陣列的維度。

2. 大小寫的差別

   由於 C# 結構嚴謹，**每個參數的大小寫是有差別的**，且在使用字串時，需要以「""」將字串框住，此外，所有的敘述都必須以「;」做結尾。

3. 註解的差異

   在程式碼中若要加入註解 (Comment) 文字，可以使用「//」來形成單行註解，或是使用「/*」開始註解文字，「*/」結束註解文字，來形成多行註解。

☑ 命名的限制：

1. 不能以數字為開頭

   命名的字首可以使用大寫英文、中文、@、_，但考量編碼及國際接軌問題，不建議使用中文，且「@、_」非必要將不建議使用這兩個特殊符號。第二個字以後可以是英文、數字、底線、中文。

2. 不能使用 C# 關鍵字來命名

   關鍵字對編譯器來說具有特殊意義，因此在命名時無法使用。

3. 命名須具有意義

   使用單一字元或無意義的單字來命名，將增加閱讀的困難度。

4. 使用 Pascal 或是 Camel 命名法

Pascal 命名法意旨每一個單字的字首需大寫，而 Camel 命名法意旨第一個單字的字母小寫，其餘每一個單字的字首需大寫。

2-2 程式語法介紹

2-2-1 輸入與輸出

撰寫程式時必須將資料進行輸入及輸出的處理，而 System.Console 類別中的 Read() 跟 Write() 方法，可以實現輸入和輸出的操作。舉例來說，如果我們要讀取輸入的資料，可以使用 Read() 或 ReadLine() 方法，而當我們要輸出資料時，可以使用 Write() 或 WriteLine() 方法。相關程式碼如下：

```
1   namespace ConsoleApp
2   {
3       class Program
4       {
5           static void Main(String[] args)
6           {
7               // 輸入
8               Console.Read();              // 只讀取一個字元，返回值為首字的 ASCII 碼
9               Console.ReadLine();          // 讀取一整行且可換行讀取，返回值為字串
10              Console.ReadKey();           // 讀取一個鍵
11
12              // 輸出
13              Console.Write("Hello!");     // 輸出一段字後不做換行
14              Console.WriteLine(" 歡迎 !");  // 輸出一段字後換行
15
16              // 其他
17              Console.Beep();              // 播放提示音
18              Console.Clear();             // 清除緩衝區和顯示訊息
```

```
19            }
20        }
21    }
```

2-2-2 變數與常數

C# 是一個強型別語言，要使用變數及常數前必須先進行型別的宣告，讓電腦可以根據指令給予相對應的儲存空間及運算，像是數值型別可以進行加減乘除，布林型別可以進行真假的判別等等。相關語法如下：

```
資料型別 變數名稱；
資料型別 變數名稱1，變數名稱2；
資料型別 變數名稱 = 初始值；
const 資料型別 常數名稱 = 常數值；
const 資料型別 常數名稱 = "字串常數"；
```

宣告變數時還可以使用 var，此用法會自動判斷資料型別，但如果已確定資料型別，或是對資料的正確性很敏感就不適合使用 var。相關程式碼如下：

```
1   var ans=1;      // 自動將 ans 定義為1
2   var n="hi!";    // 自動將 n 定義為 string
```

2-2-3 資料型別

為了確保執行程式的安全性，資料會以共通型別系統 (Common Type System, CTS) 為主，讓有受到管理的程式碼可以自己強化型別的安全，主要分為**實值型別 (Value Type) 及參考型別 (Reference Type)**，前者的資料主要儲存在記憶體本身，像是正負整數、浮點數、布林值、字元等，後者只有儲存資料的記憶體位址，像是字串、陣列、物件等。

常見的資料型別：

分類	型別	空間	儲存範圍	默認值
數值	byte	1 Byte	$0 \sim 255$	0
	short	2 Byte	$-32,768 \sim 32,767$	0
	int	4 Byte	$-2,147,483,648 \sim 2,147,483,647$	0
	long	8 Byte	$-9,223,372,036,854,775,808 \sim$ $9,223,372,036,854,775,807$	0L
	float	4 Byte	$\pm 1.5 \times 10^{-45} \sim \pm 3.4 \times 10^{38}$	0.0F
	double	8 Byte	$\pm 5.0 \times 10^{-324} \sim \pm 1.7 \times 10^{308}$	0.0D
	decimal	16 Byte	$\pm 1.0 \times 10^{-28} \sim \pm 7.928 \times 10^{28}$	0.0M
布林值	bool	1 Byte	True 或 False	False
字元 / 字串	char	2 Bytes	$0 \sim 65,535$(Unicode 16 位元的字元)	'\0'
	string		以雙引號包住的字串	
物件	object		可存放任意資料型別的物件	

2-2-4 運算子

當我們想要使用程式語言來進行運算時，需要通過運算式 (Expression) 產生新值。**一個運算式的成立是由運算元 (Operand) 及運算子 (Operator) 所組成**，運算元指的是要被處理的資料，像是變數、常數等，而運算子指的是運算符號，像是加、減、乘、除等。

當運算子只使用一個運算元時，稱為一元運算子 (Unary Operator)，使用兩個運算元時稱為二元運算子 (Binary Operator)，而 C# 程式語言中的三元運算子 (Tenary Operator) 只有「?:」。**根據運算子的功能可以分為「算術運算子、指定運算子、關係運算子、邏輯運算子」**，以下將用表格進行詳細說明。

算術運算子：使用於數值計算。

運算子		範例	說明
一元	+	+123	數值為正數
	-	-555	數值為負數
	++	++num、num++	++num 表示執行前加 1，num++ 表示執行後加 1
	--	--num、num--	--num 表示執行前減 1，num-- 表示執行後減 1
二元	+	num = 12 + 25	兩數值 (12、25) 相加
	-	num = 50 - 23	兩數值 (50、23) 相減
	*	num = 12 * 61	兩數值 (12、61) 相乘
	/	num = 50 / 10	兩數值 (50、10) 相除
	%	num = 75 % 10	兩數值 (75、10) 相除取餘數，num 為 5

指定運算子：簡化算數。

運算子	範例	說明
=	num1 = num2	將 num2 指定給 num1 儲存
+=	num1 += num2	num1 及 num2 相加後，指定給 num1 儲存
-=	num1 -= num2	num1 及 num2 相減後，指定給 num1 儲存
*=	num1 *= num2	num1 及 num2 相乘後，指定給 num1 儲存
/=	num1 /= num2	num1 及 num2 相除後，指定給 num1 儲存
%=	num1 %= num2	num1 及 num2 相除後所得到的餘數，指定給 num1 儲存

關係運算子：比較兩邊的字串或數值，並回傳 True 或 False 的比較結果。

運算子	範例	說明
==	num1 == num2	比較 num1 及 num2 是否相等
>	num1 > num2	比較 num1 是否大於 num2
<	num1 < num2	比較 num1 是否小於 num2
>=	num1 >= num2	比較 num1 是否大於或等於 num2
<=	num1 <= num2	比較 num1 是否小於或等於 num2
!=	num1 != num2	比較 num1 是否不等於 num2

邏輯運算子：使用於控制流程的邏輯判斷。

運算子	條件式 1	條件式 2	結果	說明
!	true		false	回傳與條件式相反的結果
&(and)	true	true	true	兩個條件式均為 true 才會回傳 true
|(or)	true	false	true	其中一個條件式為 true 就會回傳 true
^(xor)	true	true	false	計算邏輯互斥 or，回傳結果與 != 相同
&&(and)	true	false	false	兩個條件式均為 true 才會回傳 true
||(or)	false	true	true	其中一個條件式為 true 就會回傳 true

運算子的優先順序

優先順序	運算子	運算次序
1	() 括號、〔〕標註	由內而外
2	+(正號)、-(負號)、!、++、--	由內而外
3	*、/、%	由左而右
4	+(加)、-(減)	由左而右
5	<、>、<=、>=	由左而右
6	==、!	由左而右

優先順序	運算子	運算次序
7	&&	由左而右
8	||	由左而右
9	?:	由右而左
10	=、+=、-=、*=、/=、%=	由右而左

範例：撰寫一個可以輸入三個整數值的程式，比較兩個運算式後回傳布林值。

```
1    // 宣告兩個變數
2    int a, b, c;
3
4    //輸入數值
5    Console.Write(" 請輸入整數值 a :"); // 執行時顯示
6    a = int.Parse(Console.ReadLine());
7    Console.Write(" 請輸入整數值 b :"); // 執行時顯示
8    b = int.Parse(Console.ReadLine());
9    Console.Write(" 請輸入整數值 c :"); // 執行時顯示
10   c = int.Parse(Console.ReadLine());
11   // Console.ReadLine() 是讀鍵盤輸入的值，且回傳 string
12   // 但輸入的值是 int，無法儲存 string 的值，因此我們需要將 string 轉為 int
13   // 轉換方式也可以使用 Convert.ToInt32(Console.ReadLine());
14
15   bool ans1 = (a + b) > (b + c);
16   bool ans2 = (a - b) > (b - c);
17   bool ans3 = b == 25;
18   // 判別運算後的布林值
19
20   // 輸出結果
21   Console.WriteLine($"a + b > b + c, 回傳 {ans1}");
22   Console.WriteLine($"a - b > b - c, 回傳 {ans2}");
23   Console.WriteLine($"b == 25, 回傳 {ans3}");
24   // $ 是字串插補，提供更容易閱讀的語法來格式化字串
25
26   Console.ReadKey(); // 按任意建離開主控台
```

輸入：

```
25, 63, 12
```

結果：

```
a = 25, b = 63, c = 12
a + b > b + c 回傳 True
a – b > b - c 回傳 False
b == 25 回傳 False
```

2-3 條件流程控制

　　在程式中如果想根據不同的條件和情況做出適當的處理，可以使用 if/else 陳述句來進行撰寫，實現更靈活的程式邏輯。在這個陳述句中，條件判斷會評估條件運算式的真偽，如果為真，將執行 {} 內的敘述區段，反之則跳過此敘述區段程式碼，以下將逐一講解單一、雙重、巢狀、多重的條件選擇。

▨ 單一條件選擇

```
if ( 條件運算式 ) { 敘述區段；}
```

- 在條件運算式中可以使用關係運算子 (==、<、>) 或邏輯運算子 (&、|、^) 來進行組合。
- 一般敘述區段都需要用 {} 包住，但如果只有一行敘述可以省略此括號。

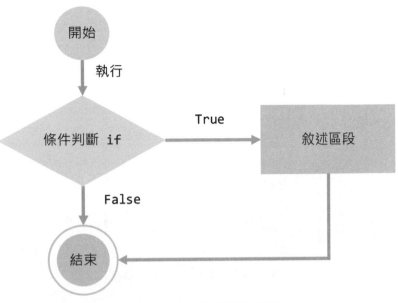

▲ 圖 2-1　單一條件選擇流程圖

☒ 雙重條件選擇

```
if （條件運算式）
{
    敘述區段1;
}
else
{
    敘述區段2;
}
```

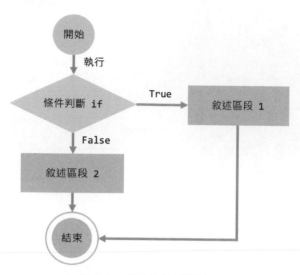

▲ 圖 2-2　雙重條件選擇流程圖

✒ 巢狀條件選擇

```
if （條件運算式 1）                                          第一層
{
    if （條件運算式 2）                                     第二層
    {
        if （條件運算式 3）                                 第三層
        {
            敘述區段 1;
        }
        else
        {
            敘述區段 2;
        }
    }
    else
    {
        敘述區段 3;
    }
}
else
{
    敘述區段 4;
}
```

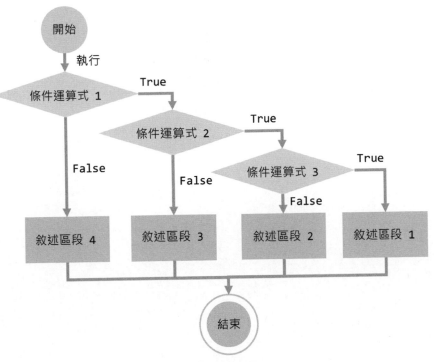

▲ 圖 2-3　巢狀條件選擇流程圖

多重條件選擇

```
if (條件運算式 1)
{
    敘述區段 1;
}
else if (條件運算式 2)
{
    敘述區段 2;
}
else
{
    敘述區段 3;
}
```

多重條件選擇是為了「**簡化巢狀條件選擇**」所造成的複雜度，此寫法可以逐一進行過濾，快速找到符合的條件並且執行該敘述區段，而簡化方式還可以使用 switch/case 來進行處理。

```
switch （條件運算式）
{
    case 值1：
        敘述區段1；
        break；
    case 值2：
        敘述區段2；
        break；
    case 值n：
        敘述區段n；
        break；
    default：
        敘述區段n+1；
        break；
}
```

■ 此區段中條件運算式及 caes 值的資料型別必須相同。
■ 條件運算式可以使用數值或字串。
■ 每個 case 所指定的值不可相同。

此寫法會進入 case 區段找尋符合的值，執行該敘述區段後並離開，若在 case 區段中未找到符合的值，將會跳至 default 執行該敘述區段後並離開。

範例：撰寫一個可以輸入分數的程式，判斷學生是否通過考試以及成績等級。

```
1    Console.Write(" 請輸入分數：");
2    int score = Convert.ToInt32(Console.ReadLine());
3
```

```
4   if (score >= 60)
5   {
6       Console.WriteLine(" 恭喜你通過考試 ");
7       if (score >= 90)
8       {
9           Console.WriteLine("Grade: A");
10      }
11      else if (score >= 80 && score < 90)
12      {
13          Console.WriteLine("Grade: B");
14      }
15      else if (score >= 70 && score < 80)
16      {
17          Console.WriteLine("Grade: C");
18      }
19      else
20      {
21          Console.WriteLine("Grade: D");
22      }
23  }
24  else
25  {
26      Console.WriteLine(" 很抱歉你未通過考試 ");
27      Console.WriteLine("Grade: F");
28  }
29  Console.ReadLine(); // 按 Enter 關閉視窗
```

輸入：

```
72
```

結果：

```
請輸入分數：72
恭喜你通過考試
Grade: C
```

≣ **2-4 迴圈流程控制**

　　在前一小節中,我們講解了如何使用條件選擇來決定程式的走向,做出適當的處理,而在這一小節中,我們將會介紹如何讓程式碼反覆地被執行,也就是我們俗稱的「迴圈」。

　　迴圈是一種程式設計的控制結構,它允許程式在滿足特定條件的情況下重複執行一組指令,直到條件不再成立時離開,這種方式可以減少程式碼的複雜度,讓畫面看起來更加的簡潔。常見的迴圈類型有三種,分別為「for 迴圈」、「while 迴圈」、「do…while 迴圈」,以下我們將逐一進行詳細的講解。

▨ for 迴圈

```
for ( 計數起始值 ; 循環條件 ; 迭代器 )
{
    敘述區段 ;
}
```

- 在此迴圈中需要在已知迭代次數的情況下使用。
- 括弧內需要先設定計數初始值,控制迴圈的次數,接著設定循環條件,當條件成立時則重複執行敘述區段,最後則是設定迭代器,配合計數值進行遞增或遞減的運算,而這三者的中間需要以 ";" 做相隔。

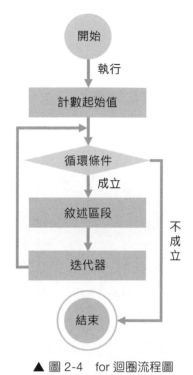

▲ 圖 2-4　for 迴圈流程圖

◿ while 迴圈

```
while（循環條件）
{
    敘述區段；
}
```

- 在此迴圈中條件為真時重複執行，直到條件變為假後離開。
- 通常會在進入迴圈前先宣告計數器的起始值。
- 敘述區段內的程式碼必須要能改變循環條件，否則會形成無窮迴圈。

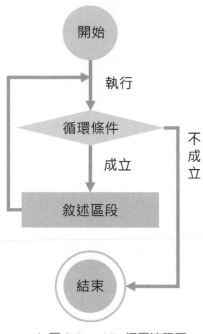

▲ 圖 2-5　while 迴圈流程圖

▨ do…while 迴圈

```
do{
    敘述區段;
}while ( 循環條件 );
```

- 在此迴圈中需要先執行迴圈區塊中的指令,然後再檢查條件為真時重複執行,直到條件變為假後離開。
- 此迴圈至少會執行一次。

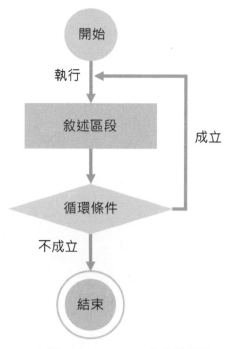

▲ 圖 2-6　do…while 迴圈流程圖

範例：撰寫一個可以玩猜數字遊戲的程式。

```
1    Random random = new Random();              // 設定隨機亂數物件
2    int secretNumber = random.Next(1, 101);    // 給予亂數範圍
3    int attempts = 0;                          // 計算猜測的次數
4    bool correctGuess = false;                 // 設定玩家狀態為 " 尚未猜對答案 "
5
6    Console.WriteLine(" 歡迎來到猜數字遊戲 ~");
7
8    while (!correctGuess)                       // 當玩家尚未猜對時進入
9    {
10       Console.Write(" 請從 1-100 中輸入一個整數值 :");
11       string input = Console.ReadLine();
12
13       if (!int.TryParse(input, out int guess)) // 將玩家輸入的字串轉換為整數，
     並且檢查玩家輸入是否有效
14       {
```

```
15          Console.WriteLine(" 輸入無效，請重新輸入。");
16          continue; // 跳過後續程式碼，重新執行迴圈
17      }
18
19      attempts++; // 猜測次數累加
20      if (guess < secretNumber)
21      {
22          Console.WriteLine(" 太低了！再猜一次。");
23      }
24      else if (guess > secretNumber)
25      {
26          Console.WriteLine(" 太高了！再猜一次。");
27      }
28      else
29      {
30          Console.WriteLine($" 恭喜你猜對了！答案是 {secretNumber}。你總共猜了
    {attempts} 次。");
31          correctGuess = true; // 更改玩家狀態為 " 已猜對答案 "
32      }
33  }
34  Console.ReadLine(); // 按 Enter 關閉視窗
```

輸入：

```
20
```

結果：

```
歡迎來到猜數字遊戲 ~
請從 1-100 中輸入一個整數值：20
太低了！再猜一次。
請從 1-100 中輸入一個整數值：80
太高了！再猜一次。
請從 1-100 中輸入一個整數值：二十三
輸入無效，請重新輸入。
請從 1-100 中輸入一個整數值：53
恭喜你猜對了！答案是 53。你總共猜了 3 次。
```

　　了解完迴圈的基本概念後，我們將介紹進階版的巢狀迴圈。巢狀迴圈跟巢狀條件選擇的作法相同，一樣是一層內還會在包一層，但**巢狀迴圈的執行方式是先將最裡面的一層完整的執行完迭代後，外部迴圈才會進行下一次迭代**。而這樣的結構可以用來處理多層迭代的情況，並且在每一層迴圈中進行相應的操作，像是多維矩陣、圖形、樹狀結構等問題。以下我們將利用範例來了解巢狀迴圈的寫法。

　　範例：撰寫一個九九乘法表。

```
1   for (int i = 1; i <= 9; i += 3)        // 控制更換區塊後的值
2   {
3       for (int j = 1; j <= 9; j++)        // 控制區塊的列數
4       {
5           for (int k = 0; k < 3; k++)     // 控制區塊的行數
6           {
7               int row = i + k;
8               int product = row * j;
9               Console.Write($"{row} * {j} = {product}\t");
10          }
11          Console.WriteLine();             // 換行
12      }
13      Console.WriteLine();                 // 換行，開始下一個區塊
14  }
15  Console.ReadLine();                      // 按 Enter 關閉視窗
```

　　結果：

```
1 * 1 = 1        2 * 1 = 2        3 * 1 = 3
1 * 2 = 2        2 * 2 = 4        3 * 2 = 6
1 * 3 = 3        2 * 3 = 6        3 * 3 = 9
1 * 4 = 4        2 * 4 = 8        3 * 4 = 12
1 * 5 = 5        2 * 5 = 10       3 * 5 = 15
1 * 6 = 6        2 * 6 = 12       3 * 6 = 18
1 * 7 = 7        2 * 7 = 14       3 * 7 = 21
1 * 8 = 8        2 * 8 = 16       3 * 8 = 24
1 * 9 = 9        2 * 9 = 18       3 * 9 = 27
```

```
4 * 1 = 4        5 * 1 = 5        6 * 1 = 6
4 * 2 = 8        5 * 2 = 10       6 * 2 = 12
4 * 3 = 12       5 * 3 = 15       6 * 3 = 18
4 * 4 = 16       5 * 4 = 20       6 * 4 = 24
4 * 5 = 20       5 * 5 = 25       6 * 5 = 30
4 * 6 = 24       5 * 6 = 30       6 * 6 = 36
4 * 7 = 28       5 * 7 = 35       6 * 7 = 42
4 * 8 = 32       5 * 8 = 40       6 * 8 = 48
4 * 9 = 36       5 * 9 = 45       6 * 9 = 54

7 * 1 = 7        8 * 1 = 8        9 * 1 = 9
7 * 2 = 14       8 * 2 = 16       9 * 2 = 18
7 * 3 = 21       8 * 3 = 24       9 * 3 = 27
7 * 4 = 28       8 * 4 = 32       9 * 4 = 36
7 * 5 = 35       8 * 5 = 40       9 * 5 = 45
7 * 6 = 42       8 * 6 = 48       9 * 6 = 54
7 * 7 = 49       8 * 7 = 56       9 * 7 = 63
7 * 8 = 56       8 * 8 = 64       9 * 8 = 72
7 * 9 = 63       8 * 9 = 72       9 * 9 = 81
```

2-5 類別與物件

　　講完關於 C# 的程式語言基礎內容後，接著我們要來介紹類別與物件，讓大家除了學會如何建構跟使用之外，也能知道要如何正確的命名、使用以及辨別。

2-5-1 物件與物件導向

　　物件 (Object) 就像是我們生活中的房子、車子、電腦、書本等，每個物件都具有自己的屬性 (Attribute) 及方法 (Method)，以電腦來說，屬性就像是品牌、尺寸、外觀等，而方法就是它具有的功能，像是上網、社交、娛樂等。除此之外，每個物件還可以透過行為 (Behavior) 來產生狀態的改變，像是當我們想上網找資料時，需要透過輸入關鍵字並且按下搜尋鍵，經過行為的觸發後，從方法中傳遞訊息，確認資料的正確性後才得以看到相應的結果。

在撰寫程式前，我們需要先了解整個介面的配置、版面的需求等等，這時我們將需要把腦海中的想法透過實體的方式展示出來，而這個動作就是所謂的**物件導向程式設計 (Object Oriented Programming, OOP)，它可以把程式結構轉變為相互作用的物件，透過物件以及訊息的傳遞來表現所有的動作，提供軟體的再使用性及可讀性。**

在 C# 中，任何物件都可以轉成 object，因為 C# 裡所有型別都衍生於 object，System.Object 是所有實值型別和參考型別的隱含基底類別，包括使用者定義的結構和類別。

2-5-2 類別

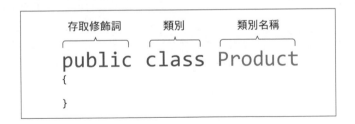

類別 (class) 是一種用來定義物件的模板或藍圖，在規劃程式時，我們可以使用關鍵字 class 並搭配存取修飾詞來進行類別名稱的定義，建立成員的狀態 (屬性、欄位) 及行為 (函式、方法) 區隔不同的作用，接著透過相應關鍵字來初始化物件，使計畫得以執行。**在類別中通常包含了許**

多的成員，如建構函式 (Constructor)、欄位 (Field)、屬性 (Attribute)、
方法 (Method) 等，以下將逐一進行講解。程式碼大致結構如下所示：

```
1    // 建立類別
2    public class Product
3    {
4        public Product()
5        {                          ┐
6                                    ├─▶ 建構函式 (Constructor)
7        }                          ┘
8
9        public string Name {get; set; } ┐
10       public int Price {get; set; }   ├─▶ 屬性 (Attribute)
11       private readonly string StoreName = "TeaTimeDemo"; ┤─▶ 欄位 (Field)
12
13       public int GetPrice()      ┐
14       {                          ├─▶ 方法 (Method)
15           return 50;             ┘
16       }
17   }
```

存取修飾詞 (modifier) 是用來指定成員或類型的宣告，可以限制程式
或組件存取的範圍，由 public、protected、internal、private、file 這五種
關鍵字所組成，而這五種存取修飾詞可分為七個層級，如下表所示：

存取修飾詞	說明
public	未限制，所有類別皆可存取。
protected	只能存取包含類別或衍生自包含類別的類型。
internal	只能存取目前組件。
protected internal	只能存取目前組件或衍生自包含類別的型別。
private	只能存取包含類別的成員函數，外部無法存取或呼叫。
private protected	只能存取目前組件內包含類別或衍生自包含類別的型別。
file	宣告的類型只會顯示在目前的來源檔案中。檔案範圍類型通常用於來源產生器。

在完成類別的初步建立後，我們需要將物件進行初始化的動作，這時我們可以利用關鍵字 new 將物件實體化，使它可以執行你所撰寫的計畫，如下方所示。但如果在定義類別時是使用【靜態類別】，將不能使用關鍵字 new 讓物件實體化，而且靜態類別的成員和方法皆須為靜態，在定義類別成員時需要加上 static 關鍵字。

```
1    // 初始化設定
2    namespace ConsoleApp
3    {
4        class Program
5        {
6            static void Main(string[] Price)
7            {
8                Product product = new Product();    ┐► 物件 (Object)
9                product.GetPrice(); // return 50
10           }
11       }
12   }
```

> 使用 static 修飾詞來宣告靜態成員時，靜態成員屬於類別本身，而不是特定物件。

在初始化物件時，我們可以使用**建構函式 (Constructor) 來讓物件的生命週期有更豐富的描述**。而它的做法就是像方法一樣，在產生執行個體時（也就是使用關鍵字 new 的時候），透過傳入參數的方式指派屬性的值，但如果沒有要特別設定什麼的話，也是可以不寫建構函式。

使用建構函式時需要注意的事項：

- 建構函式必須跟類別同名稱，且存取修飾詞需使用 public。
- 建構函式不能有回傳值，也不能使用 void。
- 一個類別可以定義多個建構函式。

一個類別只能有一個解構函式，在定義時需要在類別名稱之前加上「~」符號，且不能含有任何參數及回傳值，也不能使用存取修飾詞。

在類別成員中含有欄位 (Field) 及屬性 (Attribute)，欄位稱為執行個體欄位，屬性則是物件靜態特徵的呈現。一般來說，欄位的存取範圍預設為 public，外界可以直接存取，而為了不讓外部直接存取欄位內容，我們可以將欄位改成屬性副本，經由公開屬性來存取私有欄位。而這個方式就是**透過存取子 (Accessor) 的 get 及 set 讓外部可以取得值或指派新的值，並進行讀取、寫入跟計算，使類別在資訊隱藏的機制下，又能以公開的方式提供設定及取得屬性值，提升方法的安全性和彈性。**

當我們想要讓物件的狀態改變，就需要依靠行為的觸發來進行，而物件的行為通常是利用方法 (Method) 來定義，當物件接收到訊息後，會依照執行程式給出相應的動作。在定義方法時，回傳值型別必須與 return 值的型別相同，但如果沒有要 return 任何資料，則以 void 取代。而括弧內的傳入型別及參數，則是定義所要接收的資料，我們可以依照需求設定多個參數來接收資料，但如果沒有任何資料需要接收，則保留括號即可，如下圖所示。

```
存取修飾詞  回傳值型別   方法名稱      傳入型別與參數
public int GetPrice(string Price)
{
    return 50;
}
```

而我們透過方法來建立資訊模組化，不僅能重複使用，也能讓往後在進行除錯或維護時更加方便，提升程式的可用性與可讀性。

範例：撰寫一個可以輸入身高體重的程式，計算 BMI（Body Mass Index，身體質量指數）。

```
1    // 初始化設定
2    static void Main()
3    {
4        BMIcalculator calculator = new BMIcalculator(); // 物件
5
6        Console.Write("請輸入身高（公分）:");
7        double height = double.Parse(Console.ReadLine());
8        calculator.Height = height;
9
10       Console.Write("請輸入體重（公斤）:");
11       double weight = double.Parse(Console.ReadLine());
12       calculator.Weight = weight;
13
14       double bmi = calculator.CalculateBMI();
15       string bmiDescription = calculator.GetBMIDescription();
16       Console.WriteLine($"您的 BMI 指數為：{bmi}，體重在【{bmiDescription}】
     標準中。");
17
18       Console.ReadLine();
19   }
```

```
1    // 建立類別
2    class BMIcalculator
3    {
4        // 屬性
5        private double height;
6        private double weight;
7
8        public double Height
9        {
10           get
11           {
12               return height;
13           }
14           set
```

```
15            {
16                if (value > 0)
17                {
18                    height = value;
19                }
20                else
21                {
22                    throw new ArgumentException("身高必須大於零。");
23                }
24            }
25        }
26
27        public double Weight
28        {
29            get
30            {
31                return weight;
32            }
33            set
34            {
35                if (value > 0)
36                {
37                    weight = value;
38                }
39                else
40                {
41                    throw new ArgumentException("體重必須大於零。");
42                }
43            }
44        }
45
46        // 方法
47        public double CalculateBMI()
48        {
49            double heightInMeters = Height / 100; // 轉換身高為公尺
50            double bmi = Weight /(heightInMeters * heightInMeters);// 計算 BMI
51            return bmi;
52        }
53
```

```
54      public string GetBMIDescription()
55      {
56          double bmi = CalculateBMI();
57          if (bmi < 18.5)
58          {
59              return "過瘦";
60          }
61          else if (bmi >= 18.5 && bmi < 24)
62          {
63              return "正常";
64          }
65          else
66          {
67              return "過胖";
68          }
69      }
70  }
```

結果：

請輸入身高（公分）：160
請輸入體重（公斤）：50
您的 BMI 指數為：19.53125，體重在【正常】標準中。

|課|後|習|題|

一、填充題

1. 程式敘述主要包含了 ＿＿＿＿＿＿＿＿ 、＿＿＿＿ 、類別、＿＿＿＿＿ 、
    程式內容、註解。

2. C# 依據資料儲存於記憶體的狀況，分成兩種型別：＿＿＿＿＿ 、
    ＿＿＿＿＿ 。

3. 在類別中通常含有的成員有：建構函式、＿＿＿ 、＿＿＿ 、＿＿＿ 。

4. 在初始化物件時，我們可以使用＿＿＿＿＿來讓物件的生命週期有
    更豐富的描述。

5. 在定義方法時，如果要回傳運算結果需要使用＿＿＿＿＿ ，但如果沒
    有要回傳任何資料則需要使用＿＿＿＿來取代。

二、是非題

1. （ ）因 C# 的結構嚴謹，每個參數的大小寫是有差別的。

2. （ ）命名的字首不可以使用大寫英文、中文、@、_。

3. （ ）在 System.Console 類別中，Read() 以及 Write() 方法可以實現輸
    入和輸 的操作。

4. （ ）While 迴圈在執行時不可能會形成無窮迴圈。

5. （ ）System.Object 是所有實值型別和參考型別的隱含基底類別，包
    括使用者定義的結構和類別。

三、選擇題

1. 請問關於運算子的優先順序是先看哪一個？

```
int x = 10;
int y = 5;
int z = 2;

bool result = ((x > y) || (y < z)) && !(x == z);

Console.WriteLine(result);
```

    A. (x > y)   B. (y < z)

    C. ((x > y) || (y < z))   D. !(x == z)

2. 在 switch 條件運算式中不包含下列何者？

    A. case   B. break

    C. default   D. return

3. 請問在 for 迴圈中，被框起來的地方代表什麼意義？

```
for (int i=1; i<=10; i++)
{
    sum += i;
}
```

    A. 敘述區段   B. 循環條件

    C. 計數起始值   D. 迭代器

4. 在規劃一般類別的程式時，我們可以使用什麼關鍵字來進行類別名稱的定義？

    A. static   B. class

    C. void   D. new

5. 請問在使用建構函式時，可以使用哪個存取修飾詞？

　　A. private　　　　　　　B. internal
　　C. public　　　　　　　 D. protected

解答

一、填充題

1. 宣告名稱空間；命名；主程式
2. 實值型別；參考型別
3. 欄位；屬性；方法
4. 建構函式
5. return、void

二、是非題

1. O　2. X　3. O　4. X　5. O

三、選擇題

1. A　2. D　3. C　4. B　5. C

MVC 基本觀念

當我們在 .NET 中建立 MVC 專案時，系統會提供我們一個符合 MVC 建構的預設專案模板。MVC 架構最初由 Trygve Reenskaug 於 1978 年提出，它由三個元件組成，包含 Model、View 和 Controller 三個元件，其中模型 (Model) 負責處理資料、檢視 (View) 負責呈現 UI 內容、控制器 (Controller) 負責接收 Request 請求、指揮 Model 和 View、回傳結果。

3-1 MVC 概觀

MVC 的概念主要目的是實現能夠動態的程式設計，並簡化應用程式的開發流程與增強程式的可維護性。除此之外，在編修程式時，不會影響到其他的程式碼。可以把 MVC 想像成：專案分成三個不同的角色來提升共同作業的效率。

以下會為讀者更詳細介紹 MVC 的三大基本部分。

- Model- 模型：負責處理資料庫的資料
  Model 負責擷取資料庫裡的資料，並進行資料處理，例如：定義資料型態、資料操作的方法。

- View- 檢視：顯示使用者介面
  View 是將 Model 視覺化呈現，從 Model 取得要顯示的資訊後，再根據資料模型的定義來顯示 UI 介面，HTML 網頁、JavaScript、CSS、網站的 UI 皆是由 View 控制。

- Controller- 控制器：負責流程控制
  Controller 是使用者與系統之間的橋樑，包括接收 Request 請求，它可以決定要存取哪個 Model 以及渲染哪個畫面，最後再將結果回傳給使用者。

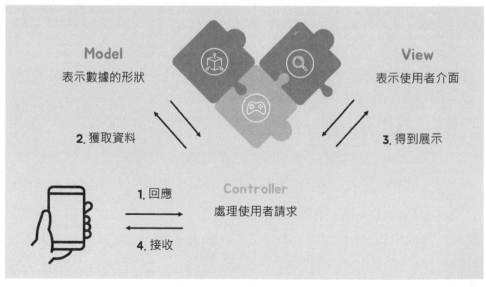

▲ 圖 3-1　系統架構圖

MVC 從開始到結束的流程，可以簡化成以下步驟：

1. 使用者在瀏覽器中輸入 URL 網址後，會發出 Request 到伺服器中。
2. 再來會透過路由的機制，找到對應的 Controller、Action Method。
3. 找到對應的 Action 後，會判斷是否呼叫 Model，以讀取或更新資料。
4. Model 進行實際的商業邏輯計算與資料的取得後，會將資料回傳給對應的 Action。
5. Action 會將取得到的資料傳給指定的 View。
6. 使用者在瀏覽器中看到回傳的 Response。

總結來說，MVC 是由三個概念所組成，View 是給使用者看，Controller 是處理使用者觸發的事件，Model 是處理 Controller 需要的資料，並定義 View 中的資料型態格式，雖然念法是 Model-View-Controller，但實際執行的起點是 Controller，再來是 Model、最後才是 View。

MVC 架構的優勢在於它能夠有效地分離不同的職責，同時也存在一些限制與挑戰。以下是 MVC 架構的優缺點。

MVC 優點：

■ 耦合度低
因為 View 和 Model 是分離的，所以開發者在更改 View 時，不需再重新編譯 Model 和 Controller。

■ 程式可維護性高
因為 View 和 Model 是分離的，所以內部程式碼和顯示頁面不會互相影響，因此可以分開來修改並進行維護。

- 利於團隊分工
  因為 MVC 是由三個部分組成，可以將彼此程式拆分開來，不僅可以讓開發者選擇自己較擅長部分來撰寫，效率也跟著提升。

- 可重用性高
  Controller 提高了應用程式的靈活性和可組態性，可以根據使用者的需求選擇適當的 Model 進行處理，再選擇適當的 View 將處理結果顯示給使用者。

MVC 缺點：

- 不適用於小型專案
  對於小型應用程式，MVC 可能會增加代碼的複雜性，使其更難以維護。在這種情況下，其他架構模式（如：MVVM 模式）可能更適合。

- 學習門檻較高
  由於 MVC 的目的是希望開發人員能夠思考應用程式的架構設計，因此對剛入門的初學者來說，架構導向思考的難度相對高。

3-2 MVC 檔案配置

專案開發時，了解和設計一個良好的項目架構是非常重要的。因為良好的架構可以提高代碼的質量和可維護性，提高開發效率和可擴展性，並將降低代碼的複雜性和成本。在新增專案完成之後，會利用 Visual Studio 2022 的「方案總管」來管理使用者的專案，從中可以注意到 Visual Studio 2022 內建範本的預設值已經符合大部分使用者的需求。

▲ 圖 3-2　系統架構圖

以下介紹專案的重點架構：

1. Connected Services：

   Connected Services 是一個新的功能，開發人員可以在這個資料夾連接
   各種服務以及 API(應用程式介面)，像是 Azure、GitHub、Microsoft
   365 等等。他提供了一個可視化的介面讓開發人員可以簡單的連接和
   設定相關內容。除了可以設定連接服務，還包含了許多的優點，像是
   程式碼生成、更新、以及跨平台支援等等。

2. Properties：

   當開發人員需要在程式中存取某些資料時，可以使用 Properties 的方
   式來定義並存取這些資料。它可以讓開發人員使用自動實作的方式來
   定義封裝的屬性，同時還提供更好的封裝性跟資料安全性。資料夾內
   的 launch Settings 是用來定義應用程式設定的檔案，例如應用程式的
   網址和 Port 號、環境變數、命令列參數等。

3. wwwroot：

   wwwroot 資料夾是一個包含靜態資源的預設目錄。靜態資源裡面包含了圖片、JavaScript、CSS、HTML、音訊等等，然後再透過 Razor 檢視、Html 頁面或者 JavaScript 檔案中來引用。可以方便地組織和維護應用程式中的資源。

4. 相依性（Dependency）：

   在 .NET 中，相依性（Dependency）是指一個類別或組件需要其他類別或組件才能正常運作。為了有效的管理這些相依性，.NET 提供了相依性注入（Dependency Injection，DI）和反轉控制（Inversion of Control，IoC）等機制，讓開發人員能夠更容易地管理類別之間的依賴關係。

5. Controllers：

   Controller 是 ASP.NET Core MVC 應用程式中負責處理 HTTP 請求的類別，它負責處理 HTTP 請求，並協調其他組件來執行商業邏輯和回應結果。開發者可以使用屬性路由（Attribute Routing）或路由映射（Route Mapping）等方式來設定路由規則，並使用過濾器（Filters）等功能來控制請求的處理流程。

6. Models：

   Model 是一個重要的概念，它用來定義應用程式中的資料模型。Model 可以用來描述一個實體，例如一個人或一個訂單，並用來數據儲存跟處理。

7. Views：

   Views 是 ASP.NET Core Web 應用程式中呈現 HTML 內容的一種方式，開發人員可以使用 Razor 樣板引擎、Layouts、Sections、View Components 等來快速建立網站，還提供良好的可讀性跟維護性。

3-3 MVC 職責

在開發 MVC 架構之前,開發者應該要清楚瞭解 Model-View-Controller 各部分所負責的工作。理解 MVC 的職責非常重要,可以幫助開發人員更好地組織和管理代碼。讓不同的開發人員可以專注在自己的任務,不會影響到其他人的工作。

- 模型(Model):
  負責處理數據、資料庫操作和商業邏輯。Model 將數據轉換為應用程式內部的表示形式,並提供對數據的存取、修改和查詢操作。

- 檢視(View):
  負責將資料呈現給使用者,通常以網頁或應用程式使用者界面的形式呈現給使用者。View 接收由 Model 提供的數據後,再以圖像、文字、表格等形式呈現給使用者。

- 控制器(Controller):
  負責協調 Model 和 View 之間的交互作用,以及處理使用者輸入。Controller 接收使用者輸入,將其轉換為 Model 操作,並將結果傳遞給 View。

簡單來說,「Controller」就像是一個橋樑,它將使用者的輸入(例如點擊按鈕、輸入文字等)轉換為「Model」操作(例如更新資料庫、獲取數據等),然後將結果傳遞給「View」呈現給使用者。Controller 負責協調整個 MVC 架構,讓使用者輸入、數據操作和數據呈現能夠有效地交互和協作。

3-4 MVC 架構

▨ Model

Model 是應用程式中負責處理數據和商業邏輯的組件。它通常包含應用程式的數據結構、數據操作和業務規則。

主要有以下特點：

1. 資料儲存和管理：
   負責管理應用程式中的資料，它可以從資料庫、檔案系統或其他資料來源中讀取和儲存資料。

2. 資料驗證和處理：
   能夠執行各種資料驗證和處理操作，如資料格式驗證、邏輯驗證、資料過濾、排序、分頁等。

3. 商業邏輯：
   能夠實現應用程式的商業邏輯，處理各種業務場景和業務流程。

4. View 和 Controller 的互動：
   通過提供 API（應用程式介面）與 View 和 Controller 互動，從而支持資料的呈現和互動。

5. 資料關係和關聯管理：
   能夠處理資料之間的關係和關聯，例如實現多張表之間的關聯和關係。

6. 資料快取和優化：
   能實現資料的快取和優化，可以有效地提高應用程式的性能和響應速度。

　　Model 的主要功能，包括資料庫操作、資料庫優化、資料快取等。常見的 Model 執行流程範例，像是資料查詢、新增、修改或刪除等。

　　下面為讀者介紹執行流程的步驟。

1. 創建 Model：
    在應用程式中，需要定義並創建對應的資料表，這些資料表將用於儲存資料。

2. 定義資料結構：
    定義資料表的欄位名稱和資料類型，這些資料欄位可以對應到資料庫中的欄位。

3. 資料庫查詢：
    當需要從資料庫中讀取資料時，應用程式會通過 Model 進行資料庫查詢，並將查詢結果轉換為 Model 中定義的資料結構。

4. 資料修改：
    當需要對資料進行修改時，應用程式會通過 Model 更新資料庫中的資料，並將修改後的資料儲存。

5. 資料關聯：
    在進行資料查詢時，可以實現資料之間的關聯查詢，從而方便應用程式處理複雜的資料查詢需求。

✍ Controller

　　在 MVC 架構中，Controller 是用來處理應用程式的控制邏輯，它作為 MVC 模式中的控制器，負責協調 Model 和 View 之間的互動。

　　MVC 架構中的 Controller 主要有以下特點：

1. 接收使用者輸入的操作：
    負責接收使用者的輸入，包括使用者在瀏覽器中輸入的 URL、表單數據等，通常使用路由器 (Router) 來解析 URL，並決定哪個 Controller 負責處理這些請求。

2. 控制應用程式流程：
   負責控制應用程式的流程，通常根據使用者的請求進行相應的處理，並在必要時將數據傳遞給 Model 或 View 進行處理。

3. 執行商業邏輯：
   負責執行應用程式的商業邏輯，例如驗證使用者輸入、處理錯誤和異常、執行安全檢查等。

4. 處理數據傳遞：
   負責將數據傳遞給 Model 或 View，並從中接收數據，以便將其傳遞給其他部分進行處理。

5. 更新 View：
   負責更新 View，以反應應用程式中數據的更改。當使用者提交表單或通過其他方式修改數據時，Controller 將檢查這些並更新 View。

> 總結來說，Controller 是 MVC 架構中最重要的部分之一，也可以說是核心，它負責協調 Model 和 View 之間的互動，並控制應用程式的流程和商業邏輯。通過良好的控制器設計，可以提高應用程式的可維護性和可擴展性。

Controller 的主要功能，包括接收請求、驗證資料、處理資料、更新狀態以及回應結果等。常見的執行流程範例，像是處理註冊表單、顯示使用者資訊等。

下面為讀者介紹執行流程的步驟。

1. 接收請求：
   當使用者發出請求時，Controller 會先接收這個請求。

2. 驗證資料：
   在處理請求之前，Controller 會先驗證使用者傳送過來的資料是否合法。如果資料不合法，則會回應錯誤訊息。

3. 處理資料：
   如果資料驗證通過，Controller 就會開始處理這個請求。這個過程可能包括從資料庫中讀取資料、對資料進行操作、或是呼叫其他服務來處理資料。

4. 更新狀態：
   當資料處理完成後，Controller 會更新系統的狀態，例如更新資料庫中的資料或是寄送郵件通知使用者。

5. 回應結果：
   當系統狀態更新完成後，Controller 會回應結果給使用者。這個回應可能是一個 HTML 頁面、一個 JSON 物件、或是其他形式的資料。

6. 結束請求：
   當回應結果完成後，Controller 會結束這個請求。這個過程可能包括釋放資源、關閉連線、或是其他操作。

▲ 圖 3-3　預設 Controllers 資料夾畫面

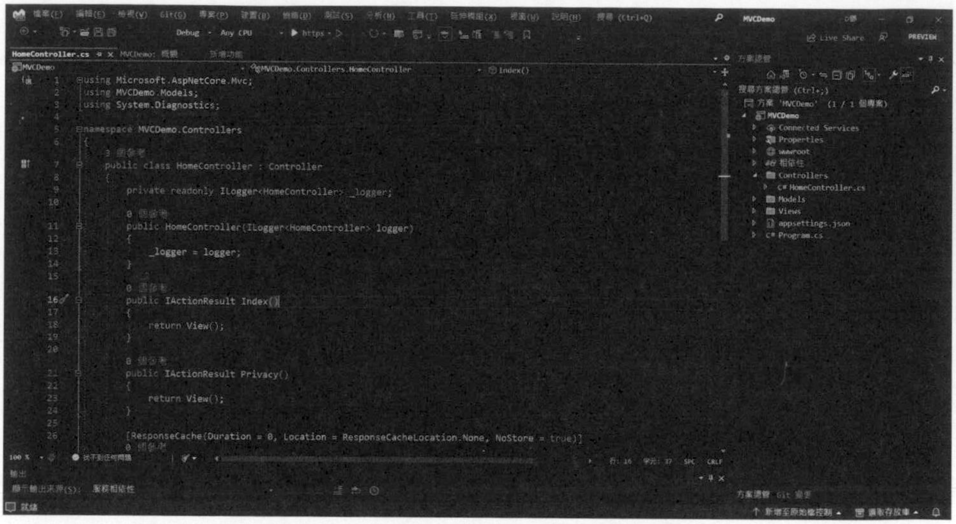

▲ 圖 3-4　HomeController.cs 程式畫面

Controller 與 Action 的角色與功用：

當前端或瀏覽器發出 URL 請求時，會先經過路由系統找到匹配的路由，再從路由確定對應的 Controller 跟 Action 名稱。舉例來說，當使用者在 URL 中輸入「http://www.domain.com/Home/index」，那麼 Controller 就會去比對路由定義，判定 Controller 的名稱是 Home，Action 的名稱是 Index。接著就會調用 Index 這個方法，去進行邏輯運算或是資料存取。

路由的規則如下：

https://localhost:{Port}/{Controller}/{Action}/{Id}

編號	URL	Controller	Action	Id
1	https://localhost:1111/Home/Index	Home	Index	Null
2	https://localhost:1111/Home	Home	Index	Null
3	https://localhost:1111/Home/Edit/3	Home	Edit	3
4	https://localhost:1111/Product/Post/3	Product	Post	3

編號 1 可以觀察到我們的 ID 欄位沒有任何操作，因此將為 Null。

編號 2 裡沒有定義 Action，因此 Action 將是 Index。

由此可知，真正在處理 Request 請求的是 Controller 中的 Action。Controller 是負責大環境的建立、宣告環境變數、屬性及方法。因此，Controller 負責的是比較宏觀的工作，而 Action 是負責個別的工作。每個 Action 會被設計成執行不同任務、有的做邏輯運算，有的負責查詢、編輯或刪除等等。為了完成這些工作，Action 會去呼叫 Model 模型，進行資料的存取，以下是 Action 的語法宣告例子：

```
1   public class HomeController : Controller
2   {
3       // GET: HomeController 顯示資料
4       public ActionResult Index()
5       {
6           return View();
7       }
8       // GET: HomeController/Details/ 顯示第 5 筆資料明細
9       public ActionResult Details(int id)
10      {
11          return View();
12      }
13      // GET: HomeController/Create 建立資料紀錄
14      public ActionResult Create()
15      {
16          return View();
17      }
18      // GET: HomeController/Edit/ 編輯第 5 筆資料
19      public ActionResult Edit(int id)
20      {
21          return View();
22      }
23      // GET: HomeController/Delete/ 刪除第 5 筆資料
24      public ActionResult Delete(int id)
25      {
```

```
26          return View();
27      }
28  }
```

每個 Action 都會被賦予特定的任務,例如:Edit() 就是負責編輯功能,Delete() 就是負責刪除功能。其中 Index、Details、Edit、Delete 只是樣板的名稱,並沒有強制限制只能取這些名稱,可以隨意更換成其他的名稱。

▨ View

在 MVC 框架中,View 是應用程式中負責呈現資料的組件,使用者可以通過 View 來查看應用程式中的資料和進行操作。通常是由應用程式中的 HTML 模板和資料庫查詢結果組成。

MVC 架構中的 View 主要有以下特點:

1. 以 HTML 模板為基礎:
   通常是以 HTML 模板為基礎的,使用者可以通過設計 HTML 模板來實現頁面的設計和排版。

2. 資料綁定:
   可以將資料庫查詢結果綁定到 HTML 模板中,使用者可以通過模板中的特定語法來設置資料的顯示方式和格式。

3. 頁面呈現:
   通常是負責呈現頁面的組件,使用者可以通過 View 查看應用程式中的資料和進行操作,例如點擊按鈕、填寫表單等。

4. 資料驗證:
   可以對使用者輸入的資料進行驗證,確保輸入的資料的正確性和完整性,例如確認輸入的資料是否符合格式要求、是否為必填。

5. 設計彈性：

可以設計彈性，例如可以設計不同的模板，以響應不同的裝置，如桌面電腦、平板電腦和手機等。

　　View 的主要功能，包括資料顯示、表單提交、頁面導航等。常見的 View 執行流程範例，像是資料綁定或頁面呈現等。

下面為讀者介紹執行流程的步驟。

1. 接收資料：

當使用者在網頁上執行某些操作時，View 會接收到由 Controller 傳送過來的資料。這些資料可能是使用者輸入的表單資料，也可能是從資料庫中查詢到的資料。

2. 處理資料：

接下來，View 會對接收到的資料進行處理。這可能涉及到資料的格式轉換、驗證和清理等工作。例如，View 可能需要將日期格式化為特定的格式，或者對使用者輸入的資料進行驗證，以確保資料的正確性和完整性。

3. 綁定資料：

在處理完資料之後，View 會將資料與 HTML 模板進行綁定。這可以通過模板引擎或者直接使用 HTML 標記實現。綁定資料的過程通常涉及到循環、條件判斷和資料插值等操作，以便在網頁中動態生成需要顯示的內容。

4. 產生網頁：

綁定完成後，View 會根據 HTML 模板和綁定後的資料生成最終的網頁。這可以通過將 HTML 模板和資料進行組合來實現。

5. 呈現網頁：

最後，View 會將產生的網頁呈現給使用者。這通常涉及到將網頁發送到瀏覽器並在瀏覽器中顯示網頁的內容。在呈現網頁的過程中，View 可能需要處理靜態資源（如圖片和樣式表）的載入，以確保網頁的完整性和正確性。

3-5 .NET 中的 MVC

☑ Model

通常是指應用程式中的數據的類型或結構。以下是 .NET 中常用的一些 Model：

1. View Model：
   常見的使用方法是從 Controller 或 Service 獲取的數據轉換為 View 可以使用的格式。View Model 通常是一個純數據 class 不包含任何商業邏輯。

> 使用 View Model 的好處是可以使 Controller 和 View 之間的職責分離更明確。Controller 負責從資料庫中獲取數據，View Model 負責轉換數據的格式，View 則負責顯示數據。這樣可以使程式碼更加清晰易懂，也方便進行程式碼的維護和測試。

▲ 圖 3-5　預設 Models 資料夾畫面

2. Domain Model：
   表示商業邏輯中的實體或概念。通常包含數據和相關的商業邏輯。

3. Data Transfer Object (DTO)：
   用於數據傳輸的對象。是一個輕量級的 class，包含應用程式中需要傳輸的數據。

4. Entity Framework Core Model：
   表示資料庫中的實體。是由 Entity Framework Core 自動生成的 class，用於映射到資料庫中的 Table 和 row。

5. Input Model：
   使用者驗證從客戶端提交的使用者輸入。Input Model 通常是一個包含驗證標註的 class，用於確保使用者輸入的數據符合預期。

6. Output Model：
   表示用於返回到客戶端的數據。Output Model 通常是一個純數據的 class，將 Model 或其他數據結構轉換為 JSON 或 XML 等格式，以便於在網絡上傳輸和處理。

> 總體來說，在 .NET 中，Model 用於表示應用程式中的數據。根據應用程式的需求，可以使用不同類型的 Model 來進行數據傳輸、驗證和商業邏輯等方面的處理。

Controller

1. 屬於 MVC 框架的一部分：
   與 Model 和 View 共同構成了 MVC 框架的三大部分。它負責接收來自瀏覽器或客戶端的 HTTP 請求，並根據請求的內容返回相應的 HTTP 響應。

2. 屬於路由系統的一部分：

是 ASP.NET Core 路由系統的一部分，通過路由系統，ASP.NET Core 應用程式可以根據不同的 URL 路徑來調用不同的 Controller。這使得開發人員可以通過簡單的路由配置來管理整個應用程式的路由和 URL 映射。

3. 可以使用依賴注入：

可以使用依賴注入來管理其依賴關係，這使得 Controller 的測試和可維護性更加容易。可以使用 ASP.NET Core 內置的 Dependency Injection(DI) 容器或其他第三方 DI 容器來實現依賴注入。**在後面章節也會更詳細介紹依賴注入功能。**

> 總體來說，在 .NET MVC 框架中，Controller 通常用於處理瀏覽器的請求，它還可以使用依賴注入來管理其依賴關係，並且可以通過路由系統來實現整個應用程式的路由和 URL 映射。

☑ View

是 ASP.NET Core Web 應用程式中呈現 HTML 內容的一種方式。View 可以透過 Razor 模板或是其他的 HTML 模板來建立。使用 Razor 模板時，開發人員可以將 C# 代碼嵌入到 HTML 標記中，以便動態生成 HTML 內容。

View 支援以下功能：

1. Layouts：
可以定義網站的版面配置，例如 header 和 footer。

2. Sections：
可以定義動態內容的區塊，例如文章列表或產品資訊。

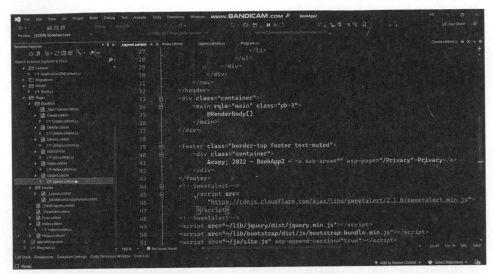

▲ 圖 3-6　舉例 View 程式碼畫面

3. Partial Views：
可以定義可重複使用的 HTML 片段，例如登入表單或導覽列。

4. View Components：
可以定義可重複使用的 HTML 片段，並在後端程式碼中對其進行控制，例如網站中的產品搜尋功能。

5. Tag Helpers：
可以將 HTML 標記轉換為可重複使用的 C# 程式碼片段，以方便動態生成 HTML 內容。

　　開發人員可以使用 Views 來建立動態且具有互動性的網站。以及使用 Razor 模板、Layouts、Sections、Partial View、View Components 和 Tag Helpers 來快速建立網站，具有良好的可讀性和維護性。

|課|後|習|題|

一、填充題

1. Trygve Reenskaug 於 1978 年 提 出 了＿＿＿＿＿＿，其 中 包 含 ＿＿＿＿＿、＿＿＿＿和＿＿＿＿＿三個元件。

2. 專案開發時，了解和設計一個良好的項目架構是非常重要的。因此，在新增專案完成之後，會利用 Visual Studio 2022 的＿＿＿＿＿來管理使用者的專案。

3. MVC 的職責非常重要，因為可以幫助開發人員更好地組織和管理代碼。所以在 MVC 裡 Model 負責＿＿＿＿＿＿＿＿＿＿＿＿ ＿＿＿；View 負責＿＿＿＿＿＿＿＿＿＿＿；Controller 負責＿＿＿＿ ＿＿＿＿＿＿＿＿＿＿。

4. Controller 負責的是比較＿＿＿＿的工作，而 Action 是負責＿＿＿＿ 的工作。每個 Action 會被設計成執行不同任務、有的做邏輯運算，有的負責＿＿＿＿＿＿＿＿＿等等。

5. 根據本文中提到的路由規則，請寫出以下路由的 Controller、Action、 Id，{https://localhost:1111/Shop/Delete/3}Controller：＿＿＿＿＿、 Action：＿＿＿＿＿、Id：＿＿＿。

二、是非題

1. （　　）Model 負責呈現 UI 內容、View 負責處理資料、Controller 負責 接收 Request 請求、回傳結果。

2. （　　）MVC 模式會讓程式設計更困難，但會增加應用程式的開發流程 並提高程式的可維護性。

3. （　　）使用 View Model 的好處是可以使 Controller 和 View 之間的職責分離更明確。

4. （　　）根據應用程式的需求，可以使用不同類型的 Controller 來進行數據傳輸、驗證和商業邏輯等方面的處理。

5. （　　）用 Razor 模板時，開發人員可以將 C# 代碼嵌入到 HTML 標記中，以便動態生成 HTML 內容。

三、選擇題

1. 當前端或瀏覽器發出 URL 請求時，會先經過路由系統找到匹配的路由，再從路由確定對應的什麼名稱呢？

A. Controller 跟 Action　　　　B. Model 跟 Action

C. View 跟 Action　　　　　　　D. Index 跟 Action

2. 在 MVC 模式中，Model 的作用是什麼？

A. 負責處理資料　　　　　　　B. 處理與使用者的互動

C. 控制網頁的呈現　　　　　　D. 以上皆非

3. MVC 架構的 MVC 全文分別是？

A. Model-Value-Compile　　　　B. Moment-View-Compile

C. Moment-Value-Controller　　　D. Model-View-Controller

4. 在 MVC 架構中，Model 和 View 之間的關係是什麼？

A. Model 可以直接與 View 互動

B. View 可以直接與 Model 互動

C. Controller 負責掌控 Model 和 View 之間的互動

D. Model 和 View 沒有直接的互動，都透過 Controller 進行溝通

5. 在 MVC 模式中，當使用者點擊一個按鈕時，會先經過哪個元件？

A. Model   B. View

C. Controller   D. 路由系統

解答

一、填充題

1. MVC 架構；Model；View；Controller
2. 方案總管
3. 處理數據、數據庫操作和商業邏輯；將資料呈現給使用者；協調 Model 和 View 之間的交互作用
4. 宏觀；個別；查詢、編輯、刪除
5. Shop；Delete；3

二、是非題

1. X　2. X　3. O　4. X　5. O

三、選擇題

1. A　2. A　3. D　4. D　5. C

Chapter

04
CRUD 實作練習

在這一章節中，我們將引導讀者深入瞭解如何運用 Visual Studio 2022 來建立一個強大的 ASP.NET Core Web 應用程式，重點放在 Model-View-Controller（MVC）架構上。我們將學習如何創建一個名為 Category 的類別，並實現其新增、刪除、修改和查詢功能，這些是現代 Web 應用程式中非常常見的操作。

首先，我們將從零開始建立一個全新的 MVC 專案，透過這個過程，讀者將深入了解專案範本的結構和功能，為我們的應用程式建立基礎。接著，我們將學習如何建立 Category 模型，並將其連接到 SQL Server 資料庫，以實現資料的儲存和檢索。透過 ASP.NET Core MVC 應用程式，我們將學習如何實現新增和編輯 Category 項目，使我們的應用程式變得更具互動性和功能性，使使用者能夠輕鬆管理資料。

最後，我們將介紹如何運用 TempData 和 Toastr，以提升使用者體驗，提供通知和反饋功能，從而使我們的應用程式更加互動和友好。這一章節將使讀者獲得建立 ASP.NET Core MVC 應用程式所需的知識和技能。

本章節會實作一個 TodoList 的 CRUD 範例，讓讀者能快速上手 C# 語法。我們有提供版面的程式碼，請讀者到下面連結下載到自己的電腦。

GitHub
完整專案程式碼
名稱：TeaTimeDemo
連結：https://reurl.cc/GAyzpx

部分版面程式碼
名稱：TeaTimeRecources
連結：https://reurl.cc/XLzMD3

4-1 創建 MVC 專案

步驟01 開啟 Visual Studio2022 - Preview，點選新增專案。

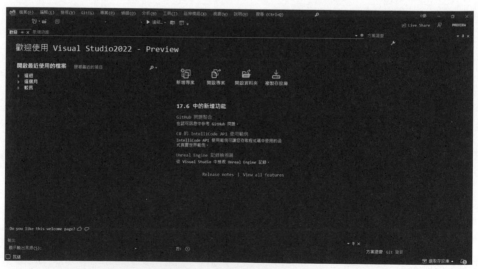

▲ 圖 4-1　新建專案開啟畫面

步驟02 在上方搜尋列輸入 MVC → 點選 ASP.NET Core Web 應用程式
(Model-View-Controller)→ 點選下一步。

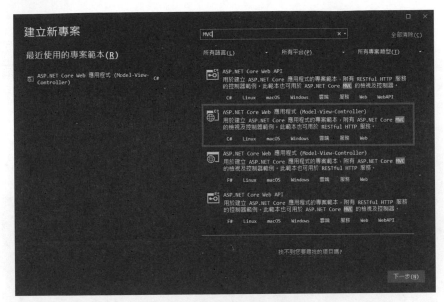

▲ 圖 4-2　建立新專案畫面

步驟03 這邊輸入要建立的專案名稱，輸入完成後就點選下一步。

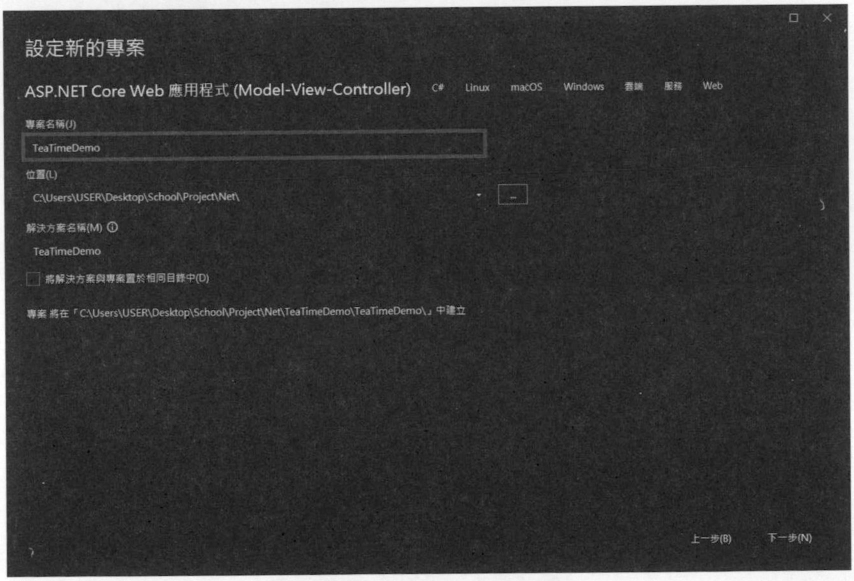

▲ 圖 4-3　設定新專案畫面

步驟04 架構的部分要選擇 .NET 8.0 (預覽)→ 建立。

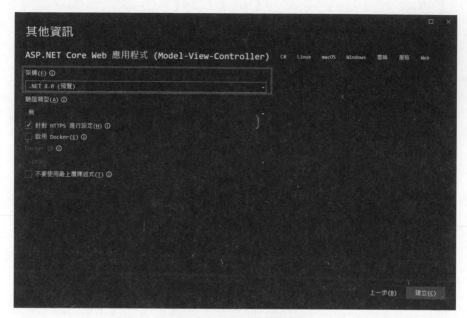

▲ 圖 4-4　其他資訊畫面

剛建立完的專案如下：

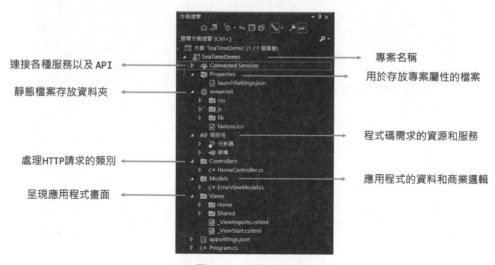

▲ 圖 4-5　方案總管畫面

步驟05 剛建立好的專案點擊上方的執行，就會看到專案初始的 Web 畫面。

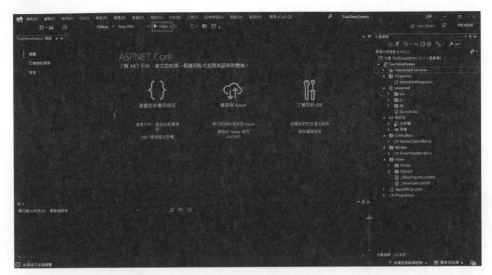

▲ 圖 4-6　方案總管畫面

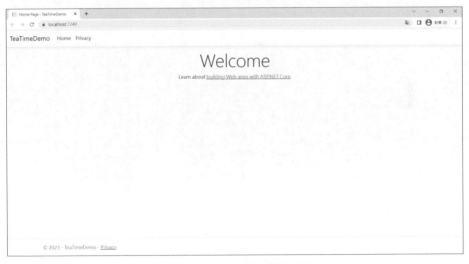

▲ 圖 4-7　瀏覽器打開的畫面

步驟06 對專案項目 TeaTimeDemo 點擊右鍵 → 編輯專案檔，即可看到下方檔案畫面。

　　先前的版本中，這個檔案比較複雜，但是現在正在簡化中，可以看到我們有一個目標框架，它説我們正在使用 .NET 8.0，還有一個 Nullable 的東西被啟用了，但是我們這邊先不做説明。另外，這邊還導入了 ImplicitUsings，這讓我們可以自動包含一些 using 跟 import，不用全部寫入。

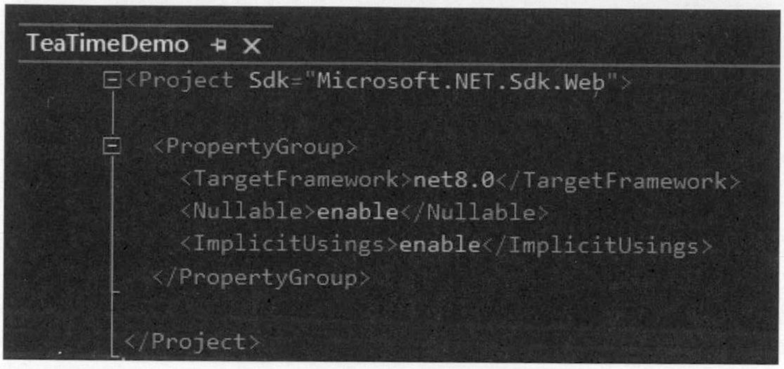

▲ 圖 4-8　TeaTimeDemo 檔案畫面

Program.cs 介紹：

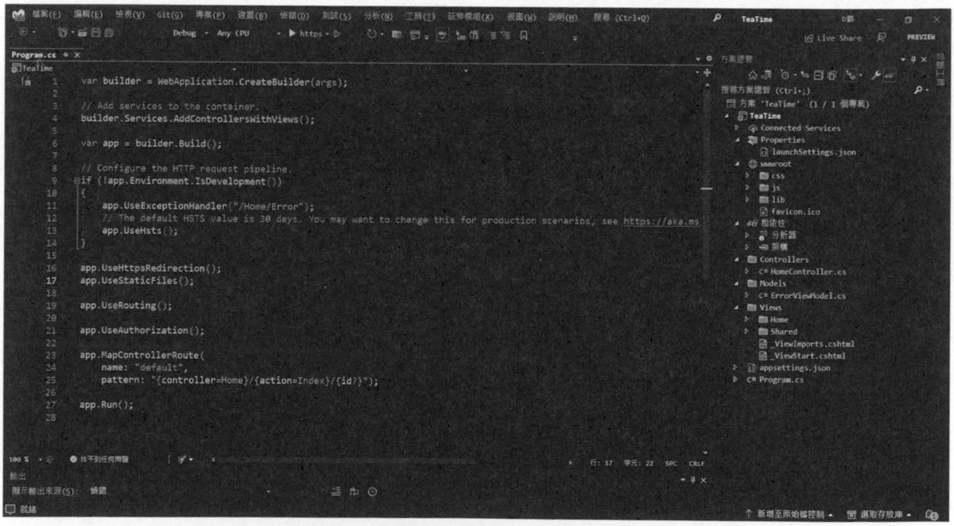

▲ 圖 4-9　Program.cs 檔案畫面

較早的版本中，.NET Core 有兩個檔案，分別是 Program.cs 和 Startup.cs。而在新版本的 .NET Core 中，.NET 團隊將這兩個檔案合併到 Program.cs 中。現在如果需要在應用程式中註冊一些服務，就必須在這個檔案中進行註冊。

- 程式碼的第 1 行，我們可以看到新增了一個 Web 主機 (WebHost Builder)。同時，4 到 6 行程式碼是指告訴應用程式，我們使用了 MVC 架構。

- 程式碼的第 9 行，我們處理環境相關問題，這裡告訴程式碼目前處於開發環境，如果不是開發環境的話，將網站重定向到主頁或錯誤頁面。

- 程式碼第 16 和第 17 行，我們添加了 Https、Redirect 和靜態文件 StaticFiles。當我們新增靜態文件時，會配置 www 路由路徑和所有靜態文件的存取。

- 程式碼第 19 和第 21 行，我們設定了路由並進行授權。後續在身分驗證章節中，將使用到授權的部分。

- 程式碼第 23 行的部分是告訴應用程式我們的預設路由。 最後的 27 行則是啟動我們的應用程式。

4-2 建立 Model & 連線資料庫

步驟01 對 Models 資料夾點擊滑鼠右鍵 → 加入 → 類別。

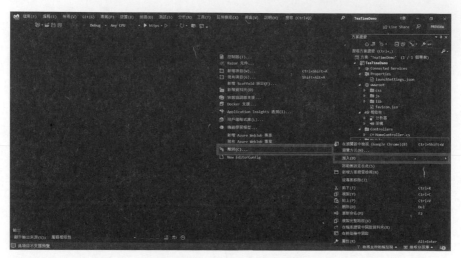

▲ 圖 4-10 建立 Model 畫面

命名為 Category.cs 後點選新增。

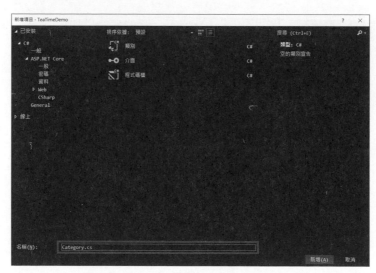

▲ 圖 4-11 建立 Model 畫面

步驟02 接著將剛建立好的 Category.cs 修改為下方程式碼：

```
1    namespace TeaTimeDemo.Models
2    {
3        public class Category
4        {
5            [Key]
6            public int Id { get; set; }
7            [Required]
8            public string Name { get; set; }
9            public int DisplayOrder { get; set; }
10       }
11   }
```

這邊做的事情就是定義資料欄位的名稱以及資料型態，以便後續在執行 Migration 時能夠在資料庫建立資料表。此外，如果主鍵是 Id，.NET 會自動將這個欄位視為主鍵，就可以不用加上 [Key] 值。

會發現在輸入完 [Key] 的時候，會出現紅色底線的錯誤提示，這裡需要將滑鼠移至該行程式碼上方，就會出現燈泡 (如下圖所示)。

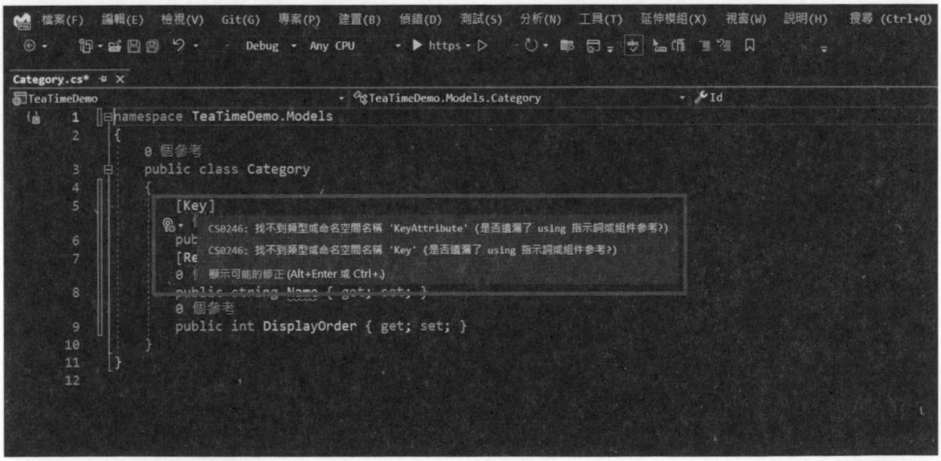

▲ 圖 4-12　Category.cs 畫面

點選燈泡展開後 → 選擇 using System.ComponentModel.DataAnnotations; 。

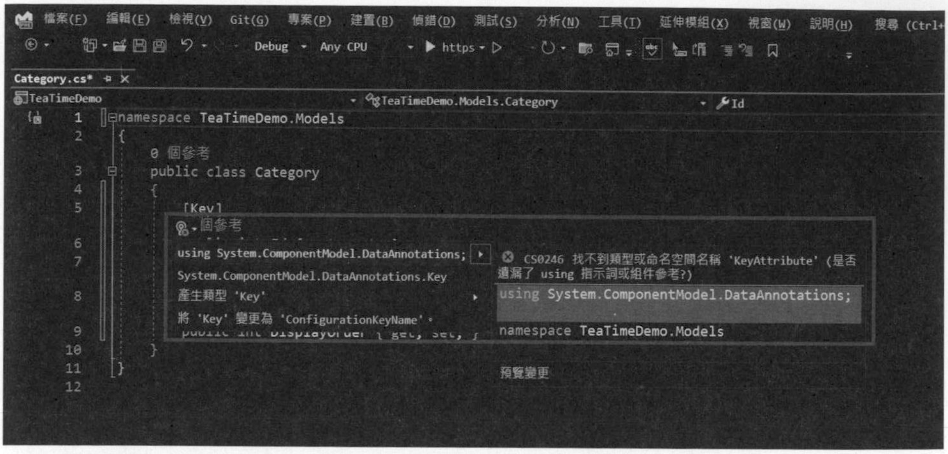

▲ 圖 4-13　Category.cs 畫面

點選完後就會在上方引入套件，紅色的錯誤提示也就消失囉。

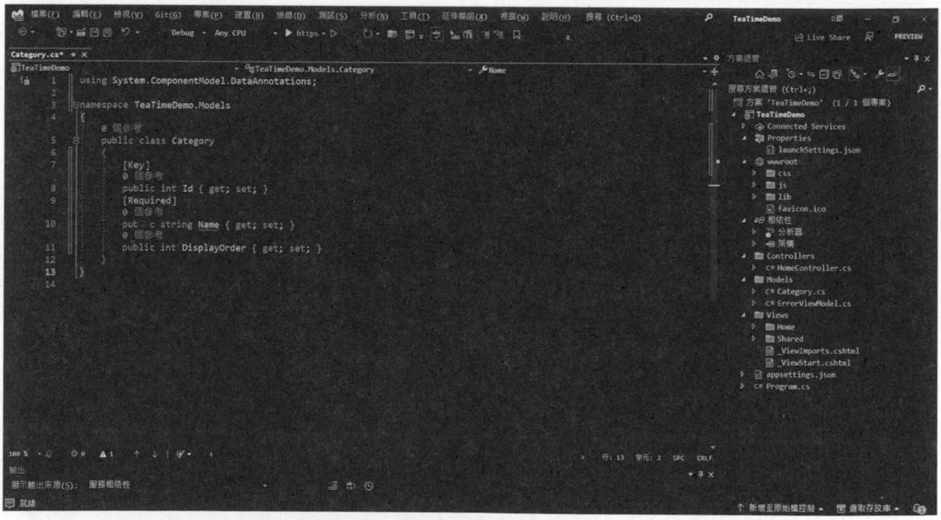

▲ 圖 4-14　Category.cs 畫面

這種引入套件的方式在後續課程會出現很多次，需要多加注意。

步驟03 在建立完 Model 之後，接下來要進行資料庫的連線設定。我們需要先新增一些套件到專案內才能順利建立與資料庫的連線。

安裝套件時，要先暫停執行專案。再做以下步驟：
對 TeaTimeDemo(專案項目) 點擊滑鼠右鍵→點選管理 NuGet 套件。

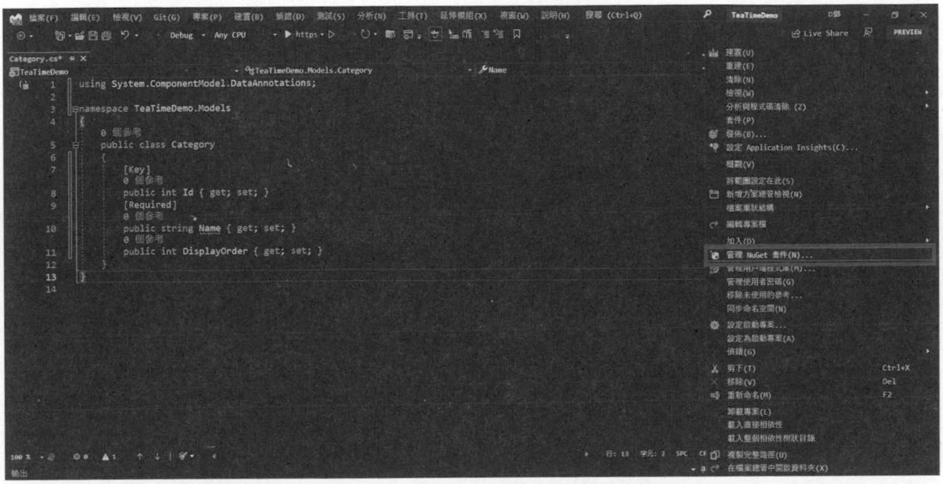

▲ 圖 4-15　Category.cs 畫面

這邊需要將包括搶鮮版的選項打勾。

▲ 圖 4-16　NuGet 套件安裝畫面

接著點選 Microsoft.EntityFrameworkCore→安裝。

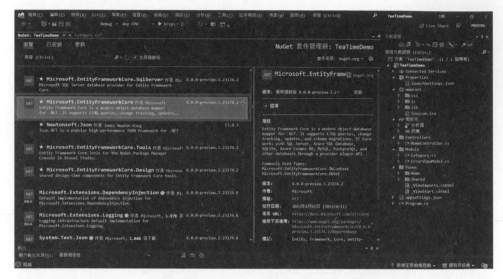

▲ 圖 4-17　NuGet 套件安裝畫面

點選我接受。

▲ 圖 4-18　NuGet 套件安裝畫面

接著按照前面步驟，安裝 Microsoft.EntityFrameworkCore.SqlServer 和 Microsoft.EntityFrameworkCore.Tools。

步驟04 套件都安裝好後，點擊「已安裝」就可以看到目前已安裝的套件。

▲ 圖 4-19　NuGet 套件安裝畫面

這邊安裝的套件都是建立與資料庫連線及後續執行 Migration 所必要的套件，需要確認安裝完成無誤，才能繼續往下進行。

步驟05 接著要建立與資料庫連線的字串，打開 appsetting.json。

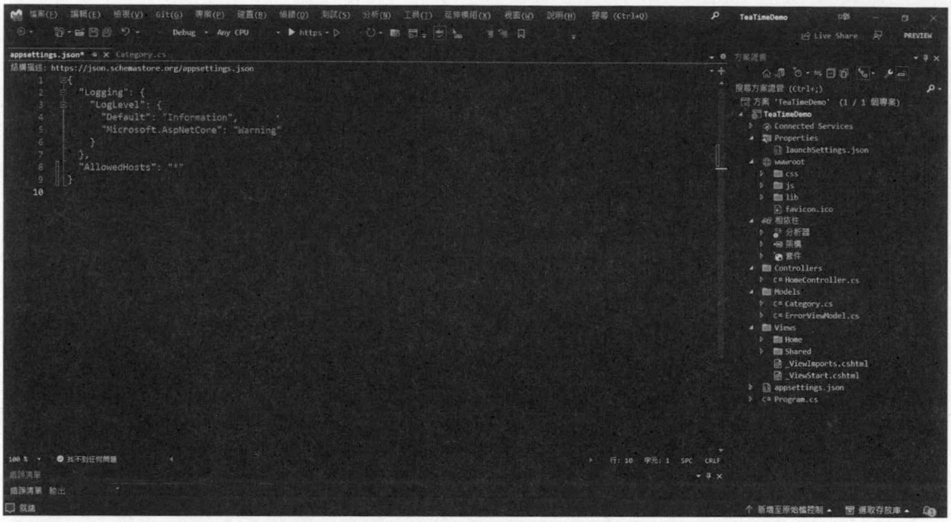

▲ 圖 4-20　appsetting.json 檔案畫面

將 appsetting.json 修改為下方程式碼：

```
1   {
2     "Logging": {
3       "LogLevel": {
4         "Default": "Information",
5         "Microsoft.AspNetCore": "Warning"
6       }
7     },
8     "AllowedHosts": "*",
9     "ConnectionStrings": {
10      "DefaultConnection": "Server=###;Database=TeaTime;Trusted_Connection
    =True;TrustServerCertificate=True"
11    }
12  }
```

　　這邊需要注意的是第 10 行程式碼 ### 的部分，需要開啟 SSMS 並複製伺服器名稱然後貼上，詳細步驟如下：

1. 開啟 SSMS 後複製伺服器名稱。

▲ 圖 4-21　SQL Server 開啟畫面

2. 貼在 ### 的部分。

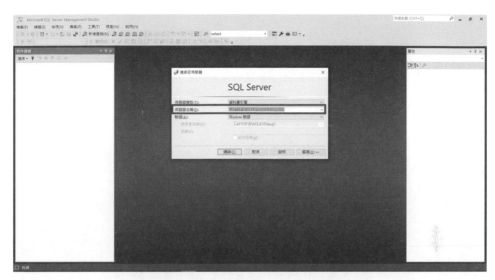

▲ 圖 4-22　appsetting.json 檔案畫面

第 10 行程式碼 Database=TeaTime; 的部分，這裡等號後面的名稱就是後
續執行 Migration 時會建立的資料庫名稱，可以依據自己專案需求進行
修改及命名。

步驟06 對 TeaTimeDemo(你的專案) 點擊滑鼠右鍵→ 加入→ 新增資料
夾，將新資料夾命名為 Data。

▲ 圖 4-23　新增資料夾畫面

步驟07 對剛建立好的 Data 資料夾點擊滑鼠右鍵→ 加入→ 類別→ 命名為
ApplicationDbContext.cs→ 新增。

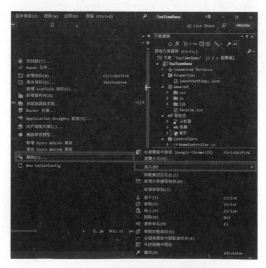

▲ 圖 4-24　新增類別畫面

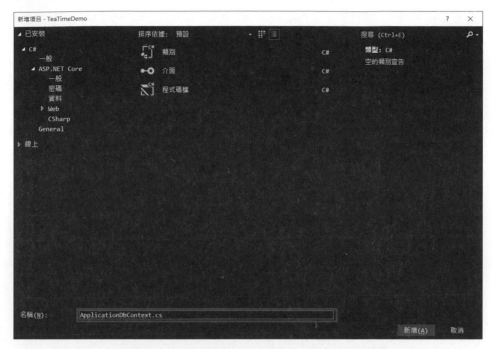

▲ 圖 4-25　新增類別 ApplicationDbContext 畫面

步驟08 接著在 ApplicationDbContext.cs 新增部分程式碼。

```
1    namespace TeaTimeDemo.Data
2    {
3        public class ApplicationDbContext : DbContext
4        {
5        }
6    }
```

會發現 DbContext 的部分會出現紅色的錯誤提示，一樣將滑鼠
移到該程式碼部分，出現燈泡後展開→ 點選 using Microsoft.
EntityFrameworkCore; (如下圖所示)。

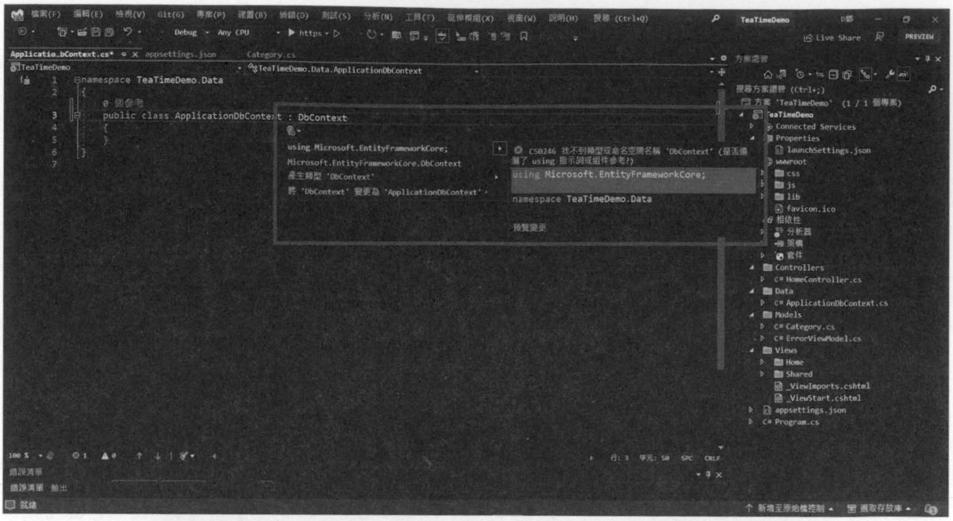

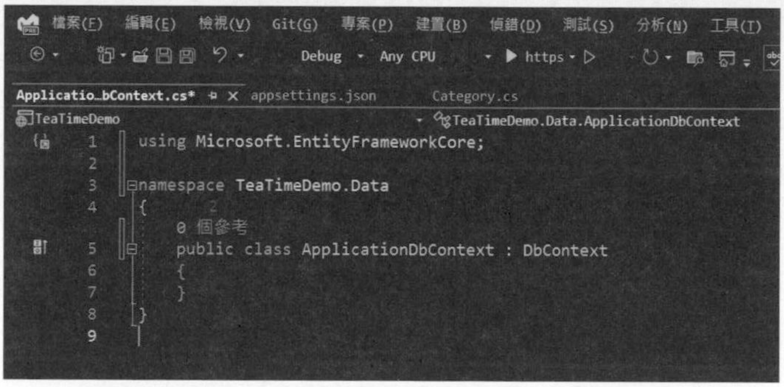

▲ 圖 4-26　ApplicationDbContext.cs 檔案畫面

繼續新增程式碼。

```
1   using Microsoft.EntityFrameworkCore;
2   namespace TeaTimeDemo.Data
3   {
4       public class ApplicationDbContext : DbContext
5       {
6   // 本次新增部分
7           public
8   ApplicationDbContext(DbContextOptions<ApplicationDbContext>
9   options) : base(options)
```

```
10            {
11            }
12        }
13  }
```

如果我們必須在 C# 中傳遞它,我們將在此處撰寫 base 並傳遞這樣的選項。我們在此處配置的任何選項都將傳遞給 DbContext。

步驟09 完成後開啟 Program.cs,新增程式碼。

找到 builder.Services.AddControllersWithViews(); 的部分,在其下方新增程式碼,如下所示:

```
1   // Add services to the container.
2   builder.Services.AddControllersWithViews();
3   // 新增部分
4   builder.Services.AddDbContext<ApplicationDbContext>(options=>
5       options.UseSqlServer(builder.Configuration.GetConnectionString(
6       "DefaultConnection")));
```

這段程式碼是在告訴我們的專案,我們是使用 SQL Server 資料庫,以及連線字串是使用 DefaultConnection。

步驟10 完成後就要進行新增資料庫的動作了,點選上方工具列的工具→NuGet 套件管理員→選擇套件管理器主控台。

▲ 圖 4-27　Program.cs 檔案畫面

步驟11 在套件管理主控台輸入指令 update-database。

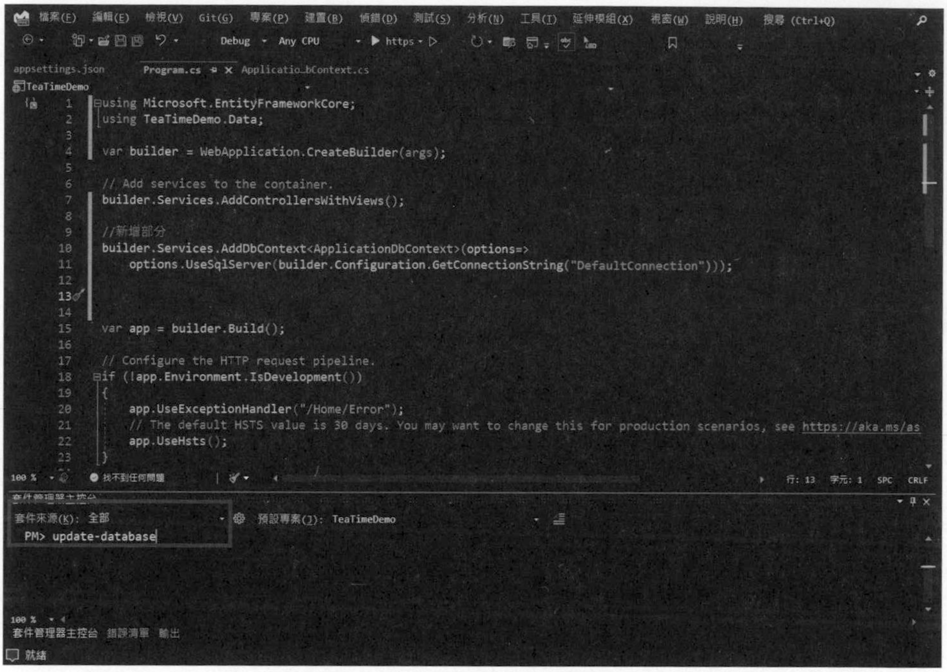

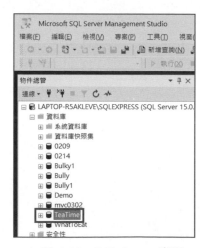

▲ 圖 4-28　套件管理主控台畫面

完成後開啟 SSMS，就會發現已經新增了 TeaTime 的資料庫。

▲ 圖 4-29　SQL Server 畫面

步驟12 接著在 ApplicationDbContext.cs 新增程式碼。

```
1   using Microsoft.EntityFrameworkCore;
2   namespace TeaTimeDemo.Data
3   {
4       public class ApplicationDbContext : DbContext
5       {
6         public
7         ApplicationDbContext(DbContextOptions<ApplicationDbContext>
8         options) : base(options)
9         {
10        }
11      // 新增程式碼
12        public DbSet<Category> Categories { get; set; }
13      }
14  }
```

我們在應用程式內部使用 Entity Framework Core 來處理資料庫相關事務，其中 DbContext 是我們使用的核心類別。當我們要創建一個資料表時，我們需要在應用程式建立一個名為資料庫集合（DbSet）的東西。這個 DbSet 會對應到 SQL Server 資料庫中的一個資料表。

會發現 Category 的部分會出現紅色的錯誤提示，一樣將滑鼠移到該程式碼部分，出現燈泡後展開→點選 using TeaTimeDemo.Models;（如下圖）完成後就會發現上方有引入套件並且錯誤提示也消失了。

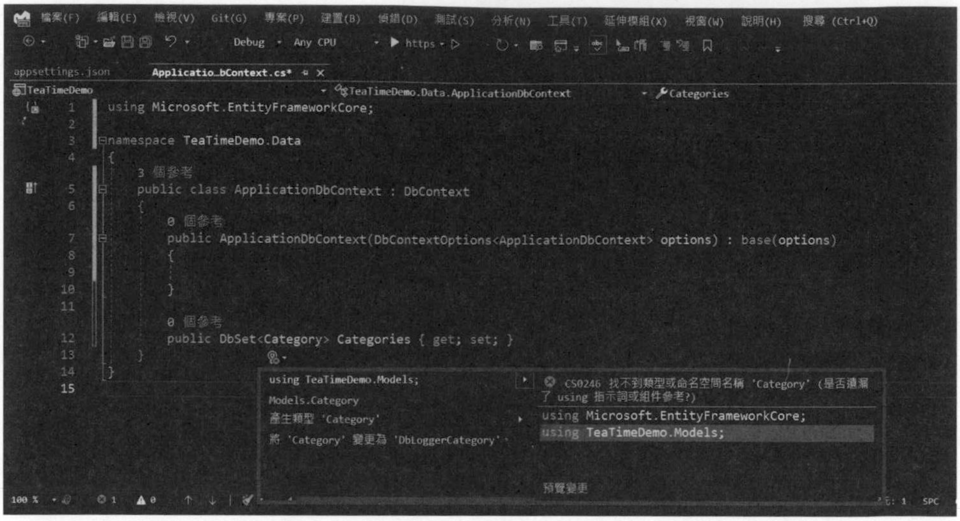

▲ 圖 4-30　ApplicationDbContext.cs 畫面

步驟13 在套件管理器主控台輸入指令 add-migration AddCategoryTableToDb 並執行，會發現有一個新的檔案產生。

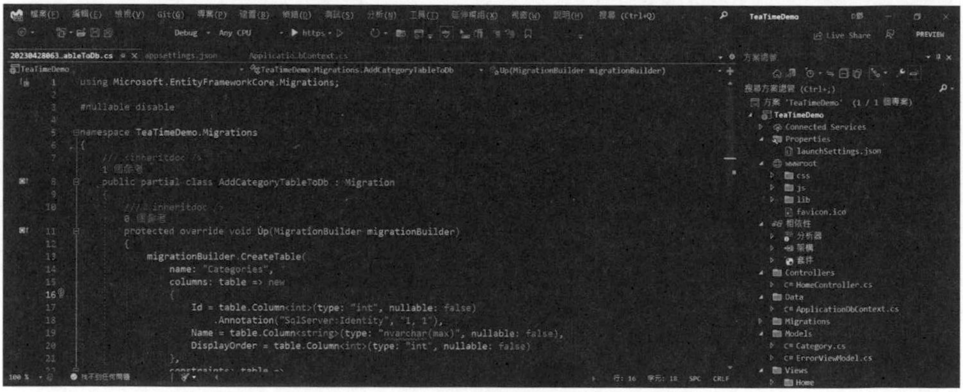

▲ 圖 4-31　指令產生的 migration 畫面

這 就 是 以 Model 內 的 Category 建 立 的 Migration，執 行 完 update-database 後就會新增 Categories 的資料表。

步驟14 接下來要建立資料庫預設的資料，目的在於如果要更換開發環境時不用每次都新增資料來測試功能，而是在新增 Migration 時就一起把預設資料寫進資料庫。

開啟 Data/ApplicationDbContext.cs，新增程式碼如下：

```
1   .[ 省略 ].
2   public DbSet<Category> Categories { get; set; }
3   // 本次新增部分
4   protected override void OnModelCreating(ModelBuilder modelBuilder)
5   {
6       modelBuilder.Entity<Category>().HasData(
7           new Category { Id = 1, Name = " 茶飲 ", DisplayOrder = 1 },
8           new Category { Id = 2, Name = " 水果茶 ", DisplayOrder = 2 },
9           new Category { Id = 3, Name = " 咖啡 ", DisplayOrder = 3 }
10          );
11  }
```

開啟套件管理主控台執行指令 add-migration SeedCategoryTable，完成後執行 update-database。以上步驟皆完成之後開啟 SSMS，對 Categories 資料表點擊滑鼠右鍵→選取前 1000 個資料列，就會發現已經有資料在裡面了。

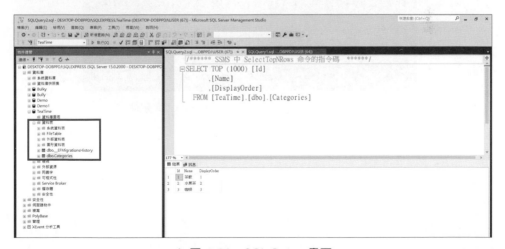

▲ 圖 4-32　SQL Server 畫面

4-3 Read 查看資料

接下來要進行的是針對 Category 的 Create(新增)、Read(查看)、Update(更新)、Delete(刪除)，本章節將從頭建立起各個功能。

步驟01 首先我們要先建立 Category 的 Controller。對 Controllers 資料夾點擊滑鼠右鍵→加入→控制器→MVC 控制器 - 空白→加入→命名為 CategoryController.cs。

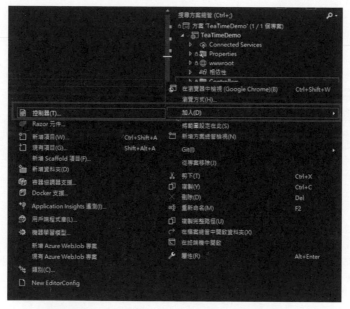

▲ 圖 4-33　建立 Category 的 Controller 畫面

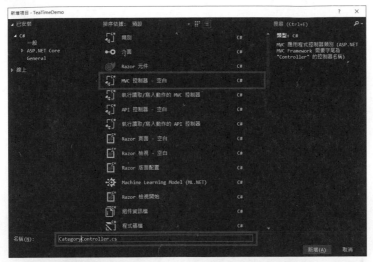

▲ 圖 4-34　建立 Category 的 Controller 畫面

完成後執行應用程式，在網址部分直接輸入 (URL)/category/Index，會
發現網頁出現了 Error，這是因為目前專案內沒有相對應的 View 可以供
Category 的 Index 去輸出預設的頁面，所以需要新增 Category 的 View。

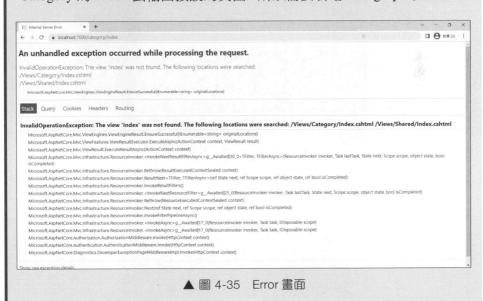

▲ 圖 4-35　Error 畫面

步驟02 對 Views 資料夾點擊滑鼠右鍵→加入→新增資料夾，命名為 Category。

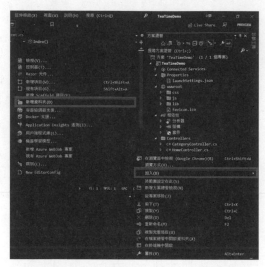

▲ 圖 4-36　建立 Category View 畫面

步驟03 接著對剛建立好的 Category 資料夾點擊滑鼠右鍵→加入→檢視 →Razor 檢視 - 空白→加入→命名 Index.cshtml→新增。

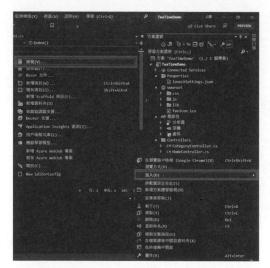

▲ 圖 4-37　建立 Category View 畫面

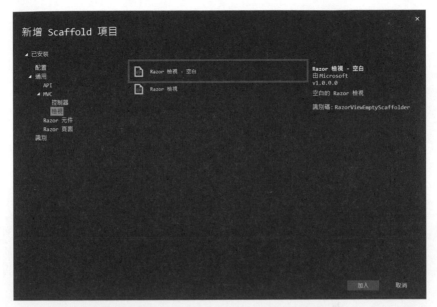

▲ 圖 4-38　建立 Category View 畫面

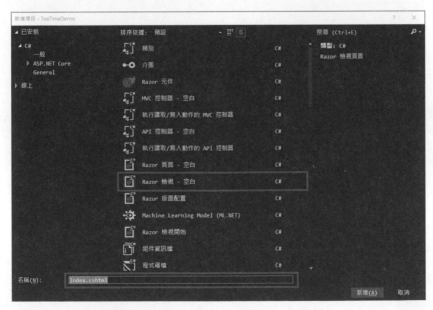

▲ 圖 4-39　建立 Category View 畫面

步驟04 接著將 Index.cshtml 修改為下方程式碼。

```
1 <h1> 類別清單 </h1>
```

完成之後執行應用程式，在網址的部分輸入 (URL)/category/Index，會發現可以跳轉到剛建立好的頁面了。

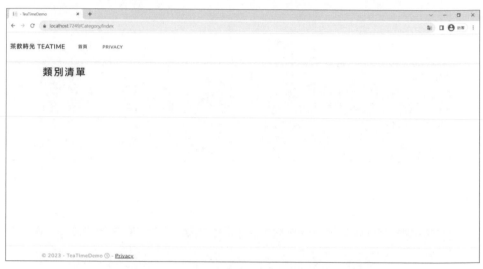

▲ 圖 4-40　瀏覽器開啟 Category View 的畫面

步驟05 接著開啟 Views/Shared/_Layout.cshtml，我們要在這邊新增可以導向 Category 頁面的按鈕，找到下方程式碼的部分並修改。

```
1   <div class="container-fluid">
2     <a class="navbar-brand" asp-area="" asp-controller="Home"
3     asp-action="Index"> 茶飲時光 TeaTime</a> // 本次修改部分
4     <button class="navbar-toggler" type="button" data-bs-
5     toggle="collapse" data-bs-target=".navbar-collapse" aria-
6     controls="navbarSupportedContent" aria-expanded="false"
7     aria-label="Toggle navigation">
8       <span class="navbar-toggler-icon"></span>
9     </button>
10    <div class="navbar-collapse collapse d-sm-inline-flex
```

```
11      justify-content-between">
12      // 本次修改部分
13         <ul class="navbar-nav flex-grow-1">
14            <li class="nav-item">
15               <a class="nav-link text-dark" asp-area="" asp-controller=
16         "Home" asp-action="Index"> 首頁 </a>
17               </li>
18            // 本次新增部分
19         <li class="nav-item">
20               <a class="nav-link text-dark" asp-area="" asp-controller=
21         "Category" asp-action="Index"> 類別 </a>
22               </li>
23            <li class="nav-item">
24               <a class="nav-link text-dark" asp-area="" asp-controller=
25         "Home" asp-action="Privacy">Privacy</a>
26               </li>
27         </ul>
28      </div>
29  </div>
```

完成之後執行應用程式，就會發現上方導覽列的部分修改了，點擊類別就會導到 Category 的頁面。

▲ 圖 4-41　瀏覽器開啟 Category View 的畫面

以下是補充講解：

```
1  <li class="nav-item">
2     <a class="nav-link text-dark" asp-area="" asp-
3     controller="Category" asp-action="Index"> 類別 </a>
4  </li>
```

先前的章節介紹過路由是如何運作的，在網頁的部分是使用 asp-controller 以及 asp-action 這兩個屬性來控制要使用哪一個 Controller 以及對應的 Action Method。需要注意的是，通常我們不會使用 href 這個屬性來直接控制它跳轉的路由。

步驟06 接下來要做的是把資料庫內的資料抓出來。開啟 Controllers/CategoryController.cs，並新增程式碼。

```
1    using Microsoft.AspNetCore.Mvc;
2    using TeaTimeDemo.Data;
3
4    namespace TeaTimeDemo.Controllers
5    {
6        public class CategoryController : Controller
7        {
8            // 本次新增部分
9            private readonly ApplicationDbContext _db;
10           public CategoryController(ApplicationDbContext db)
11           {
12               _db = db;
13           }
14           public IActionResult Index()
15           {
16               // 本次新增部分
17               List<Category> objCategoryList = _db.Categories.ToList();
18               return View();
19           }
20       }
21   }
```

第 9、10 行出現紅色錯誤提示，出現燈泡後展開→ 點選 using TeaTimeDemo.Data; 第 17 行程式碼的部分會出現紅色的錯誤提示，一樣將滑鼠移到該錯誤提示部分，出現燈泡後展開→ 點選 using TeaTimeDemo.Models;

完成後就會發現上方有引入套件並且錯誤提示也消失了。

步驟07 完成之後在 return View(); 設置程式中斷點，然後執行應用程式並開啟類別的首頁。

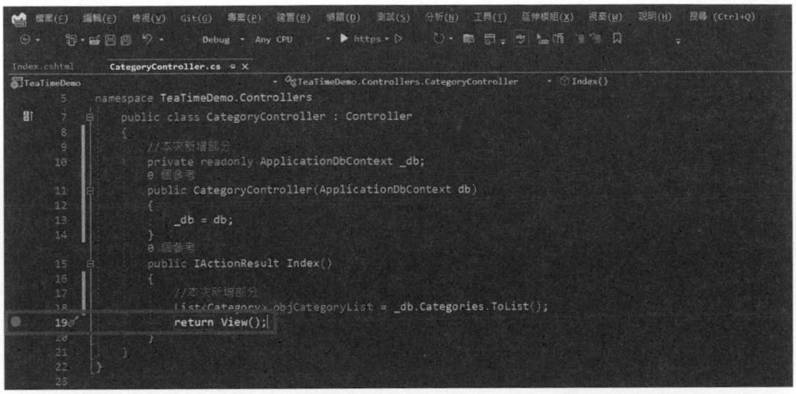

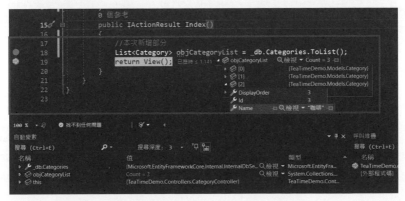

▲ 圖 4-42 CategoryController.cs 畫面

步驟08 接著將滑鼠移至 objCategoryList 的部分，這邊可以看到在這個 List 裡面的資料，會發現說 Categories 資料表內的資料都被存在這個物件內了，只需要將這包物件回傳至頁面，類別的首頁就可以顯示資料庫的資料，操作步驟如下：

▲ 圖 4-43 Category Controller.cs 畫面

修改 CategoryController.cs 的程式碼，將物件回傳至頁面。

```
1    public IActionResult Index()
2    {
3        List<Category> objCategoryList = _db.Categories.ToList();
4        // 本次修改部分
5        return View(objCategoryList);
6    }
```

步驟08 接著開啟 Views/Category/Index.cshtml，要在首頁建立一個表格來
顯示目前有哪些類別，並使用迴圈的方式來呈現，程式碼如下：

```
1    @model List<Category>
2    <h1> 類別清單 </h1>
3    <table class="table table-bordered table-striped">
4        <thead>
5            <tr>
6                <th> 類別名稱 </th>
7                <th> 顯示順序 </th>
8            </tr>
9        </thead>
10       <tbody>
11           @foreach (var obj in Model.OrderBy(u => u.DisplayOrder))
12           {
13               <tr>
14                   <td>@obj.Name</td>
15                   <td>@obj.DisplayOrder</td>
16               </tr>
17           }
18       </tbody>
19   </table>
```

這裡講解一下，我們在頁面最上面呼叫了 Category 的 List，之後使用
foreach 將 Category 的內容顯示到頁面上。

完成之後執行應用程式，就可以看到目前的類別囉，這就是讀取 /
查看資料 (Read) 的方式。

▲ 圖 4-44　Category 瀏覽器畫面

步驟09 接 下 來 我 們 要 來 稍 微 美 化 我 們 的 專 案，在 這 邊 我 們 用 了
Bootswatch 提供的樣式，很方便就可以直接套用。

首先，先到 Bootswatch 官方網站：

網站連結：
https://bootswatch.com/

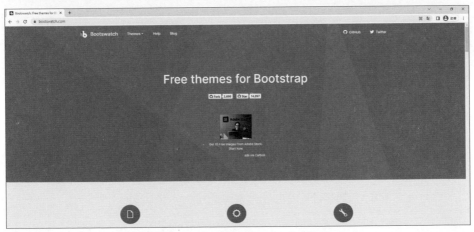

▲ 圖 4-45　Bootswatch 官網畫面

往下會看到有很多種樣式可以選擇。

▲ 圖 4-46　Bootswatch 官網畫面

選擇想要的樣式之後，點選 Download 旁的展開→ 選擇 bootstrap. css，選完之後就會下載該檔案。

▲ 圖 4-47　Bootswatch 官網畫面

接著我們使用記事本將檔案打開，並複製全部的程式碼。

▲ 圖 4-48　bootstrap.css 打開畫面

　　接著回到專案，打開 wwwroot/lib/bootstrap/dist/css/bootstrap.css，將剛剛在記事本複製的程式碼全部貼上。

▲ 圖 4-49　專案裡 bootstrap.css 畫面

這邊貼上之前需要把原本的程式碼全部清空，將新的程式碼完全覆蓋過去。

接著開啟 Views/Shared/_Layout.cshtml，這邊要引用前面修改過的 bootstrap.css 檔，找到上方引入的程式碼 <link rel="stylesheet" href="~/lib/bootstrap/dist/css/bootstrap.min.css" />

並將其修改，下方為修改後的程式碼。

```
1 <link rel="stylesheet" href="~/lib/bootstrap/dist/css/bootstrap.css" />
```

完成之後就可以看到頁面的樣子稍微不一樣了。

▲ 圖 4-50　更改後的 View 畫面

接著前往 Bootstrap Icons 官網。

網站連結：
https://icons.getbootstrap.com/

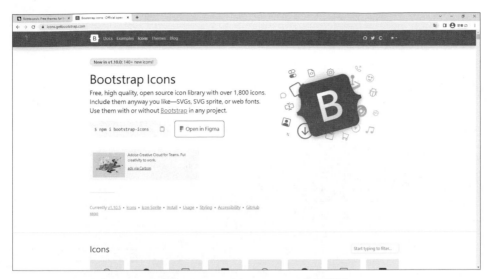

▲ 圖 4-51　Bootstrap Icon 官網畫面

往下找到 CDN，並點選複製。

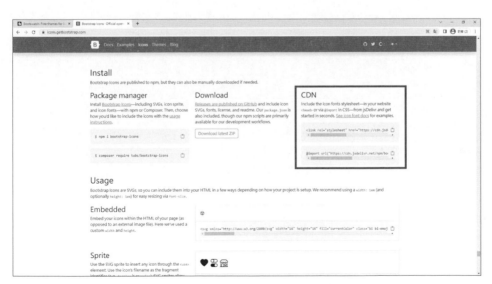

▲ 圖 4-52　Bootstrap Icon 官網畫面

複製完後回到專案，一樣在 Views/Shared/_Layout.cshtml 的部分引入，如下圖所示。

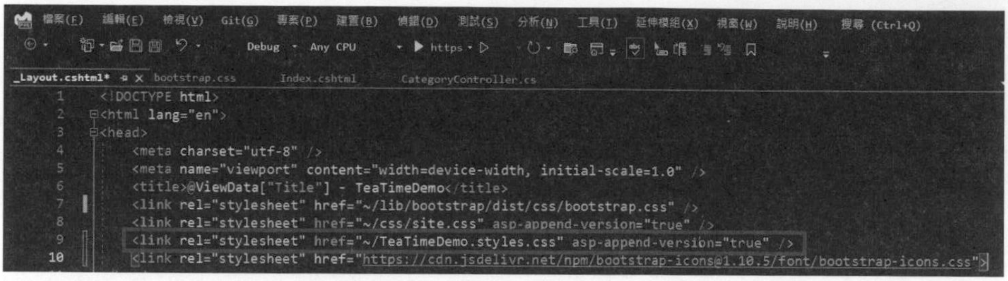

▲ 圖 4-53　引用 Bootstrap Icon 畫面

接著測試一下是否有引入成功，找到 footer 的部分，將程式碼 <i class="bi bi-1-circle"></i> 貼上，就會看到下方多了一個 ICON。

```
1    <footer class="border-top footer text-muted">
2        <div class="container">
3            &copy; 2023 - TeaTimeDemo <i class="bi bi-1-circle"></i>
4            - <a asp-area="" asp-controller="Home" asp-
5            action="Privacy">Privacy</a>
6        </div>
7    </footer>
```

© 2023 - TeaTimeDemo ① - <u>Privacy</u>

▲ 圖 4-54　引用 Bootstrap Icon 畫面

目前先簡單講解如何在專案引入 Bootstrap 或是自己撰寫的 CSS，因為版面設計並非本書的主要目的，這部分我們會快速帶過，將主要重點放在功能的開發上。後續如果有版面需要調整，我們會提供程式碼連結，讓讀者使用。

4-4 Create 新增資料

步驟01 接下來就要開始撰寫新增資料的部分，為此我們版面需要做一些調整，將 GitHub 檔案中的程式碼貼在 Views/Category/Index. cshtml。

> 打開先前從 GitHub 下載的檔案 /TeaTimeRecources-master 資料夾後，再點選 CH04-Category 資料夾，開啟 IndexUI.txt 檔，將裡面內容全選複製到 Index.cshtml 上。

　　完成之後到類別頁面，會發現多了一個新增的按鈕，我們要透過這顆按鈕來觸發新增功能。

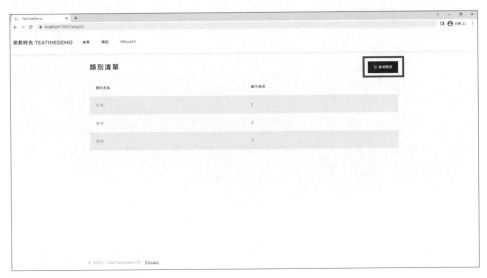

▲ 圖 4-55　新增類別按鈕畫面

步驟02 開啟 CategoryController.cs，新增程式碼。

```
1    .[ 省略 ].
2    public IActionResult Index()
3    {
4        List<Category> objCategoryList = _db.Categories.ToList();
5        return View(objCategoryList);
6    }
7    // 本次新增部分
8    public IActionResult Create()
9    {
10       return View();
11   }
```

步驟03 接著對 Create() 的部分點擊滑鼠右鍵→新增檢視→選擇 Razor 檢
視 - 空白→ 加入→命名為 Create.cshtml→新增。

▲ 圖 4-56　新增檢視 Create()

▲ 圖 4-57　新增檢視 Create()

接著在剛建立好的 Create.cshtml 打上程式碼。

```
1 <h1>新增類別</h1>
```

完成後執行應用程式，到類別頁面點擊新增類別的按鈕，會發現並沒有跳到剛建立好的 Create.cshtml，這是因為我們提供的程式碼，在按鈕的 Controller 及 Action 的部分還沒有指定，所以它不會跳轉。

這邊可以思考一下，如果要跳轉到剛建立好的 Create.cshtml 頁面，在 Views/Category/Index.cshtml的程式碼應該要做哪些變動才能順利跳轉。

修改的部分如下：

```
1 <div class="col-6 text-end">
2    <a asp-controller="Category" asp-action="Create" class="btn
3    btn-primary">
```

```
4            <i class="bi bi-plus-circle"></i> 新增類別
5       </a>
6    </div>
```

完成之後再點擊新增類別按鈕，頁面就會順利跳轉囉。

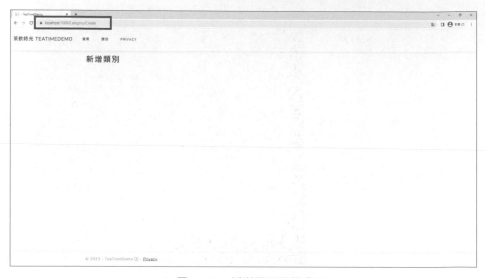

▲ 圖 4-58　新增類別跳轉畫面

步驟04 在 Create.cshtml 貼上我們提供的程式碼，操作步驟如下：

打開 TeaTimeRecources-master 資料夾後，再點選 CH04-Category 資料
夾，開啟 CreateUI.txt 檔，將裡面內容全選複製到 Create.cshtml 上。

　　在這段程式碼中，可以觀察到我們在 input 中附加 asp-for 這個
HTML 標籤，只要在 HTML 標籤中宣告 asp-for 即可使用，但這裡的 for
代表的並不是迴圈，**而是將其資料綁定在 model 上的同名屬性中**，input
的資料就會自動進入到 Model 的 Name 和 DisplayOrder 內。

前面有提到 asp-for 的用法了，那在使用者介面的部分如果不想要顯示資料欄位的名稱，那要如何顯示自訂的名稱呢，可以參考以下步驟：

步驟05 開啟 Models/Category.cs，新增部分程式碼。執行應用程式之後就它就會顯示 DisplayName 的字串囉。

```
1   using System.ComponentModel;
2   using System.ComponentModel.DataAnnotations;
3   namespace TeaTimeDemo.Models
4   {
5       public class Category
6       {
7           [Key]
8           public int Id { get; set; }
9           [Required]
10          // 本次新增部分
11          [DisplayName(" 類別名稱 ")]
12          public string Name { get; set; }
13          // 本次新增部分
14          [DisplayName(" 顯示順序 ")]
15          public int DisplayOrder { get; set; }
16      }
17  }
```

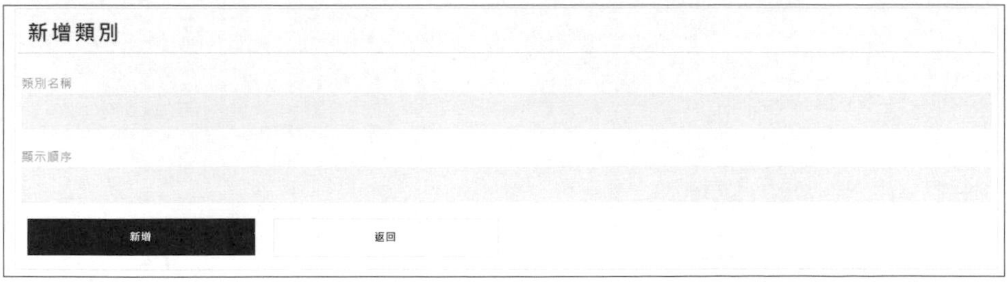

▲ 圖 4-59　新增類別畫面

這邊完成之後就要在 Controller 接收頁面回傳的資料並寫進資料庫，這部分也相當簡單，操作步驟如下。

步驟06 開啟 CategoryController.cs，新增程式碼。

```
1   .[ 省略 ].
2   public IActionResult Create()
3   {
4       return View();
5   }
6   // 本次新增部分
7   [HttpPost]
8   public IActionResult Create(Category obj)
9   {
10      _db.Categories.Add(obj);
11      _db.SaveChanges();
12      return RedirectToAction("Index");
13  }
```

完成之後可以在下圖中的位置加上程式中斷點，來看一下頁面的資料是否有接收到。

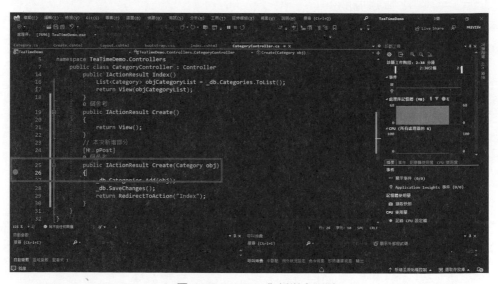

▲ 圖 4-60 Create() 新增中斷點

步驟07 接著執行應用程式,新增類別的部分填上資料測試功能是否正常, 填寫完後點擊新增按鈕。

新增類別

類別名稱

test

顯示順序

4

| 新增 | 返回 |

▲ 圖 4-61　Create() 新增中斷點

接著回到專案的部分,將滑鼠放到圖中第 25 行程式碼 obj 的部分, 展開之後可以看到頁面上的資料都在 obj 內了,點擊上方繼續執行,完成 之後到資料庫看就會發現新增資料成功了。

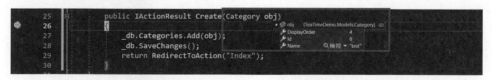

```
25    public IActionResult Create(Category obj)
26    {
27        _db.Categories.Add(obj);
28        _db.SaveChanges();
29        return RedirectToAction("Index");
30    }
```

obj   [TeaTimeDemo.Models.Category]
DisplayOrder   4
Id   0
Name   檢視 ▾ "test"

▲ 圖 4-62　Create() 測試中斷點畫面

▲ 圖 4-63　新增成功資料庫畫面

如果讓程式逐行執行，會發現資料庫出現資料是在 _db.SaveChanges();
被執行之後，將所有更新的資料進行保存並且重新設定物件內容。所以
需要注意的是如果要確保資料庫有更新，就必須執行 SaveChanges()。

步驟08 接下來要做的是對表單送出的資料進行驗證的工作，因為必須確
保使用者送出的值是有效的及避免使用者誤填。

　　　打開 CategoryController.cs，將其修改為下方程式碼。

```
1    .[省略].
2    [HttpPost]
3    public IActionResult Create(Category obj)
4    {
5        // 本次新增部分
6        if(ModelState.IsValid)
7        {
8            _db.Categories.Add(obj);
9            _db.SaveChanges();
```

```
10        return RedirectToAction("Index");
11    }
12    return View();
13 }
```

接著開啟 Models/Category.cs，新增部分程式碼。

```
1  public class Category
2  {
3      [Key]
4      public int Id { get; set; }
5      [Required]
6      [MaxLength(30)] // 本次新增部分
7      [DisplayName(" 類別名稱 ")]
8      public string Name { get; set; }
9      [DisplayName(" 顯示順序 ")]
10     [Range(1,100)] // 本次新增部分
11     public int DisplayOrder { get; set; }
12 }
```

可以看到我們對 Category 的 Model 做的變更，我們設定了類別名稱的長度限制以及顯示順序的輸入範圍。

在 CategoryController.cs 新增了 ModelState.IsValid 做判斷，如果使用者輸入的值不符合格式，那麼就不會執行 Add 跟 SaveChanges 的 Function。

以下是輸入不符合範圍的資料來測試。

▲ 圖 4-64　Create() 測試中斷點畫面

4-47

可以看到當輸入不在範圍內的資料時，會出現 Error 訊息，且不會將資料寫進資料庫。

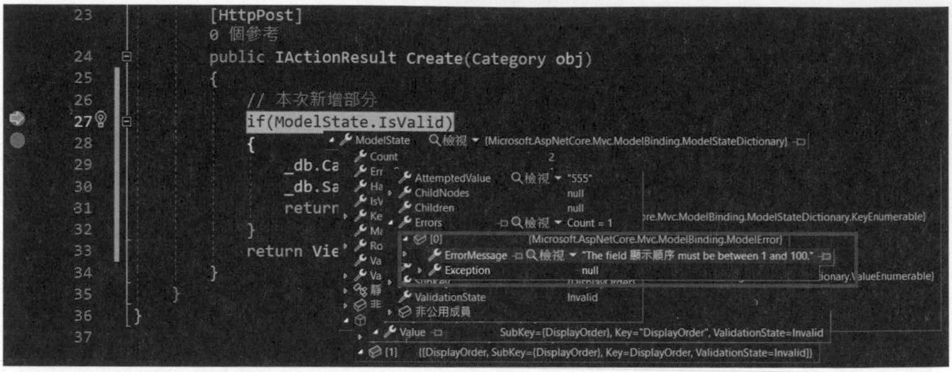

▲ 圖 4-65　Create() 中斷點出現 Error 訊息畫面

現在當使用者輸入錯誤的資料時，已經不會寫入資料庫了，但在頁面上還沒有任何的錯誤訊息，所以接下來我們要在頁面上顯示錯誤訊息。

步驟09 開啟 Views/Category/Create.cshtml，新增程式碼。

```
1   <div class="mb-3 row p-1">
2       <label asp-for="Name" class="p-0"></label>
3       <input asp-for="Name" class="form-control" />
4       <!-- 本次新增部分 -->
5       <span asp-validation-for="Name" class="text-danger"></span>
6   </div>
7   <div class="mb-3 row p-1">
8       <label asp-for="DisplayOrder" class="p-0"></label>
9       <input asp-for="DisplayOrder" class="form-control" />
10      <!-- 本次新增部分 -->
11      <span asp-validation-for="DisplayOrder" class="text-danger">
12      </span>
13  </div>
```

完成之後執行應用程式，會發現當資料錯誤時，會在底下出現錯誤提示了。這是因為 asp-validation-for 會根據模型去評估使用者輸入的資料。

▲ 圖 4-66　新增類別跳出錯誤訊息畫面

步驟10 自訂要輸出的錯誤訊息也很簡單，開啟 Models/Category.cs，修改部分程式碼。

```
1  [DisplayName(" 顯示順序 ")]
2  // 本次修改部分
3  [Range(1, 100, ErrorMessage = " 輸入範圍應該要在 1-100 之間 ")]
4  public int DisplayOrder { get; set; }
```

完成之後就可以看到自定義的錯誤訊息了。

▲ 圖 4-67　自定義錯誤訊息畫面

如果要做到其他的自定義驗證應該怎麼做？比如類別名稱不能跟顯示順序一樣。要做到這類功能，就需要在 Controller 進行。

步驟11 開啟 CategoryController.cs 新增程式碼。

```
1    [HttpPost]
2    public IActionResult Create(Category obj)
3    {
4      // 本次新增部分
5      if (obj.Name == obj.DisplayOrder.ToString())
6      {
7        ModelState.AddModelError("name", " 類別名稱不能跟顯示順序一致。");
8      }
9      if(ModelState.IsValid)
10     {
11         _db.Categories.Add(obj);
12         _db.SaveChanges();
13         return RedirectToAction("Index");
14     }
15     return View();
16   }
```

完成之後就會顯示自定義的錯誤訊息了。

▲ 圖 4-68 自定義錯誤訊息畫面

前面講的是從伺服器端驗證的方式，可以看到在測試時，頁面都會重新載入。

步驟12 下面會展示如何做到客戶端的驗證，在送出請求之前就先確認輸入的資料無誤，**這樣可以有效降低伺服器的負擔。**

可以看到在 Views/Shared/_ValidationScriptsPartial.cshtml，.NET Core 有內建一些驗證的 jQuery，所以我們不用在驗證時撰寫過多的程式碼。

```
_Validation_tial.cshtml ⊕ X  Category.cs      CategoryController.cs      Create.cshtml
1    <script src="~/lib/jquery-validation/dist/jquery.validate.min.js"></script>
2    <script src="~/lib/jquery-validation-unobtrusive/jquery.validate.unobtrusive.min.js"></script>
3
```

▲ 圖 4-69   _ValidationScriptsPartial.cshtml 程式碼畫面

使用的方法也很簡單，只需要在頁面引入內建的驗證腳本，就可以做到在客戶端進行驗證，請開啟 Views/Category/Create.cshtml，並新增下方程式碼：

```
1    <form method="post">
2    .[ 省略 ].
3    </form>
4    <!-- 本次新增部分 -->
5    @section Scripts{
6        @{
7            <partial name="_ValidationScriptsPartial" />
8        }
9    }
```

再測試一次時會發現，當輸入資料有誤時，頁面並不會重新載入。如果在 CategoryController.cs 設置程式中斷點的話，會發現請求並不會進入 Controller，這樣就達到了在客戶端驗證的功能。

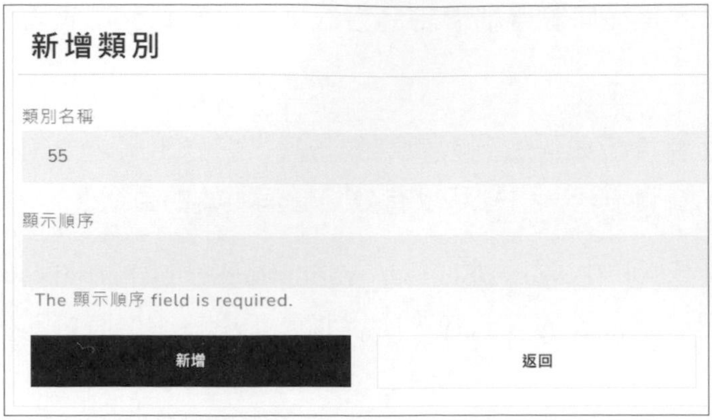

▲ 圖 4-70　客戶端驗證畫面

4-5 Edit 編輯資料

本章節要完成的是編輯資料的功能，首先就要在頁面上新增編輯的按鈕。

步驟01 開啟 Views/Category/Index.cshtml，新增表格的欄位及按鈕，完成後如下圖所示。

```
1    <table class="table table-bordered table-striped">
2      <thead>
3        <tr>
4          <th> 類別名稱 </th>
5          <th> 顯示順序 </th>
6          <!-- 本次新增部分 -->
7          <th></th>
8        </tr>
9      </thead>
10     <tbody>
11       @foreach (var obj in Model.OrderBy(u => u.DisplayOrder))
12       {
```

```
13      <tr>
14        <td>@obj.Name</td>
15        <td>@obj.DisplayOrder</td>
16        <!-- 本次新增部分 -->
17        <td>
18          <div class="w-75 btn-group" role="group">
19            <a asp-controller="Category" asp-action="Edit
20      class="btn btn-primary mx-2">
21            <i class="bi bi-pencil-square"></i>編輯
22            </a>
23            <a asp-controller="Category" asp-action="Delete"
24      class="btn btn-danger mx-2">
25              <i class="bi bi-trash-fill"></i>刪除
26            </a>
27          </div>
28        </td>
29      </tr>
30    }
31    </tbody>
32  </table>
```

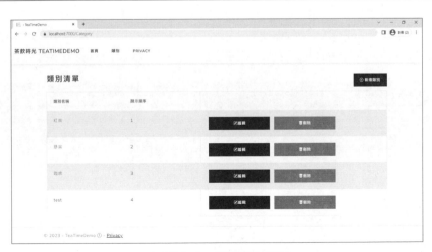

▲ 圖 4-71　類別清單畫面

步驟02 接下來要新增 Controller 的 Edit Action，開啟 CategoryController.
cs，新增程式碼。

```
1    [HttpPost]
2    public IActionResult Create(Category obj)
3    {
4        .[省略].
5    }
6    // 本次新增部分
7    public IActionResult Edit(int? id)
8    {
9        if (id == null || id == 0)
10       {
11           return NotFound();
12       }
13       Category? categoryFromDb = _db.Categories.Find(id);
14       if(categoryFromDb == null)
15       {
16           return NotFound();
17       }
18       return View(categoryFromDb);
19   }
```

完成之後可以開啟應用程式測試一下，會發現說這時不管點哪一筆資料的編輯按鈕，id 都會是空值，這是因為在頁面我們沒有指定 id 給按鈕。

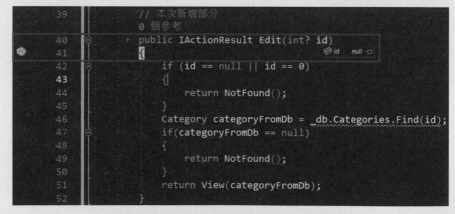

▲ 圖 4-72　CategoryController.cs 中斷點畫面

要指定 id 其實很簡單，只要在按鈕上新增一個 asp-route-id 的屬性並指定為 @obj.Id 即可。需要注意的是，這邊 asp-route- 後的 id 是自定義的，需要跟傳入 Edit Action 的變數名稱相同。

接下來，開啟 Views/Category/Index.cshtml 並新增程式碼。

```
1   <a asp-controller="Category" asp-action="Edit" asp-route-id="@obj.Id
2       class="btn btn-primary mx-2">
3       <i class="bi bi-pencil-square"></i>編輯
4   </a>
```

完成之後就會發現有 id 的值了。

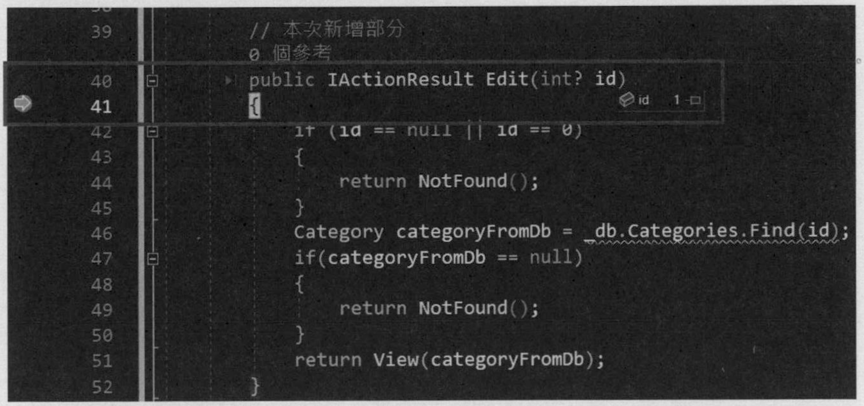

▲ 圖 4-73　CategoryController.cs 中斷點畫面

步驟03 接下來要建立編輯的頁面，點擊 public IActionResult Edit(int? id) 中的 Edit 滑鼠右鍵 → 新增檢視 → 選擇 Razor 檢視 - 空白 → 加入 → 命名為 Edit.cshtml 後點選新增。

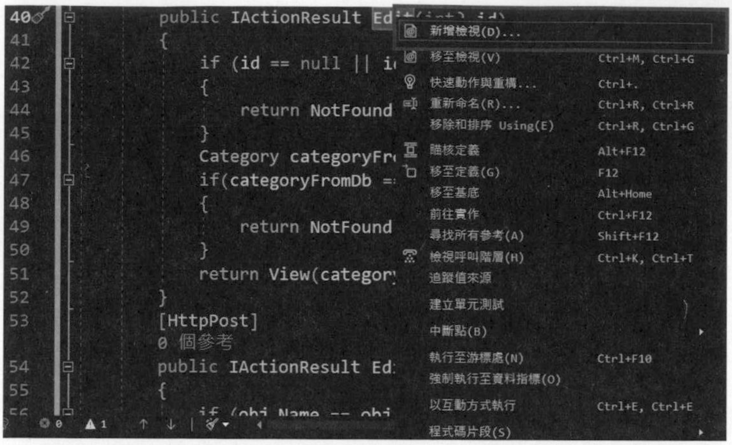

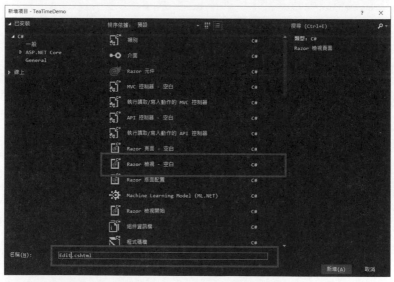

▲ 圖 4-74　新增 Edit 檢視畫面

▲ 圖 4-75　新增 Edit 檢視畫面

接著在剛建立好的 Edit.cshtml 新增下方程式碼，操作步驟如下：

打開 TeaTimeRecources-master 資料夾後，再點選 CH04-Category 資料夾，開啟 EditUI.txt 檔，將裡面內容全選複製到 Edit.cshtml 上。

完成之後可以執行應用程式，找到一筆資料點擊編輯，測試看看是否能正常跳轉到編輯頁面。

▲ 圖 4-76　編輯類別瀏覽器畫面

步驟04 接下來要進行資料的更新，開啟 CategoryController.cs，新增程式碼。

```
1   public IActionResult Edit(int? id)
2   {
3       . [ 省略 ] .
4   }
5   // 本次新增部分
6   [HttpPost]
7   public IActionResult Edit(Category obj)
8   {
9       if (ModelState.IsValid)
10      {
11          _db.Categories.Update(obj);
12          _db.SaveChanges();
13          return RedirectToAction("Index");
14      }
```

```
15      return View();
16  }
```

完成後執行應用程式進行測試，就會發現編輯功能已經完成了。

▲ 圖 4-77　編輯類別瀏覽器畫面

▲ 圖 4-78　編輯類別瀏覽器畫面

4-6 Delete 刪除資料

步驟01 開啟 CategoryController.cs，新增 Delete Action。

```
1    [HttpPost]
2    public IActionResult Edit(Category obj)
3    {
4        .[省略].
5    }
6    public IActionResult Delete(int? id)
7    {
8        if (id == null || id == 0)
9        {
10            return NotFound();
11        }
12        Category categoryFromDb = _db.Categories.Find(id);
13        if (categoryFromDb == null)
14        {
15            return NotFound();
16        }
17        return View(categoryFromDb);
18    }
19   [HttpPost, ActionName("Delete")]
20   public IActionResult DeletePOST(int? id)
21   {
22        Category? obj = _db.Categories.Find(id);
23        if(obj == null)
24        {
25            return NotFound();
26        }
27        _db.Categories.Remove(obj);
28        _db.SaveChanges();
29        return RedirectToAction("Index");
30   }
```

> 這邊第 22、23 行程式碼與先前的都不一樣,是因為這邊建立的 Action
> 名稱會衝突,所以要使用 ActionName("Delete") 來指定,不然在頁面上
> 就會變成 asp-action="DeletePOST"。

步驟02 接下來要建立刪除資料的確認頁面,首先點擊 public
IActionResult Delete(int? id) 中的 Delete 滑鼠右鍵→新增檢視→
選擇 Razor 檢視 - 空白→加入→命名為 Delete.cshtml 後點選新增。

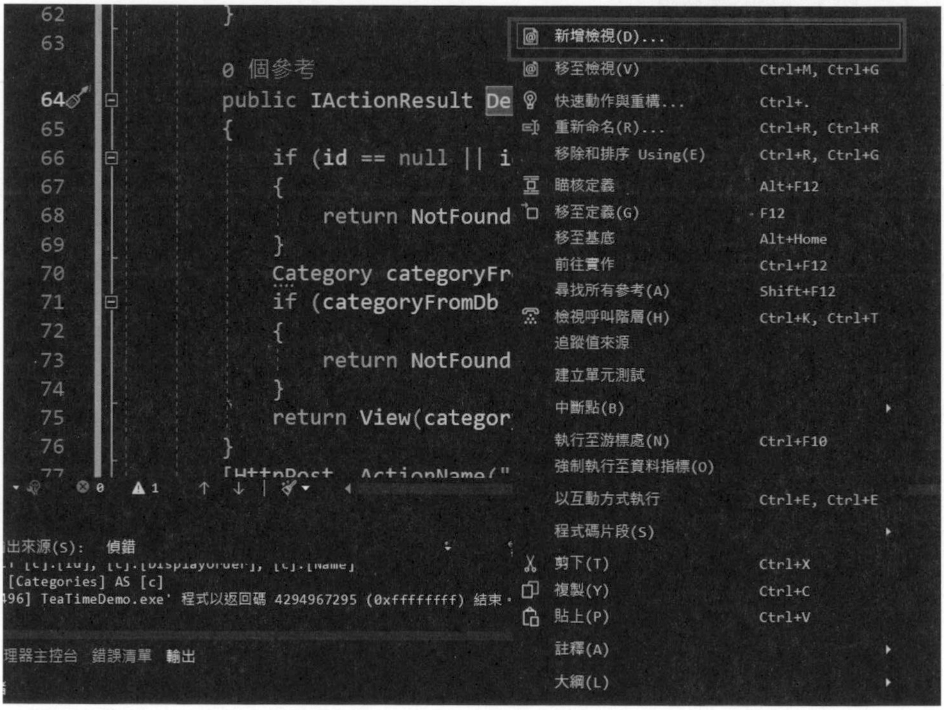

▲ 圖 4-79　新增 Delete() 檢視畫面

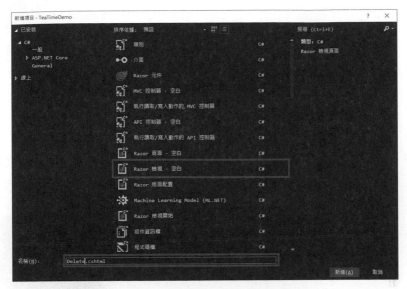

▲ 圖 4-80　新增 Delete() 檢視畫面

接著在剛建立好的 Delete.cshtml 貼上我們附上的程式碼，操作步驟如下。

> 打開 TeaTimeRecources-master 資料夾後，再點選 CH04-Category 資料夾，開啟 DeleteUI.txt 檔，將裡面內容全選複製到 Delete.cshtml 上。
>
> 也別忘記要去 Views/Category/Index.cshtml，在刪除按鈕的部份加上 asp-route-id="@obj.Id" 這個屬性，以在路由上指定 id。

```
1  <a asp-controller="Category" asp-action="Delete" asp-route-id="@obj.Id"
2     class="btn btn-danger mx-2">
3     <i class="bi bi-trash-fill"></i> 刪除
4  </a>
```

完成之後執行應用程式，點擊一筆資料的刪除按鈕，就會跳轉到刪除頁面，在這個頁面是不能編輯欄位內容的，點選刪除就會發現刪除成功，也可以到資料庫確認是否正常刪除。

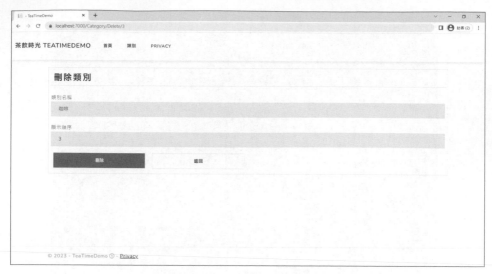

4-7 TempData & Toastr

　　接下來要介紹一下 TempData，它可以在我們創建、編輯或刪除類別時顯示通知，需要注意的是 TempData 為臨時數據，只會渲染一次頁面，如果刷新頁面 TempData 就會消失。

步驟01 開啟 CategoryController.cs，新增程式碼。

```
1    .[ 省略 ].
2    [HttpPost]
3    public IActionResult Create(Category obj)
4    {
5        if (obj.Name == obj.DisplayOrder.ToString())
6        {
7            ModelState.AddModelError("name"," 類別名稱不能跟顯示順序一致。");
8        }
9        if(ModelState.IsValid)
```

```
10      {
11          _db.Categories.Add(obj);
12          _db.SaveChanges();
13          // 本次新增部分
14          TempData["success"] = "類別新增成功！";
15          return RedirectToAction("Index");
16      }
17      return View();
18  }
19  .[ 省略 ].
```

步驟02 接著到 Views/Category/Index.cshtml，新增程式碼。

```
1  @model List<Category>
2  // 本次新增部分
3  @if(TempData["success"] != null)
4  {
5      <h2>@TempData["success"]</h2>
6  }
7  <div class="container">
8  .[ 省略 ].
9  </div>
```

完成之後輸入資料進行測試。

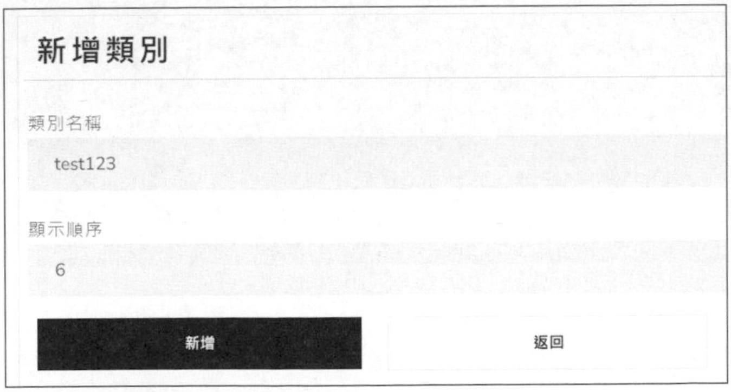

▲ 圖 4-82　新增類別 TempData 測試畫面

會發現頁面上顯示了 " 類別新增成功！" 等字樣。

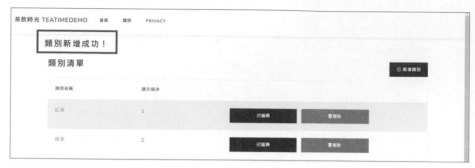

▲ 圖 4-83　新增類別 TempData 測試畫面

這時如果刷新頁面就會發現通知的字樣消失了，這就是前面所提到的，TempData 只會渲染一次頁面。

如果有很多頁面都需要使用到 TempData 的話，可以參考以下作法。

步驟03 對 Shared 資料夾點擊滑鼠右鍵→加入→檢視→Razor 檢視 - 空白 → 加入→命名為 _Notification.cshtml→新增。

▲ 圖 4-84　新增 TempData 檢視畫面

將剛建立好的 _Notification.cshtml 新增程式碼如下：

```
1   @if (TempData["success"] != null)
2   {
3       <h2>@TempData["success"]</h2>
4   }
5   @if (TempData["error"] != null)
6   {
7       <h2>@TempData["error"]</h2>
8   }
```

接著到 Views/Category/Index.cshtml，修改程式碼。

```
1   @model List<Category>
2   <!-- 本次修改部分 -->
3   <partial name="_Notification" />
4   <div class="container">
5       .[ 省略 ].
6   </div>
```

完成之後一樣會在新增成功時通知，同時如果其他頁面也要使用
TempData 的話，只需要用同樣的引入方式即可。

接下來要做的是 Toastr 通知，到官方網站上複製 CDN。

```
1 //cdnjs.cloudflare.com/ajax/libs/toastr.js/latest/css/toastr.min.css
```

Toastr 官方網站：
https://codeseven.github.io/toastr/

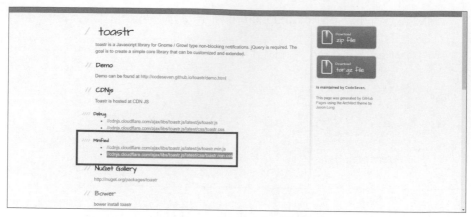

▲ 圖 4-85　Toastr 官網畫面

接著開啟 Shared/_Layout.cshtml，在 head 標籤內加上引入程式碼。

```
1   <link rel="stylesheet" href="//cdnjs.cloudflare.com/ajax/libs/
    toastr.js/latest/css/toastr.min.css" />
```

接著從官網上複製 JavaScript。

```
1 //cdnjs.cloudflare.com/ajax/libs/toastr.js/latest/js/toastr.min.js
```

將 _Notification.cshtml 修改為下方程式碼。

```
1   @if (TempData["success"] != null)
2   {
3       // 本次修改部分
4       <script src="~/lib/jquery/dist/jquery.min.js"></script>
5       <script src="//cdnjs.cloudflare.com/ajax/libs/toastr.js/
6       latest/js/toastr.min.js"></script>
7       <script type="text/javascript">
8           toastr.success('@TempData["success"]');
9       </script>
10  }
11  @if (TempData["error"] != null)
12  {
13      // 本次修改部分
```

```
14    <script src="~/lib/jquery/dist/jquery.min.js"></script>
15    <script src="//cdnjs.cloudflare.com/ajax/libs/toastr.js/latest/js/
16        toastr.min.js"></script>
17    <script type="text/javascript">
18        toastr.error('@TempData["error"]');
19    </script>
20 }
```

完成之後就會發現通知會出現在右上方。

▲ 圖 4-86　Toastr 訊息畫面

也能將 partial view 的引入移到 Shared/_Layout.cshtml，這樣就不用在每一個頁面都引入一次，讓程式碼變的更加簡潔。

```
1    .[省略].
2    <div class="container">
3        <main role="main" class="pb-3">
4        <!-- 本次新增部分 -->
5            <partial name="_Notification" />
6            @RenderBody()
7        </main>
8    </div>
9    .[省略].
```

以上就是本書 CRUD 的實作教學。

|課|後|習|題|

一、填充題

1. 伺服器端驗證的方式，在測試時頁面會_____，而客戶端驗證，_____。

2. 請說明 Visual Studio Preview 2022 操作介面中各視窗的作用。

①_____; ②_____;

③_____; ④_____;

⑤_____; ⑥_____;

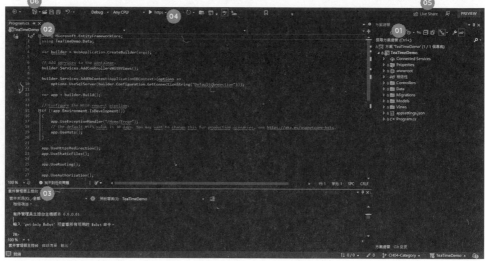

3. TempData 可以在我們創建、編輯或刪除類別時_____，但需要注意的是它是_____。

4. 建立資料庫預設的資料，目的在於如果_____時不用每次都新增資料來測試功能。

5. 在網頁的部分是使用＿＿＿＿＿＿＿＿＿＿以及＿＿＿＿＿＿＿＿這兩個
   屬性來控制要使用哪一個 Controller 以及對應的 Action。

二、是非＆選擇題

1. （　　）刷新頁面後會發現通知的訊息框消失了，這是因為 TempData
   只會渲染一次頁面。

2. （　　）如果主鍵不是 Id 的話，.NET 會自動將這個欄位視為主鍵，不
   用自己手動加上 [Key] 值。

3. 哪個驗證方法可以做到在送出請求之前先確認輸入的資料無誤？

   A. 伺服器端驗證　　　　　　　B. API 驗證
   C. 客戶端驗證　　　　　　　　D. 資料庫驗證

4. 在專案中引入 Bootstrap，主要是為了下列哪一個目的？

   A. 提升網頁的 SEO 優化效果　　B. 快速建立網頁介面
   C. 提高網頁的安全性　　　　　　D. 加快網頁載入速度

5. Partial View 是 ASP.NET MVC 中的一個概念，主要是用來？

   A. 一個不完整的頁面，需要在頁面上顯示的另一個元素才能呈現完整
   B. 一個專門用於顯示部分資料的頁面
   C. 一種可以在頁面上重複使用的頁面元件
   D. 一個可以在伺服器端和客戶端都運作的頁面元件

三、實作題

1. 請按照前面課程教學的 TempData，將編輯和刪除也加上通知。

2. 請修改輸入內容的範圍為 1-200，並將錯誤訊息改成 = " 輸入錯誤！請
   輸入範圍 1-200 內 !"。

解答

一、填充題

1. 重新載入；不會重新載入

2. 管理專案和方案的工具窗口；撰寫程式碼；管理專案中使用的套件工具；執行應用程式；即時與他人共同編輯和偵錯；創建新專案

3. 顯示通知；臨時數據

4. 更換開發環境

5. asp-controller；asp-action

二、是非＆選擇題

1. O　2. X　3. C　4. B　5. C

依賴注入 (Dependency Injection)

在這一章節中，我們將帶領讀者深入探索 ASP.NET 中一個極為重要的概念，即依賴注入（Dependency Injection，簡稱 DI）。

依賴注入是 .NET Core 框架的核心之一，它在軟體開發中扮演著關鍵的角色，有助於更有效地管理和組織應用程式的組件，同時提升了可擴展性和測試性。

首先，我們將深入瞭解 IoC 的概念，這是依賴注入的基礎，瞭解如何從傳統的控制方式轉向控制反轉，以實現更靈活的應用程式架構。其次，學習如何使用依賴注入來注入和管理應用程式中的相依性，使程式碼更容易測試和維護。我們將探討 DI 的基本原則和實際應用。最後，瞭解依賴注入生命週期的控制方式。透過依賴注入，我們可以改善應用程式的整體架構，提高程式碼的可測試性，並使應用程式更易於擴展和維護。

5-1 介紹

依賴注入是 .NET Core 框架的核心之一，因此本章節會詳細介紹依賴注入概念、容器以及使用方法。

依賴注入是一種軟體設計模式，它允許物件在建立時不必知道其相依的物件是什麼，而是將其依賴關係注入物件中。在依賴注入中，通常有一個容器（例如 IoC 容器），是負責管理相依的物件。當一個物件需要使用另一個物件時，它會向容器請求需要的物件，而容器會負責創建並注入所需的物件。這樣，物件就可以輕鬆地獲取它所需要的所有相依物件，不必自己負責建立或管理它們。

這樣不僅能幫助開發人員減少程式碼耦合，也更容易維護和測試，並且可以增加程式碼的靈活性和可擴展性。

簡單來說：

- 依賴：物件導向中的**封裝**、**繼承**、**多型**等關係
- 注入：是從外部傳入的意思

下面舉個簡單的例子讓讀者可以更快速理解依賴注入的功能：

```
1   private readonly IUnitOfWork _unitOfWork;
2   public CategoryController(IUnitOfWork unitOfWork)
3   {
4       _unitOfWork = unitOfWork;
5   }
6   public IActionResult Index()
7   {
8       List<Category> objCategoryList =
9           _unitOfWork.Category.GetAll().ToList();
10      return View(objCategoryList);
11  }
```

■ 首先,從外部引入一個 IUnitOfWork 的參數,並且把它設為 private readonly 的變數,private 表示只允許自身類別內部存取,其他檔案無法使用,readonly 則表示唯讀,因此 private readonly 的意思是 " 只能限在類別內使用,且初始化後就不能改變其值 "。_unitOfWork 是變數的名稱,其類型為 IUnitOfWork,**這就是依賴注入的關鍵點**。

■ 接著,在 CategoryController 這個 class 的建構函式中,當有一個新的 CategoryController 實例被建立時,可以在 CategoryController 裡使用 IUnitOfWork 的服務。

■ 另外,在 Controller 的其他函式,例如:Index(),可以使用 _unitOfWork 這個變數,來存取 IUnitOfWork 提供的服務。

■ 最後,當程式啟動時,必須在應用程式的組態中或設定方法中配置依賴注入容器,以將 IUnitOfWork 介面與實作物件關聯起來。這樣 DI 容器在建立 CategoryController 時,就能夠自動解析 IUnitOfWork 的實作物件並傳遞進去。

這樣的設計讓 Controller 的程式碼與具體的資料存取不會互相依賴,也讓程式碼更容易測試與維護。

5-2 IoC 控制反轉 (Inversion of Control)

把對於某個物件的控制權移轉給第三方容器,讓原本的兩個物件互相依賴,變為兩個物件都依賴於第三方物件 (俗稱容器)。

主要目的是將程式設計的控制權從呼叫程式轉移到被呼叫程式,也就是將控制權反轉過來。在傳統的程式開發中,當需要使用某個類別的時候，常常會直接在該類別內部建立該類別的物件，這種方式導致類別之間的耦合性很高。而在 IoC 的設計中，控制權被轉移到了 IoC 容器，當需要使用某個類別的時候，只需要向 IoC 容器請求該類別的物件，而 IoC 容器負責創建該物件並返回。

IoC Container 提供的兩個介面：

IServiceCollection 和 IServiceProvider。IServiceCollection 是預設實現，用於註冊服務到容器中；而 IServiceProvider 則是一個抽象類別，用於獲取已註冊的服務實例。

IServiceCollection
註冊應用程式中的服務

IServiceProvider
檢索已註冊的服務實例

▲ 圖 5-1　IoC Container 的兩個介面
（圖片來源：Dependency Injection - .NET CORE PART II）

5-3 DI 依賴注入 (Dependency Injection)

當開發一個專案系統時，常常會涉及到多個 class 之間的依賴關係。而在 .NET Core 中，依賴注入（Dependency Injection，簡稱 DI）是一種常見的設計模式，負責管理 class 之間的依賴關係。在 DI 中，class 不需要另外創建自己需要的相依物件，而是由 DI 容器（Dependency Injection Container）負責管理相依物件的創建和解析。class 只需要聲明自己需要哪些相依物件，並且由 DI 容器注入這些相依物件即可。

DI 在 .Net Core 中主要在兩個 NuGet 套件中：

■ Microsoft.Extensions.DependencyInjection
■ Microsoft.Extensions.DependencyInjection.Abstractions

依賴注入可以分為三種方式：

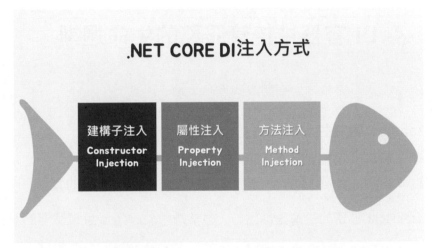

▲ 圖 5-2　DI 生命週期控制方式（圖片來源：DI 依賴注入與注入方式）

■ 建構子注入（Constructor Injection）：
在建構子中聲明相依物件，DI 容器會負責在創建物件**實例時**注入相依物件。

■ 屬性注入（Property Injection）：
當使用屬性注入時，相依物件會透過屬性來注入到目標類別中，DI 容器負責在創建物件**實例後**設定相應的屬性。

■ 方法注入（Method Injection）：
在方法中聲明相依物件，DI 容器會負責在調用**該方法時**注入相應的相依物件。

依賴注入的優點在於它能夠讓程式碼更加靈活和可測試。它能夠將相依關係從類別本身中抽離出來，使得類別更加獨立和可重用。此外，依賴注入還能夠讓我們更加容易進行單元測試，因為我們可以輕鬆地模擬相依物件的行為和狀態。

5-4 DI 容器中控管服務的生命週期

依賴注入的生命週期控制方式分為三種：

☑ Transient 暫時性：

每次被請求都會創建新的實體。當使用瞬態注入時，每次從 IoC 容器中獲取的物件都是不同的，也就是**每次都會得到一個新的實例**。

Transient 服務的生命週期短暫，通常適用於輕量級且無狀態的服務。

以下面的程式碼舉例來說：

註冊一個 Transient 服務，將 IProductRepository 介面映射到 Product Repository 實作類別，確保在每次請求時都創建一個新的服務實例。

```
1  // 註冊 Transient 服務
2  services.AddTransient<IProductRepository, ProductRepository>();
```

☑ Scoped 範圍性：

每次 Web 請求會創建一個新實體，直到 web 請求結束就銷毀。當使用作用域注入時，同一個請求中獲取的物件實例是相同的；但是**當不同的請求到來時，則會獲取到不同的物件實例**。

Scoped 服務的生命週期通常適用於個別請求有不同狀態的服務。

以下面的程式碼舉例來説：

註冊一個 Singleton 服務，將 IProductRepository 介面映射到 Product Repository 實作類別，這樣就可以在整個應用程式中使用該服務的相同實例。

```
1   // 註冊 Scoped 服務
2   services.AddScoped<IProductRepository, ProductRepository>();
```

☑ Singleton 單一性：

一但被創建實體就會持續一直用，直到應用停止才銷毀。在使用單例注入時，每個對象都會獲取到同一個唯一的物件實例，而這個實例在**整個應用程序的生命週期中只會被創建一次，且在不同的請求之間也是相同的。**

Singleton 服務的生命週期適用於需要在應用程式整個生命週期內共享的服務。

以下面的程式碼舉例來説：

註冊一個 Singleton 服務，將 IProductRepository 介面映射到 Product Repository 實作類別，確保服務在每個請求範圍內進行共享。

```
1   // 註冊 Singleton 服務
2   services.AddSingleton<IProductRepository, ProductRepository>();
```

▲ 圖 5-3　DI 生命週期控制方式

（圖片來源：服務依賴注入 _IoC 容器生命週期）

　　這些生命週期控制的方式可以確保服務在不同的場景中以所需的方式進行創建和管理。以下是在 ASP.NET Core Controller 中使用這些生命週期的例子：

```
1   public class HomeController : Controller
2   {
3       private readonly IProductRepository _productRepository1;
4       private readonly IProductRepository _productRepository2;
5       private readonly IProductRepository _productRepository3;
6
7       public HomeController(
8           IProductRepository productRepository1,
9           IProductRepository productRepository2,
10          IProductRepository productRepository3)
11      {
12          _productRepository1 = productRepository1;
13          _productRepository2 = productRepository2;
14          _productRepository3 = productRepository3;
15      }
16
17      public IActionResult Index()
18      {
19          // 使用 Singleton 服務
20          List<Product> products1 =
21      _productRepository1.GetAllProducts();
```

```
22
23      // 使用 Scoped 服務
24          List<Product> products2 =
25      _productRepository2.GetAllProducts();
26
27          // 使用 Transient 服務
28          List<Product> products3 =
29      _productRepository3.GetAllProducts();
30
31          return View();
32      }
13  }
```

在這個例子中，HomeController 的建構子注入了不同生命週期的 IProductRepository 服務。在每個請求中，這些服務的生命週期行為將根據不同的註冊方式進行管理。

在整個生命週期中，IoC 容器負責管理物件之間的依賴關係，**可以根據不同的需求和情境，有效地管理服務的創建、共享和釋放**。透過依賴注入，開發人員可以編寫更靈活、可維護和可測試的程式碼，並且更容易進行單元測試和模擬物件的行為。

|課|後|習|題|

一、填充題

1. 依賴：物件導向中的_____ 、_____ 、_____等關係

2. 注入：是從_____的意思

3. IServiceCollection：是_____，用於_____到容器中。

4. IServiceProvider：是一個_____，用於_____的服務實例。

5. 依賴注入的優點在於它能夠讓程式碼更加＿＿＿＿＿＿＿。也能夠將相依關係從類別本身中＿＿＿＿＿＿，使得類別更加獨立和可重用。

二、是非題

1. （　）在 DI 中，class 不需要另外創建自己需要的相依物件，而是由 DI 容器負責管理相依物件的創建和解析。

2. （　）依賴注入可以分為建構子注入、方法注入、函式注入三種方式。

3. （　）關於屬性注入是在類別中聲明相依物件的屬性，DI 容器負責在創建物件實例時設定相應的屬性。

4. （　）依賴注入的生命週期控制方式分為三種，Transient 暫時、Scoped 範圍性、Singleton 單一性。

5. （　）Singleton 服務的生命週期適用於需要在應用程式整個生命週期內共享的服務。

解答

一、填充題
1. 封裝；繼承；多型
2. 外部傳入
3. 預設實現；註冊服務
4. 抽象類別；獲取已註冊
5. 靈活和測試；抽離出來

二、是非題
1. O　2. X　3. X　4. O　5. O

檔案結構

在這一章中，我們將深入瞭解如何調整應用程式的專案結構，來適應應用程式的成長和複雜性。我們將專案分為不同的項目，同時實施分層架構，以更有效地組織程式碼並提高可維護性。

首先，我們將介紹分層架構的概念，指導讀者如何適當地調整專案結構，以符合分層架構的要求，確保各層能夠專注於自己的責任，提高程式碼的組織性和可讀性。接著我們將解釋為什麼使用 Repository 模式和 UnitOfWork 模式，以及如何建立 Repository 來更有效地存取資料庫中的資料。

再來，我們將學習如何建立 UnitOfWork，這有助於管理資料的存取，確保操作的一致性。最後，我們將探討如何利用 ASP.NET 中的功能來建立 Area。

通過這一章節，讀者將學到如何優化專案結構，實施分層架構，建立 Repository 和 UnitOfWork，並瞭解如何使用 Area 來更好地組織應用程式。這些技巧將有助於提高應用程式的可維護性和擴展性，使讀者更具開發能力。

6-1 介紹分層架構

隨著應用程式的擴增，將所有的內容都集中在主控台應用程式中並不是一個好的方式，所以在開始之前，本章會根據任務分成不同的類別庫，並將檔案做分層架構的處理，這樣做的好處是**每個分層跟類別都專注在自己的責任上**，**將程式做好分類**，**方便後續維護**，也讓開發人員快速找到程式的擺放位置，並能根據各個分層進行抽換跟擴充功能。

本章節預計完成的系統架構圖：

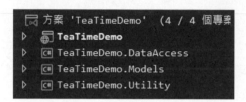

▲ 圖 6-1 新建專案畫面

在這個章節我們會先建立新的 Class lib(類別庫)，用來將各種類型的功能分開存放。

在 DataAccess 內我們會存放與資料庫連線相關的程式碼及檔案，包含了資料庫連線的字串、資料庫遷移的 Migration 以及後續會建立的 Repository(儲存庫) 等。

Models 則存放了對於資料欄位的定義，後續如果有新增資料表就會在這邊新增。

最後的 Utility 則存放與商業邏輯無關的共用函式庫，在後續章節建立訂單系統及會員系統時就會使用到。

或許看到這邊概念還是很模糊，但跟著後續章節的實作，這邊分層的概念就會越來越清晰。

6-2 修改專案架構

6-2-1 調整專案架構

步驟01 首先，對方案 TeaTimeDemo 點擊右鍵 → 加入 → 新增專案 → 搜尋
類別庫 (class lib) → 下一步。

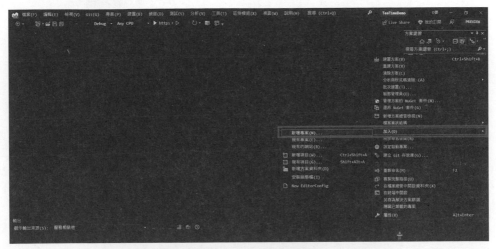

▲ 圖 6-2 新建專案畫面

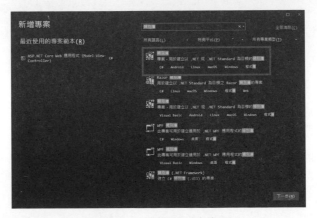

▲ 圖 6-3 選擇類別庫畫面

步驟02 將類別庫名稱命名為 TeaTimeDemo.DataAccess → 下一步 → .NET 8.0 (預覽) → 建立。

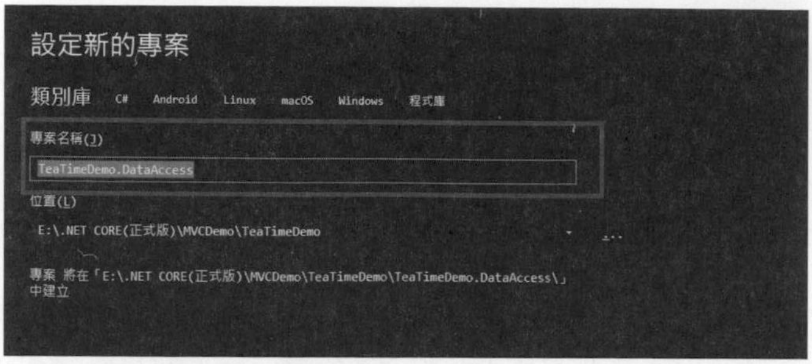

▲ 圖 6-4 新增專案畫面

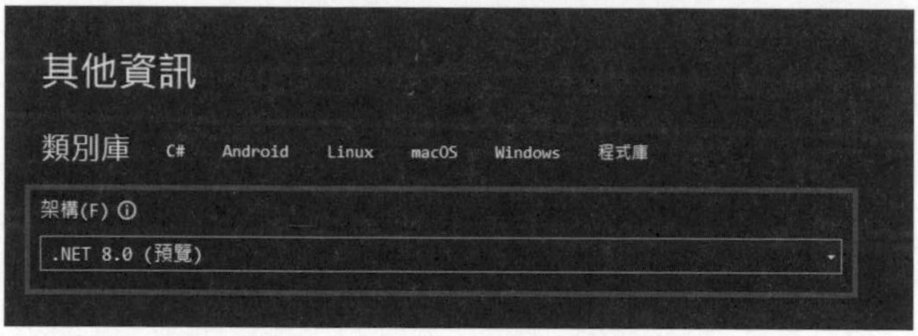

▲ 圖 6-5 新增專案畫面

在這個部分我們創建的項目類型是類別庫，在 DataAccess 中，所有跟資料相關的東西都會被儲存在這邊。

步驟03 重複以上步驟，分別建立 TeaTimeDemo.Models、TeaTimeDemo. Utility。

在這邊我們為 TeaTimeDemo/Models 創建一個新的類別庫，所有的模型都會存放在 TeaTimeDemo.Models 中。另外，Utility **主要是存放與商業邏輯無關的共用函式庫**，像是電子郵件、Cache、支付設置、Logging 等等，後續的章節會再提到這個項目的應用。

步驟04 將上述建立的 3 個類別庫中的 Class1.cs 刪除，如下圖：

▲ 圖 6-6 目前的資料夾結構

步驟05 接 著 將 TeaTimeDemo/Data 資 料 夾 複 製 到 TeaTimeDemo.
DataAccess 內，然後將原本的資料夾刪除。

再 將 TeaTimeDemo/Models 資 料 夾 複 製 到 TeaTimeDemo.Models
內，將原本的資料夾刪除。

接著對 TeaTimeDemo.Utility 按下右鍵 → 加入 → 類別 → 名稱取名
為「SD.cs」。

步驟06 將剛建立好的 SD.cs 修改程式碼。

```
1   using System;
2   using System.Collections.Generic;
3   using System.Linq;
4   using System.Text;
5   using System.Threading.Tasks;
6   namespace TeaTimeDemo.Utility
7   {
8       // 本次修改部分
9       public static class SD
10      {
11      }
12  }
```

步驟07 將 TeaTimeDemo/Migrations 資料夾複製到 TeaTimeDemo.DataAccess 內，並將原本的資料夾刪除。

▲ 圖 6-7 TeaTimeDemo 專案結構

步驟08 開啟 TeaTimeDemo.DataAccess/Data/ApplicationDbContext.cs，修改 namespace，會發現有很多錯誤訊息。

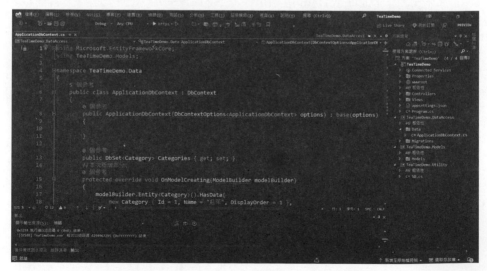

▲ 圖 6-8 ApplicationDbContext.cs 程式碼畫面

步驟09 對方案 TeaTimeDemo 點擊滑鼠右鍵→管理方案的 NuGet 套件，
選擇 Microsoft.EntityFrameworkCore，並把右邊的 TeaTimeDemo.
DataAccess 打勾，選擇版本後安裝。

▲ 圖 6-9 安裝 NuGet 套件畫面

點擊 Microsoft.EntityFrameworkCore.Tools 及 Microsoft.EntityFramework
Core.SqlServer 後進行一樣的操作。

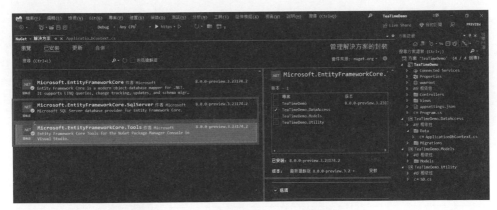

▲ 圖 6-10 安裝 NuGet 套件畫面

步驟10 接著回到 ApplicationDbContext.cs，會發現還是會有紅底線的錯
誤提示。

▲ 圖 6-11 ApplicationDbContext.cs 程式碼畫面

首先要先修改 namespace 的名稱，這裡需要跟專案架構相符合，修
改後如下：

```
1 namespace TeaTimeDemo.DataAccess.Data
```

接著修改 Migrations 資料夾內的所有檔案的 namespace。

```
1 namespace TeaTimeDemo.DataAccess.Migrations
```

在 ApplicationDbContextModelSnapshot.cs 這個檔案下，修改上方出
現紅底線錯誤提示的引入程式碼，修改的部分如下。

```
1  using TeaTimeDemo.DataAccess.Data;
2
3  namespace TeaTimeDemo.DataAccess.Migrations
```

步驟11 接著對 TeaTimeDemo.DataAccess 點擊滑鼠右鍵→加入→專案參考→勾選 TeaTimeDemo.Models 及 TeaTimeDemo.Utility→確定，完成之後就會發現ApplicationDbContext.cs的錯誤提示都消失了。

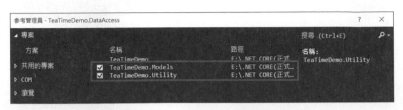

▲ 圖 6-12 參考管理員畫面

步驟12 接著對 TeaTimeDemo.DataAccess 點擊滑鼠右鍵→建置，會發現底下出現了一些錯誤提示。

▲ 圖 6-13 錯誤訊息畫面

此處的錯誤訊息需要一一去處理，才能夠執行。

⊗ CS0234 命名空間 'TeaTimeDemo' 中沒有類型或命名空間名稱 'Data' (是否遺漏了組件參考?)　　TeaTimeDemo.DataAcc_ 20230428063449_AddC_ 7　作用中

▲ 圖 6-14 錯誤訊息畫面

以第一條錯誤訊息為例，雙擊兩下就會跳到錯誤的地方。這個部分的問題是因為我們將 Data 資料夾搬到 DataAccess 中，因此要修改 using，將 using TeaTimeDemo.Data; 修 改 為 using TeaTimeDemo.DataAccess.Data; 之後再對下方冒紅線的地方點選燈泡，引入修改後的路徑。

如果是 BuildTargetModel 的部分出現錯誤提示，這是因為 namespace 的物件沒有修改，只要修改為 TeaTimeDemo.DataAccess.Migrations 即可。

將錯誤處理後，再建置一次。

```
已開始建置...
1>------ 已開始建置: 專案: TeaTimeDemo.DataAccess, 設定: Debug Any CPU -
1>C:\Program Files\dotnet\sdk\8.0.100-preview.3.23178.7\Sdks\Microsoft.
1>TeaTimeDemo.DataAccess -> E:\.NET CORE(正式版)\MVCDemo\TeaTimeDemo\Te
========== 組建: 1 成功，0 失敗，2 為最新狀態，0 已跳過 ==========
========== 組建 開始於 12:56 PM 並使用了 01.018 秒 ==========
```

▲ 圖 6-15　建置執行畫面

步驟13　接 下 來 將 TeaTimeDemo.Models 類 別 庫 中 Models 資 料 夾 內 的 Category.cs、ErrorViewModel.cs 兩 個 檔 案 移 到 TeaTimeDemo. Models 底下，這邊會詢問是否要修改檔案路徑，選擇「確定」，並將 Models 資料夾刪除，如下圖所示：

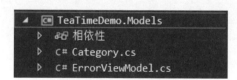

▲ 圖 6-16　TeaTimeDemo.Models 資料夾畫面

對 TeaTimeDemo.DataAccess 點擊滑鼠右鍵→建置，顯示建置成功，就代表沒有問題了。

步驟14 接下來執行應用程式，會發現有錯誤提示，一樣需要一個一個去解決，這邊的錯誤提示通常都是需要加入對新建專案的參考或是 using 錯誤。

▲ 圖 6-17 錯誤訊息畫面

以 CategoryController.cs 為例，先將上方出現錯誤提示的 using 程式碼刪除，接著將滑鼠移至 ApplicationDbContext，出現燈泡後點選加入對 TeaTimeDemo.DataAccess 的參考，下方 Category 出現紅底線的部分，出現燈泡後點選 using TeaTimeDemo.Models。

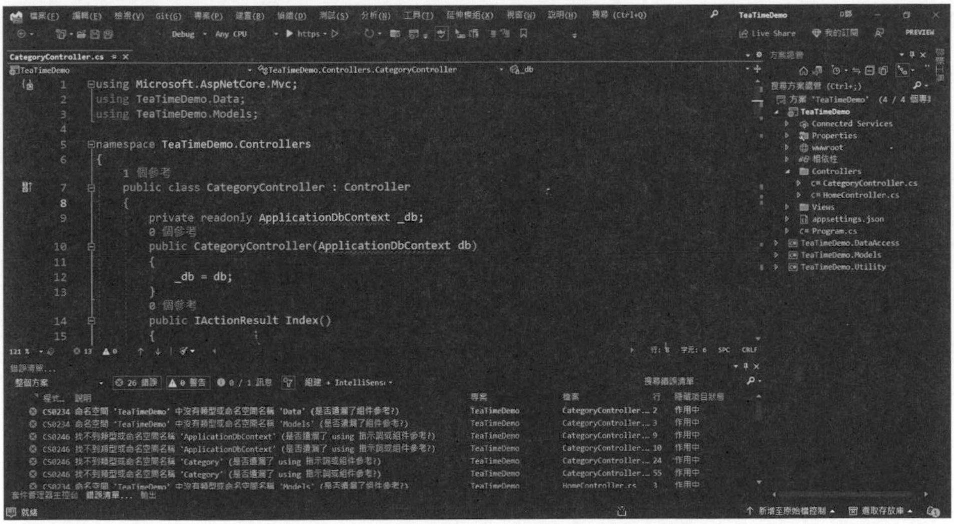

▲ 圖 6-18 CategoryController.cs 程式碼畫面

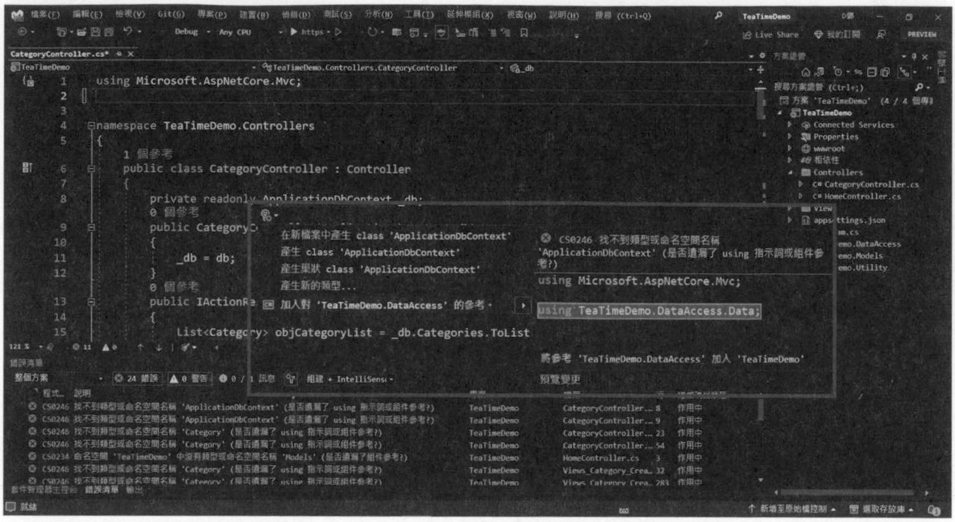

▲ 圖 6-19 CategoryController.cs 程式碼畫面

　　將下方的錯誤提示一一處理完後，會發現有些是頁面的部份需要修改，開啟 TeaTimeDemo/Views/Shared/_ViewImports.cshtml，修改上方的 using 程式碼，完成後執行應用程式，成功執行就代表沒有問題囉。

> 如果修改後有錯誤提示無法消除，可以先執行應用程式，能正常執行就代表沒問題。

6-2-2　重建資料庫

　　當在使用 ASP.NET Core 時，Migration 是管理資料庫結構變更的重要機制，但有可能遇到問題使得 Migration 無法正常工作。如果 Migration 遭到破壞或是不符合預期，我們可以透過一些指令重建 Migration，也可以更改模型、創建新的 Migration。**本小節會教導讀者如何重建 Migration。**

步驟01 開啟 SSMS，將之前建立好的資料庫刪除。

▲ 圖 6-20 SSMS 資料庫畫面

步驟02 接著將 TeaTimeDemo.DataAccess/Migrations 資料夾刪除，我們要
重新建立 Migration。

步驟03 上方工具列點選工具→NuGet 套件管理員→套件管理器主控台，
開啟後輸入並執行下方語法 add-migration AddCategoryToDbAnd
SeedTable。

　　會發現執行失敗了，這是因為我們已經將資料庫連線的程式碼移動
到 TeaTimeDemo.DataAccess 之下了，這邊套件管理器主控台的預設專案
為 TeaTimeDemo，所以會執行失敗。

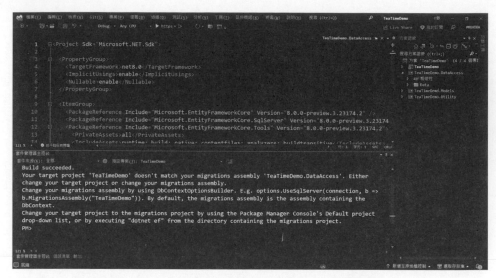

▲ 圖 6-21 TeaTimeDemo.DataAccess 執行畫面

　　將預設專案改為 TeaTimeDemo.DataAccess，再輸入並執行一次，就成功了。

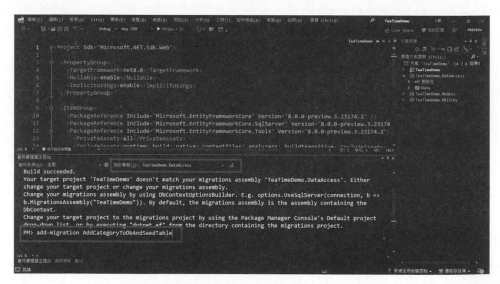

▲ 圖 6-22 TeaTimeDemo.DataAccess 執行畫面

接著執行 update-database。

完成之後開啟 SSMS，會發現資料庫建立成功了，同時執行應用程式，所有功能也都正常。

6-3 建立 Repository

6-3-1 為何要使用 Repository 模式和 UnitOfWork 模式？

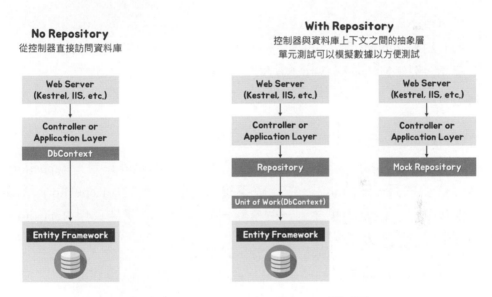

▲ 圖 6-23 Repository 和 UnitOfWork 模式圖

可以看到，左邊的圖是一般直接用 Entity Framework，而右邊使用了 Repository Pattern + Unit of Work，因此可以在實際的環境用 Entity Framework 連接資料庫，然後在單元測試的時候連接假資料，這樣就可以把實際的資料來源抽象化，以提供更大的彈性。

▨ Repository Pattern

一般來説，在寫 MVC 裡面最常看到的模式就是 Repository Pattern。Repository Pattern 的概念非常簡單，它有儲存庫的意思，就是把實際的資料連接層 (Data Access Layer，DAL) 透過 Repository 封裝之後，由 Repository 溝通來取得資料。

> 資料連接層 (Data Access Layer，DAL)
>
> 不管任何大小的軟體，通常都會需要儲存資料。而這個儲存資料最常見的就是儲存到資料庫裡面。
>
> 以 Asp .NET MVC 來説，最常見的就是透過 Entity Framework 這個物件關聯對映 (Object Relational Mapping，ORM) 的技術來儲存到實體的資料庫，例如 MS SQL、Oracle、SQL Server 等。

▨ Repository Pattern 的問題是什麼？

Repository Pattern 代表一個儲存，以資料庫的世界來説，Repository 其實代表的是一個 Table。在比較不複雜的程式來説，Repository 層級可能就夠了，但是如果要到一個複雜一點的程式，單純只用 Repository pattern 就有點不太夠。

假設需要同時儲存到兩個 Table，可以使用兩個 Repository 來完成。問題在於這兩個 Repository 彼此不知道對方的狀態。假設 Repository 1 儲存成功，但是 Repository 2 儲存失敗了，以完整的流程來説，只要一個失敗，那就代表整個流程是失敗的。要解決這個問題，就會需要 Unit Of Work 來管理多個 Repository 之間的關係。

✎ 什麼是 Unit of Work

　　基本上，一次的 operation 可以視為一個工作單位，其中可能包含多個動作。例如，可能需要更新 3 個資料表的資料，或者新增 3 個資料表的資料。

操作 (operation) 通常指的是一個完整的工作單位，可以包含多個動作或任務。舉例來說，假設你要在資料庫中進行一個完整的操作，這個操作可能需要更新三個資料表的資料。而這個操作只有當所有動作都完成後，才算是整個操作結束。

在資料庫的概念中，我們可以將這個操作視為一個交易（Transaction），也就是一個原子性的單位。在這個單位中，所有的動作要麼全部成功完成，要麼全部失敗，這樣才能確保資料的一致性和完整性。

　　Unit of Work 是一個設計模式，用於追蹤 operation 中的每個動作。直到收到完成指示時，才執行這些動作。它只回報兩種情況：成功或失敗。

　　在資料庫的世界中，Unit of Work 代表一個資料庫（DB），而 Repository 代表一個資料表。

　　Entity Framework 的 DbContext 本身實現了 Unit of Work 模式。這使我們能夠進行 CRUD 操作，然後再一次呼叫 SaveChanges() 時，DbContext 真正將記錄的變更一次性寫入資料庫，並回報操作的成功或失敗。

　　總結來説，"operation" 指的是一個完整的工作單位，而 "Unit of Work" 是將這個操作的每個動作紀錄下來，直到確認完成後再執行，也就解決了先前 Repository 會遇到的問題。

▨ **本專案流程**

- 完整的 Repository Patton 刷新的實際流程，如下圖。

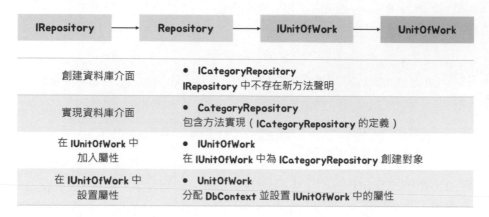

▲ 圖 6-24 Repository Patton 刷新的實際流程圖

6-3-2 實作 Repository

接著我們想在我們的項目中實現資料訪問的 Repository 模式。資料庫訪問就很像我們在 Controller 裡面做的一樣。

原本在 Controllers/CategoryController.cs 是使用以下程式碼將資料庫資料引入。

```
1 private readonly ApplicationDbContext _db;
```

步驟01 首先，在 TeaTimeDemo.DataAccess→ 滑鼠右鍵→ 加入→ 新增資料夾，取名為 Repository。

步驟02 在 Repository 資料夾下再新增一個資料夾，取名為 IRepository，
完成之後檔案結構如下圖：

▲ 圖 6-25 IRepository 完成檔案結構畫面

接著 IRepository 資料夾點擊右鍵→加入→類別，選擇介面並命名為
IRepository.cs 後新增。

▲ 圖 6-26 建立 IRepository 畫面

> 這個檔案將會是一個通用的公共接口，現在我們只有 Category，但是之後將會包含使用者訂單、會員資料等其他資料表。

步驟03 將剛建立好的 IRepository.cs 程式碼修改為下圖。

```csharp
1   using System;
2   using System.Collections.Generic;
3   using System.Linq;
4   using System.Linq.Expressions;
5   using System.Text;
6   using System.Threading.Tasks;
7
8   namespace TeaTimeDemo.DataAccess.Repository.IRepository
9   {
10      // 本次修改部分
11      public interface IRepository<T> where T : class
12      {
13          IEnumerable<T> GetAll();
14          T Get(Expression<Func<T, bool>> filter);
15          void Add(T entity);
16          void Remove(T entity);
17          void RemoveRange(IEnumerable<T> entity);
18      }
19  }
```

我們這邊會需要取得全部類別，因此我們創建了 GetAll() 這個方法。

我們在編輯頁面的時候，必須先看到某個類別的全部資料，我們可以透過 Get() 方法將資料傳到頁面上。

另外，因為每種資料編輯的方法可能會有所不同，因此，我們會將編輯的功能放在泛型 Repository 之外，只保留新增刪除的部分。

第 10 行中定義了一個 IRepository 的接口，並定義一個泛型，這個泛型規定了必須是：class 這樣的類或者子類。

▶ 泛型 Repository：一個 interface 實作一個 Repository，透過不同的 TEntity 來操作不同的資料表。

▶ 泛型 Repository 是一種通用的資料訪問模式，提供我們對資料進行常見的 CRUD（新增、查詢、修改、刪除）等通用方法。這種方法可以避免為每個資料實體都創建單獨的 Repository，可以有效的減少重複的程式碼。

▶ 當 Repository 有不同介面方法的時候，專用型 Repository 能提供最大的彈性。

步驟04 點擊 Repository 資料夾右鍵 → 加入 → 類別，命名為 Repository.cs 後新增。

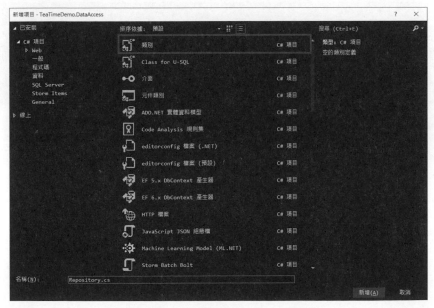

▲ 圖 6-27　建立 IRepository 畫面

　　將剛建立好的 Repository.cs 程式碼修改為：

```
1   using System;
2   using System.Collections.Generic;
3   using System.Linq;
4   using System.Text;
5   using System.Threading.Tasks;
6   namespace TeaTimeDemo.DataAccess.Repository
7   {
8       // 本次修改部分
9       public class Repository<T> : IRepository<T> where T : class
10      {
11      }
12  }
```

　　完成之後會發現 IRepository<T> 的部分會出現錯誤提示，將滑鼠移到紅底線部分，出現燈泡後點選 using TeaTimeDemo.DataAccess. Repository.IRepository;。

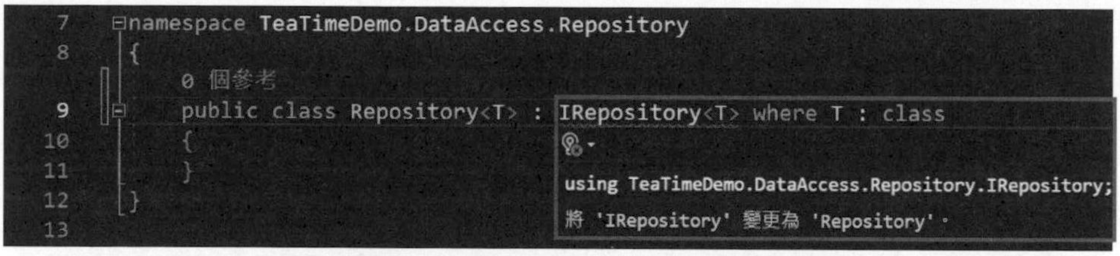

▲ 圖 6-28 IRepository<T> 錯誤提示畫面

　　完成後會發現紅底線依然存在，這是因為我們尚未建立實作介面，將滑鼠再次移至紅底線部分，出現燈泡後點選實作介面，它就會自動幫我們實作出剛剛在 IRepository 所建立的方法。

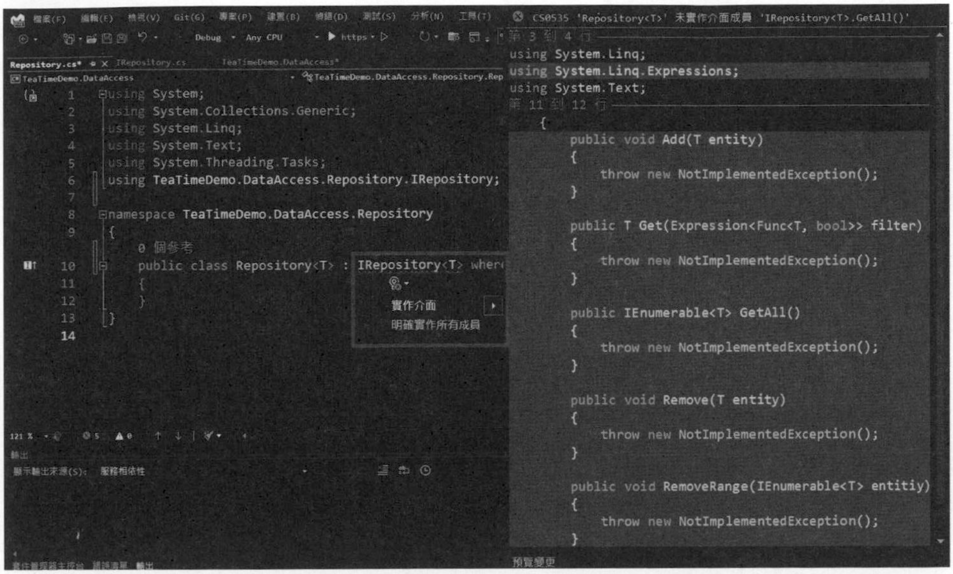

▲ 圖 6-29 IRepository<T> 錯誤提示畫面

接下來開始修改 Repository.cs 的程式碼。

```
1   using Microsoft.EntityFrameworkCore;
2   using System;
3   using System.Collections.Generic;
4   using System.Linq;
5   using System.Linq.Expressions;
6   using System.Text;
7   using System.Threading.Tasks;
8   using TeaTimeDemo.DataAccess.Data;
9   using TeaTimeDemo.DataAccess.Repository.IRepository;
10
11  namespace TeaTimeDemo.DataAccess.Repository
12  {
13      public class Repository<T> : IRepository<T> where T : class
14      {
15      // 本次新增部分
16          private readonly ApplicationDbContext _db;
17          internal DbSet<T> dbSet;
18          public Repository(ApplicationDbContext db)
```

```
19          {
20              _db = db;
21              this.dbSet = _db.Set<T>();
22          }
23      public void Add(T entity)
24          {
25      // 本次修改部分
26              dbSet.Add(entity);
27          }
28      public T Get(Expression<Func<T, bool>> filter)
29          {
30      // 本次修改部分
31              IQueryable<T> query = dbSet;
32              query = query.Where(filter);
33              return query.FirstOrDefault();
34          }
35      public IEnumerable<T> GetAll()
36          {
37      // 本次修改部分
38              IQueryable<T> query = dbSet;
39              return query.ToList();
40          }
41      public void Remove(T entity)
42          {
43      // 本次修改部分
44              dbSet.Remove(entity);
45          }
46      public void RemoveRange(IEnumerable<T> entity)
47          {
48      // 本次修改部分
49              dbSet.RemoveRange(entity);
50          }
51      }
52  }
```

▶ 首先，在第 15-21 行程式碼中，_db 是一個只可讀取的變數，而 ApplicationDbContext 代表應用程式與資料庫之間的連接。

▶ dbSet 是 DbSet<T> 變數，其中的 T 是一個通用型別參數。DbSet<T>
　　是 Entity Framework 提供的通用型別，用來代表資料庫中的資料集
　　合。

當我們在開發應用程式時，使用 Repository 的好處在於可以將資料存取
的邏輯統一管理，提高程式碼的可重用性和可維護性。透過使用通用的
DbSet<T> 物件，可以動態地存取不同的資料表，而不需要為每個資料
表都寫專門的程式碼。這讓你的程式碼更具彈性，同時減少了冗長的程
式碼重複性。

　　接下來我們要創建 Category 的 Repository：

步驟05 點擊 IRepository 資料夾右鍵→加入→類別→介面，將其命名為
　　　　ICategoryRepository.cs 後新增。

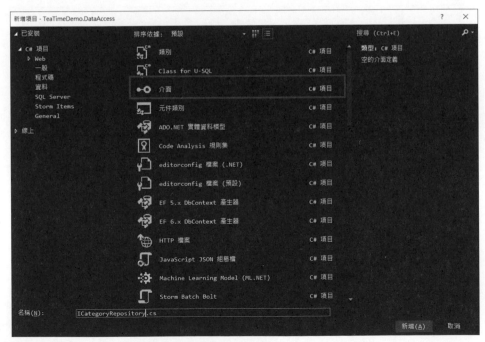

▲ 圖 6-30　建立 ICategoryRepository 畫面

接著將 ICategoryRepository.cs 的程式碼修改為：

```
1   using System;
2   using System.Collections.Generic;
3   using System.Linq;
4   using System.Text;
5   using System.Threading.Tasks;
6   using TeaTimeDemo.Models;
7
8   namespace TeaTimeDemo.DataAccess.Repository.IRepository
9   {
10      // 本次修改部分
11      public interface ICategoryRepository :
12      IRepository<Category>
13      {
14          void Update(Category obj);
15          void Save();
16      }
17  }
```

如果 <Category> 有錯誤訊息記得點擊燈泡引入 using TeaTimeDemo. Models;

步驟06 點擊 Repository 資料夾右鍵→加入→類別→類別，將其命名為 CategoryRepository.cs 後新增。

▲ 圖 6-31 建立 ICategoryRepository.cs 畫面

將 CategoryRepository.cs 的程式碼修改為：

```
1   using System;
2   using System.Collections.Generic;
3   using System.Linq;
4   using System.Text;
5   using System.Threading.Tasks;
6   using TeaTimeDemo.DataAccess.Repository.IRepository;
7   using TeaTimeDemo.Models;
8
9   namespace TeaTimeDemo.DataAccess.Repository
10  {
11      // 本次修改部分
12      public class CategoryRepository : Repository<Category>,
13      ICategoryRepository
```

```
14        {
15        }
16   }
```

對 ICategoryRepository 出現錯誤提示的部分點選燈泡的實作介面。

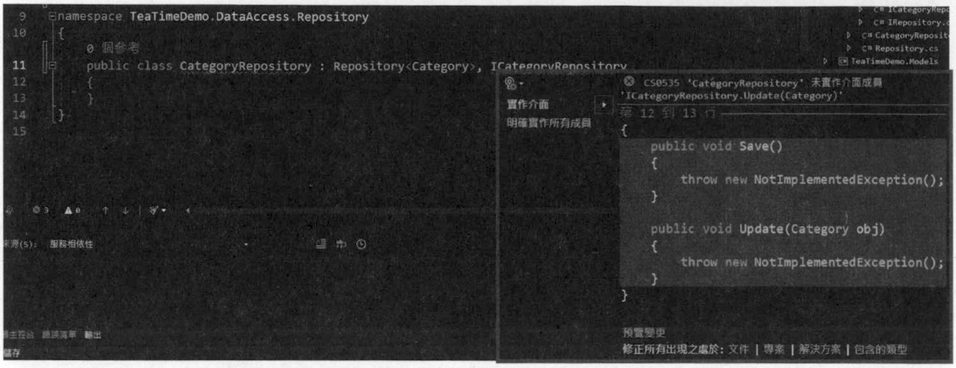

▲ 圖 6-32 建立 ICategoryRepository 畫面

完成後再修改 CategoryRepository.cs 的程式碼:

```
1    using System;
2    using System.Collections.Generic;
3    using System.Linq;
4    using System.Text;
5    using System.Threading.Tasks;
6    using TeaTimeDemo.DataAccess.Data;
7    using TeaTimeDemo.DataAccess.Repository.IRepository;
8    using TeaTimeDemo.Models;
9
10   namespace TeaTimeDemo.DataAccess.Repository
11   {
12       public class CategoryRepository : Repository<Category>,
13       ICategoryRepository
14       {
15       // 本次新增部分
16           private ApplicationDbContext _db;
17           public CategoryRepository(ApplicationDbContext db) :
```

```
18          base(db)
19          {
20              _db = db;
21          }
22      public void Save()
23      {
24      // 本次修改部分
25          _db.SaveChanges();
26      }
27      public void Update(Category obj)
28      {
29      // 本次修改部分
30          _db.Categories.Update(obj);
31      }
32      }
33  }
```

步驟07 修改 Controllers/CategoryController.cs 程式碼，如下：

```
1   using Microsoft.AspNetCore.Mvc;
2   using TeaTimeDemo.DataAccess.Data;
3   using TeaTimeDemo.DataAccess.Repository.IRepository;
4   using TeaTimeDemo.Models;
5
6   namespace TeaTimeDemo.Controllers
7   {
8       public class CategoryController : Controller
9       {
10          // 本次修改部分
11          private readonly ICategoryRepository _categoryRepo;
12          public CategoryController(ICategoryRepository db)
13          {
14              _categoryRepo = db;
15          }
16          public IActionResult Index()
17          {
18              // 本次修改部分
19              List<Category> objCategoryList =
```

```
20              _categoryRepo.GetAll().ToList();
21              return View(objCategoryList);
22          }
23      public IActionResult Create()
24      {
25          return View();
26      }
27      [HttpPost]
28      public IActionResult Create(Category obj)
29      {
30          if (obj.Name == obj.DisplayOrder.ToString())
31          {
32              ModelState.AddModelError("name", "類別名稱不能跟顯示
33              順序一致。");
34          }
35          if(ModelState.IsValid)
36          {
37              // 本次修改部分
38              _categoryRepo.Add(obj);
39              _categoryRepo.Save();
40              TempData["success"] = "類別新增成功！";
41              return RedirectToAction("Index");
42          }
43          return View();
44      }
45      public IActionResult Edit(int? id)
46      {
47          if (id == null || id == 0)
48          {
49              return NotFound();
50          }
51          // 本次修改部分
52          Category? categoryFromDb = _categoryRepo.Get(u => u.Id
53          == id);
54          if(categoryFromDb == null)
55          {
56              return NotFound();
57          }
```

```
58              return View(categoryFromDb);
59          }
60      [HttpPost]
61      public IActionResult Edit(Category obj)
62      {
63          if (ModelState.IsValid)
64          {
65              // 本次修改部分
66              _categoryRepo.Update(obj);
67              _categoryRepo.Save();
68              TempData["success"] = "類別編輯成功！";
69              return RedirectToAction("Index");
70          }
71          return View();
72      }
73      public IActionResult Delete(int? id)
74      {
75          if (id == null || id == 0)
76          {
77              return NotFound();
78          }
79          // 本次修改部分
80          Category categoryFromDb = _categoryRepo.Get(u => u.Id ==
81          id);
82          if (categoryFromDb == null)
83          {
84              return NotFound();
85          }
86          return View(categoryFromDb);
87      }
88      [HttpPost, ActionName("Delete")]
89      public IActionResult DeletePOST(int? id)
90      {
91          // 本次修改部分
92          Category?  obj = _categoryRepo.Get(u => u.Id == id);
93          if (obj == null)
94          {
95              return NotFound();
```

```
96              }
97              // 本次修改部分
98              _categoryRepo.Remove(obj);
99              _categoryRepo.Save();
100             TempData["success"] = "類別刪除成功！";
101             return RedirectToAction("Index");
102         }
103     }
104 }
```

在這段程式碼中，ICategoryRepository 是一個介面，讓我們可以對 Category 的資料進行操作。使用 readonly 修飾該介面的私有欄位 _categoryRepo，這樣可以確定這個欄位不會被 Controller 的其他方法中被意外更改。

接下來，我們建立了一個名為 db 的 ICategoryRepository 物件作為參數。db 被指派給 _categoryRepo 欄位。這樣我們就可以使用 _category Repo 來存取 Category 的資料。

這段程式碼示範了依賴注入的運用方式。通過將 ICategoryRepository 的實作物件注入到控制器的建構函式中，我們使控制器能夠使用 Category 物件的資料存取功能。

完成之後執行應用程式，點類別，會發現有錯誤訊息導致無法正常執行。

An unhandled exception occurred while processing the request.

InvalidOperationException: Unable to resolve service for type 'TeaTimeDemo.DataAccess.Repository.IRepository.ICategoryRepository' while attempting to activate 'TeaTimeDemo.Controllers.CategoryController'.

▲ 圖 6-33 錯誤訊息畫面

這是因為我們尚未在 Program.cs 中註冊依賴注入的相關服務，打開 Program.cs，並加上程式碼。

```
1    .[省略].
2    builder.Services.AddDbContext<ApplicationDbContext>(options=>
3    options.UseSqlServer(builder.Configuration.GetConnectionString("Def
4    aultConnection")));
5    // 新增部分
6    builder.Services.AddScoped<ICategoryRepository,
7    CategoryRepository>();
8    .[省略].
```

完成之後再次執行應用程式，就會發現可以正常執行了，而且目前的 CRUD 功能也都正常，這就代表我們成功的將 Repository 寫進我們的專案裡面了。

6-4 建立 UnitOfWork

6-4-1 實作 UnitOfWork

做完以上章節會發現，如果按照目前的架構往下進行專案的開發，後續會有關於產品、購物車及訂單等功能，在每一個功能的 Repository 都要寫一次對資料庫進行儲存動作的 SaveChanges();，這就會讓程式碼變得複雜，所以接下來要建立的 UnitOfWork 就是要將儲存的程式碼額外抽出來，讓整體程式碼變得更加簡潔。

```
1    public void Save()
2    {
3        _db.SaveChanges();
4    }
```

步驟01 對 TeaTimeDemo.DataAccess/Repository/IRepository 點 擊 滑 鼠
右鍵→加入→新增項目→顯示所有範本→選擇介面並命名為
IUnitOfWork.cs→新增。

▲ 圖 6-34 IRepository 新增項目畫面

▲ 圖 6-35 IRepository 新增項目畫面

將剛建立好的 IUnitOfWork.cs 修改為下方程式碼。

```
1   using System;
2   using System.Collections.Generic;
3   using System.Linq;
4   using System.Text;
5   using System.Threading.Tasks;
6
7   namespace TeaTimeDemo.DataAccess.Repository.IRepository
8   {
9       // 本次修改部分
10      public interface IUnitOfWork
11      {
12          ICategoryRepository Category { get; }
13          void Save();
14      }
15  }
```

步驟02 對 TeaTimeDemo.DataAccess/Repository 點擊滑鼠右鍵→ 加入→ 新增項目→顯示精簡檢視→命名為 UnitOfWork.cs→新增。

▲ 圖 6-36 Repository 新增項目畫面

將剛建立好的 UnitOfWork.cs 修改程式碼:

```
1  using System;
2  using System.Collections.Generic;
3  using System.Linq;
4  using System.Text;
5  using System.Threading.Tasks;
6  using TeaTimeDemo.DataAccess.Repository.IRepository;
7
8  namespace TeaTimeDemo.DataAccess.Repository
9  {
10     public class UnitOfWork : IUnitOfWork
11     {
12     }
13 }
```

修改完會發現第 10 行程式碼的部分會出現紅底線錯誤提示,將滑鼠移至紅底線部分,出現燈泡後點選實作介面,完成後會多出下方的程式碼:

```
1  public ICategoryRepository CategoryRepository => throw new
   NotImplementedException();
2
3  public void Save()
4  {
5      throw new NotImplementedException();
6  }
```

步驟03 接著修改 UnitOfWork.cs 的程式碼。

```csharp
1   using System;
2   using System.Collections.Generic;
3   using System.Linq;
4   using System.Text;
5   using System.Threading.Tasks;
6   using TeaTimeDemo.DataAccess.Data;
7   using TeaTimeDemo.DataAccess.Repository.IRepository;
8
9   namespace TeaTimeDemo.DataAccess.Repository
10  {
11      public class UnitOfWork : IUnitOfWork
12      {
13  // 本次修改部分
14          private ApplicationDbContext _db;
15          public ICategoryRepository Category { get; private set; }
16          public UnitOfWork(ApplicationDbContext db)
17          {
18              _db = db;
19              Category = new CategoryRepository(_db);
20          }
21          public void Save()
22          {
23  // 本次修改部分
24              _db.SaveChanges();
25          }
26      }
27  }
```

完成後開啟 CategoryRepository.cs，將以下程式碼註解或刪除：

```csharp
1   public void Save()
2   {
3       _db.SaveChanges();
4   }
```

步驟04 開啟 ICategoryRepository.cs，將以下程式碼註解或刪除。

```
1 void Save();
```

接下來我們要將先前在 Program.cs 中註冊的 Repository 服務改為 UnitOfWork。

```
1   // 修改前
2   builder.Services.AddScoped<ICategoryRepository,
3   CategoryRepository>();
4   // 修改後
5   builder.Services.AddScoped<IUnitOfWork, UnitOfWork>();
```

完成後開啟 CategoryController.cs，修改部分程式碼。

```
1   using Microsoft.AspNetCore.Mvc;
2   using TeaTimeDemo.DataAccess.Data;
3   using TeaTimeDemo.DataAccess.Repository.IRepository;
4   using TeaTimeDemo.Models;
5
6   namespace TeaTimeDemo.Controllers
7   {
8       public class CategoryController : Controller
9       {
10          // 本次修改部分
11          private readonly IUnitOfWork _unitOfWork;
12          public CategoryController(IUnitOfWork unitOfWork)
13          {
14              _unitOfWork = unitOfWork;
15          }
16          public IActionResult Index()
17          {
18              // 本次修改部分
19              List<Category> objCategoryList =
20              _unitOfWork.Category.GetAll().ToList();
21              return View(objCategoryList);
22          }
```

```
23          public IActionResult Create()
24          {
25              return View();
26          }
27          [HttpPost]
28          public IActionResult Create(Category obj)
29          {
30              if (obj.Name == obj.DisplayOrder.ToString())
31              {
32                  ModelState.AddModelError("name", " 類別名稱不能跟顯示
33                  順序一致。");
34              }
35              if(ModelState.IsValid)
36              {
37                  // 本次修改部分
38                  _unitOfWork.Category.Add(obj);
39                  _unitOfWork.Save();
40                  TempData["success"] = " 類別新增成功！";
41                  return RedirectToAction("Index");
42              }
43              return View();
44          }
45
46          public IActionResult Edit(int? id)
47          {
48              if (id == null || id == 0)
49              {
50                  return NotFound();
51              }
52              // 本次修改部分
53              Category? categoryFromDb = _unitOfWork.Category.Get(u =>
54              u.Id == id);
55              if(categoryFromDb == null)
56              {
57                  return NotFound();
58              }
59              return View(categoryFromDb);
60          }
61          [HttpPost]
```

```
62        public IActionResult Edit(Category obj)
63        {
64            if (ModelState.IsValid)
65            {
66                // 本次修改部分
67                _unitOfWork.Category.Update(obj);
68                _unitOfWork.Save();
69                TempData["success"] = "類別編輯成功！";
70                return RedirectToAction("Index");
71            }
72            return View();
73        }
74        public IActionResult Delete(int? id)
75        {
76            if (id == null || id == 0)
77            {
78                return NotFound();
79            }
80            // 本次修改部分
81            Category categoryFromDb = _unitOfWork.Category.Get(u =>
82            u.Id == id);
83            if (categoryFromDb == null)
84            {
85                return NotFound();
86            }
87            return View(categoryFromDb);
88        }
89        [HttpPost, ActionName("Delete")]
90        public IActionResult DeletePOST(int? id)
91        {
92            // 本次修改部分
93            Category?  obj = _unitOfWork.Category.Get(u => u.Id ==
94            id);
95            if (obj == null)
96            {
97                return NotFound();
98            }
99            // 本次修改部分
100           _unitOfWork.Category.Remove(obj);
```

```
101              _unitOfWork.Save();
102              TempData["success"] = "類別刪除成功！";
103              return RedirectToAction("Index");
104          }
105      }
106 }
```

完成之後就可以執行應用程式測試看看 CRUD 功能是否都正常，如果都正常就代表到目前都沒有問題。

6-5 建立 Area

現在雖然我們的專案已經有了一些雛形，但是我們將進一步增加一個層次結構，這將對劃分不同角色和管理方面非常有用。在我們的專案中，.NET Core 提供了稱為區域 (Area) 的東西。傳統上，當我們使用路由時，我們會有控制器和操作方法。但是，.NET 團隊還提供了一些特殊的機制，讓我們能夠在不同的區域中進行劃分。舉例來說，當我們需要面向客戶跟管理者的網站，我們就可以將區域分為管理者跟客戶的區域，這樣我們可以更好的管理我們的程式碼。

首先這邊是原先的資料夾結構：

```
方案 'TeaTimeDemo'
└── TeaTimeDemo
    ├── Connected Services
    ├── Properties
    ├── wwwroot
    ├── 相依性
    ├── Controllers
    ├── Views
    ├── appsettings.json
    └── Program.cs
```

```
├──── TeaTimeDemo.DataAccess
├──── TeaTimeDemo.Models
└──── TeaTimeDemo.utility
```

6-5-1 建立 Area

步驟01 對 TeaTimeDemo 點擊滑鼠右鍵→加入→新增 scaffold 項目
→MVC 區域→加入→命名為 Admin 後點選新增。

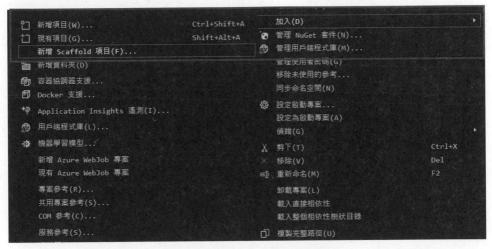

▲ 圖 6-37 加入 scaffold 項目畫面

步驟02 接著要新增一個 Customer 的區域,對 Areas 資料夾點擊滑鼠
右鍵→加入→新增 scaffold 項目→MVC 區域→加入→命名
為 Customer 後點選新增。完成之後就會看到專案新增了 Areas
的資料夾多出了 Admin 跟 Customer 的資料夾,並且裡面含有
Controllers、Data、Models 及 Views 資料夾。

▲ 圖 6-38 區域 Areas 畫面

這邊可以看到第 10 行的部分，路由的部分有一點變化，現在必須在路由上添加區域，才能進入指定的頁面。(檔案為 ScaffoldingReadMe.txt)

```
1    Scaffolding has generated all the files and added the required dependencies.
2
3    However the Application's Startup code may require additional changes for things to work end to end.
4    Add the following code to the Configure method in your Application's Startup class if not already done:
5
6        app.UseEndpoints(endpoints =>
7        {
8          endpoints.MapControllerRoute(
9            name : "areas",
10           pattern : "{area:exists}/{controller=Home}/{action=Index}/{id?}"
11         );
12       });
```

▲ 圖 6-39 專案路由畫面

開啟 Program.cs，我們要在這邊修改專案的預設路由，修改的部分如下：

```
1    .[ 省略 ].
2    // 本次修改部分
3    app.MapControllerRoute(
4        name: "default",
5        pattern:
6        "{area=Customer}/{controller=Home}/{action=Index}/{id?}");
```

步驟03 接下要將 Admin 及 Customer 資料夾內的 Data、Models 資料夾刪除，因為我們先前已經建立在其他地方了。

完成之後就要將先前建立的 CategoryController 及 HomeController
分別移到 Admin 及 Customer 資料夾內的 Controllers 資料夾下，
出現調整命名空間的對話窗格點選 " 是 "，資料夾結構完成後如下。

▲ 圖 6-40　調整命名空間對話窗格畫面

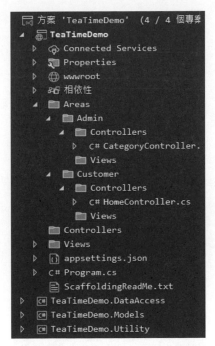

▲ 圖 6-41　資料夾結構完成畫面

開啟 CategoryController.cs， 可 以 看 到 namespace TeaTimeDemo.
Areas.Admin.Controllers 的部分已成功更改，如果在剛剛確認更改命名空
間的對話窗格點選否的話，就必須自己修改這邊的命名空間。

步驟04 接下來我們要新增一下 CategoryController.cs 的程式碼。

```
1    namespace TeaTimeDemo.Areas.Admin.Controllers
2    {
3        // 本次新增部分
4        [Area("Admin")]
5        public class CategoryController : Controller
6        {
7        .[省略].
```

HomeController.cs 修改的部分如下：

```
1    namespace TeaTimeDemo.Areas.Customer.Controllers
2    {
3        // 本次新增部分
4        [Area("Customer")]
5        public class HomeController : Controller
6        .[省略].
```

接著要將之前建立的 View 放到各自的資料夾內，否則目前在 Area 資料夾內的 Views 資料夾沒有檔案，執行應用程式時會發生錯誤。

步驟05 將 Views 資料夾底下的 Category 資料夾移至 Areas/Admin/Views 下；Home 資料夾則移至 Areas/Customer/Views 下，完成後如下。

▲ 圖 6-42 資料夾結構完成畫面

這時執行應用程式會發現無法執行，並且會有以下錯誤訊息：

⊗ CS0246 找不到類型或命名空間名稱 'Category' (是否遺漏了 using 指示詞或組件參考?)	TeaTimeDemo	Areas_Admin_Views_C... 18	作用中
⊗ CS0246 找不到類型或命名空間名稱 'Category' (是否遺漏了 using 指示詞或組件參考?)	TeaTimeDemo	Areas_Admin_Views_C... 74	作用中
⊗ CS0246 找不到類型或命名空間名稱 'Category' (是否遺漏了 using 指示詞或組件參考?)	TeaTimeDemo	Areas_Admin_Views_C... 18	作用中
⊗ CS0246 找不到類型或命名空間名稱 'Category' (是否遺漏了 using 指示詞或組件參考?)	TeaTimeDemo	Areas_Admin_Views_C... 72	作用中
⊗ CS0246 找不到類型或命名空間名稱 'Category' (是否遺漏了 using 指示詞或組件參考?)	TeaTimeDemo	Areas_Admin_Views_C... 18	作用中

▲ 圖 6-43 錯誤訊息畫面

這是因為在原本的 Views 資料夾底下有 _ViewImports.cshtml、
_ViewStart.cshtml 這兩個檔案內寫了 Using Model 的語句，因此我們也要
將這兩個檔案複製到 Area 下的 Views 資料夾內，完成後如下，就可以正
常執行囉！

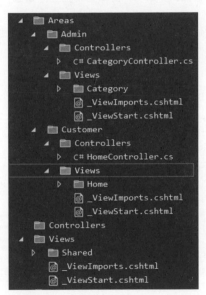

▲ 圖 6-44 資料夾結構完成畫面

但這時如果想要進入類別的頁面，還是無法跳轉成功，這是因為我
們已經加上了區域的關係，路由上必須包含指定的區域，才能進入該頁
面。

▲ 圖 6-45 瀏覽器頁面錯誤畫面

修改路由的同時我們也要建立一個下拉式選單，讓我們的導覽列更加整齊。

步驟06 開啟 Views/Shared/_Layout.cshtml，找到下方程式碼並修改：

```
1    <ul class="navbar-nav flex-grow-1">
2        <li class="nav-item">
3            <!-- 本次修改部分 -->
4            <a class="nav-link text-dark" asp-area="Customer" asp-controller
5            ="Home" asp-action="Index">首頁 </a>
6        </li>
7        <li class="nav-item">
8            <!-- 本次修改部分 -->
9            <a class="nav-link text-dark" asp-area="Customer" asp-controller
10       ="Home" asp-action="Privacy">Privacy</a>
11       </li>
12       <!-- 本次修改部分 -->
13       <li class="nav-item dropdown">
14           <a class="nav-link dropdown-toggle text-dark" data-bs-toggle=
15       "dropdown" href="#" role="button" aria-haspopup="true"
16           aria-expanded="false">內容管理 </a>
17           <div class="dropdown-menu">
18               <a class="dropdown-item" asp-area="Admin" asp-controller
19       ="Category" asp-action="Index">類別 </a>
```

```
20              <div class="dropdown-divider"></div>
21          </div>
22      </li>
23  </ul>
```

步驟07 開啟 Views/Shared/_Layout.cshtml/_Layout.cshtml.css，將下方程
式碼註解：

```
1   /*a {
2     color: #0077cc;
3   }*/
```

完成之後再次執行應用程式，可以檢查專案是否能夠正常執行。

▲ 圖 6-46 頁面完成畫面

以上就是本章節的內容了，我們在這邊調整了整個專案的開發架
構，這些變動在小型的專案內或許成效不大，但未來若有機會接觸大型
的專案，這種開發方式會讓整體開發過程更加順暢。

|課|後|習|題|

一、填充題

1. Utility 主要是存放與_____無關的共用函式庫,像是電子郵件、Cache、支付設置、Logging 等等。

2. 實際的環境用_____連接資料庫,然後在單元測試的時候連接假資料,這樣就可以把實際的資料來源_____,以提供更大的彈性。

3. 請解釋 No Repository 模式跟 With Repository 模式。

   No Repository:_____。

   With Repository:_____

   _____。

4. Repository Pattern 它有_____的意思,就是把實際的_____

   ____透過 Repository 封裝之後,由 Repository 溝通來取得資料。

5. Unit of Work 是一個_____,用於_____

   _____。直到收到完成指示時,才執行這些動作。

二、是非題

1. (   )"operation" 指的是將這個操作的每個動作紀錄下來,而 "Unit of Work" 是指一個完整的工作單位。

2. (   )泛型 Repository 是一種通用的資料訪問模式,提供我們對資料進行常見的 CRUD(新增、查詢、修改、刪除)等通用方法。

3. （　）dbSet 是 DbSet<T> 變數，其中的 T 是一個分享型別參數。
   dbSet 是 Entity Framework 提供的分享型別，用來代表資料庫中
   的資料集合。

4. （　）在程式設計中，readonly 關鍵字用於宣告變數，表示該變數的
   值在宣告後不能被修改。

5. （　）在 .NET Core 中，區域 (Area) 可以用於將相關的 Controller、
   View 等組織到專用的區域中，但區域不能嵌套在其他區域中。

三、選擇題

1. 當前端或瀏覽器發出 URL 請求時，會先經過路由系統找到匹配的路
   由，再從路由確定對應的什麼名稱呢？

   A. Controller 跟 Action　　　　B. Model 跟 Action
   C. View 跟 Action　　　　　　　D. Index 跟 Action

2. 關於重建 Migration 的步驟，有以下 5 個項目，哪個是正確的順序？
   ① 開啟 NuGet 套件管理員　　　② 之前建立的資料庫刪除
   ③ 執行 update-database　　　　④ 刪除 Migrations 資料夾
   ⑤ 輸入 add-migration

   A. ⑤③④①②　　　　　　　　B. ②④①⑤③
   C. ①②⑤③④　　　　　　　　D. ④①②⑤③

3. 在資料連接層中，以下哪種設計模式最常被用於處理資料庫操作？

   A. Singleton 模式　　　　　　B. Factory 模式
   C. Repository 模式　　　　　D. Proxy 模式

4. 在應用程式中進行檔案處理時，以下哪種方式符合分層架構的最佳實踐？

    A. 建立專門的檔案處理類別或模組，將檔案相關的邏輯獨立出來
    B. 將檔案處理邏輯與業務邏輯混在一起，直接寫在服務 (Service) 中
    C. 將所有的檔案處理邏輯直接寫在控制器 (Controller) 中
    D. 將檔案處理邏輯直接寫在資料庫存取層 (DAL) 中

5. 在 MVC 模式中，當使用者點擊一個按鈕時，會先經過哪個元件？

    A. Model   B. View
    C. Controller   D. 路由系統

解答

一、填充題
1. 商業邏輯
2. Entity Framework；抽象化
3. 從控制器直接訪問資料庫；控制器與資料庫上下文之間的抽象層單元測試可以模擬資料以方便測試
4. 儲存庫；資料連接層
5. 設計模式；追蹤 operation 中的每個動作

二、是非題
1. X   2. O   3. X   4. O   5. X

三、選擇題
1. A   2. B   3. C   4. A   5. C

Product + 首頁

這一章節的主要目標是引導讀者逐步建立一個完整的飲料店電商平台網站。焦點將放在開發產品 (Product) 相關功能以及首頁頁面。在這個過程中，讀者將學習如何創建、管理和呈現產品資訊，這是一個電商平台的核心要素。

首先，讀者將學習建立一個資料表來儲存網站上所有飲料的資訊，這是產品管理的基礎。我們將介紹如何實現產品的基本 CRUD 操作，包括新增、讀取、更新和刪除功能，以便讀者能夠有效地管理產品。

其次，我們將探討如何在前端呈現產品資訊，並提供更好的使用者體驗。這包括使用工具如 ViewBag、ViewData 和 ViewModel。

接著，我們將解釋如何有效地儲存產品圖片的路徑，以確保它們能正確顯示在網站上。同時，讀者將學習如何實現 DataTable 功能，以便更方便地檢索和顯示產品資訊。

最後，我們將引導讀者建立網站的首頁，讓使用者可以輕鬆查看產品和相關資訊。這一章節將幫助讀者進一步發展他們的電商平台，為其提供完整的產品管理和瀏覽功能，同時學習使用 ASP.NET 等工具和技術來實現這些功能。

7-1 建立 Product Model

在本節中,我們希望能夠管理我們網站的產品。因此,我們要為我們的產品建立一張資料表,存放的是網站中所有的飲料。所以,我們要先做的是為產品創建一個 Model,完成後才能在資料庫建立資料表。

步驟01 對 TeaTimeDemo.Models 點擊滑鼠右鍵→加入→類別→命名為 Product.cs 後新增。

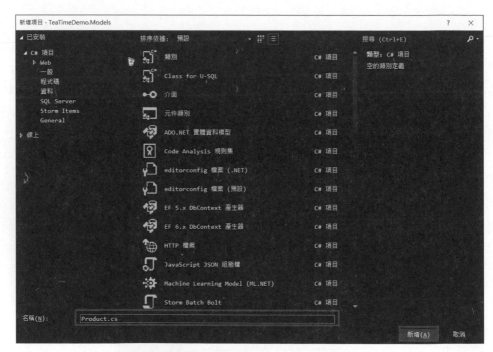

▲ 圖 7-1 新增 Product.cs 檔案

接著將剛建立好的 Product.cs 修改為下方程式碼。

```
1   using System;
2   using System.Collections.Generic;
3   using System.ComponentModel.DataAnnotations;
```

```
4   using System.ComponentModel;
5   using System.Linq;
6   using System.Text;
7   using System.Threading.Tasks;
8
9   namespace TeaTimeDemo.Models
10  {
11      // 本次修改部分
12      public class Product
13      {
14          public int Id { get; set; }
15          [Required]
16          public string Name { get; set; }
17          [Required]
18          public string Size { get; set; }
19          [Required]
20          [Range(1, 10000)]
21          public double Price { get; set; }
22          public string Description { get; set; }
23      }
24  }
```

步驟02 接著要去 TeaTimeDemo.DataAccess/Data/ApplicationDbContext.cs
修改程式碼,在這邊要新增的是一個資料庫集合,並且宣告要在
SQL Server 出現的資料表名為 Products。下方的部分則是新增一
個資料庫的預設資料 (Seed),以確保資料表在建立時就會有預設
的資料。

```
1   public DbSet<Category> Categories { get; set; }
2   // 本次新增部分
3   public DbSet<Product> Products { get; set; }
4   protected override void OnModelCreating(ModelBuilder modelBuilder)
5   {
6       // 本次修改部分
7       modelBuilder.Entity<Category>().HasData(
8           new Category { Id = 1, Name = "果汁", DisplayOrder = 1 },
9           new Category { Id = 2, Name = "茶", DisplayOrder = 2 },
```

```
10              new Category { Id = 3, Name = " 咖啡 ", DisplayOrder = 3 }
11          );
12     // 本次新增部分
13     modelBuilder.Entity<Product>().HasData(
14          new Product
15          {
16              Id = 1,
17              Name = " 台灣水果茶 ",
18              Size = " 大杯 ",
19              Description = " 天然果飲，迷人多變。",
20              Price = 60
21          },
22          new Product
23          {
24              Id = 2,
25              Name = " 鐵觀音 ",
26              Size = " 中杯 ",
27              Description = " 品鐵觀音，享人生的味道。",
28              Price = 35
29          },
30          new Product
31          {
32              Id = 3,
33              Name = " 美式咖啡 ",
34              Size = " 中杯 ",
35              Description = " 用咖啡體悟悠閒時光。",
36              Price = 50
37          }
38          );
39 }
```

步驟03 完成後點選上方工具列,選擇工具→NuGet 套件管理員→套件管理器主控台,輸入並執行下方指令。

```
1 add-migration addProductsToDb
```

執行前須確保套件管理器主控台的預設專案為 TeaTimeDemo.DataAccess,否則語法會執行失敗。

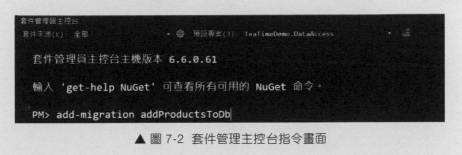

▲ 圖 7-2 套件管理主控台指令畫面

步驟04 接著開啟 SQL Server,將專案的「資料庫刪除」,完成後執行 update-database,就會發現資料庫重新建立,Products 資料表新增成功,且資料表內有 Seed 中輸入的預設資料。

Id	Name	Size	Price	Description
1	台灣水果茶	大杯	60	天然果飲,…
2	鐵觀音	中杯	35	品鐵觀音,…
3	冰美式咖啡	中杯	50	用咖啡體悟…

▲ 圖 7-3 SSMS Products 資料表畫面

步驟05 接著我們要建立 Product 的 Repository,選取 CategoryRepository.cs 後複製,接著對 Repository 資料夾點擊滑鼠右鍵→貼上,完成後如下。

▲ 圖 7-4　Repository 資料夾畫面

將 CategoryRepository- 複製 .cs 重新命名為 ProductRepository.cs。

步驟06 將剛建立好的 ProductRepository.cs 修改為下方程式碼

```
1    using System;
2    using System.Collections.Generic;
3    using System.Linq;
4    using System.Text;
5    using System.Threading.Tasks;
6    using TeaTimeDemo.DataAccess.Data;
7    using TeaTimeDemo.DataAccess.Repository.IRepository;
8    using TeaTimeDemo.Models;
9
10   namespace TeaTimeDemo.DataAccess.Repository
11   {
12       // 本次修改部分
13       public class ProductRepository : Repository<Product>,
14       IProductRepository
15       {
16           private ApplicationDbContext _db;
```

```
17      public ProductRepository(ApplicationDbContext db) :
18      base(db)
19      {
20          _db = db;
21      }
22      //public void Save()
23      //{
24      //    _db.SaveChanges();
25      //}
26      public void Update(Product obj)
27      {
28          _db.Products.Update(obj);
29      }
30    }
31 }
```

完成後展開 IRepository 資料夾，點選 ICategoryRepository.cs 後複製，對 IRepository 資料夾點擊滑鼠右鍵→貼上並重新命名為 IProduct Repository.cs，完成後如下：

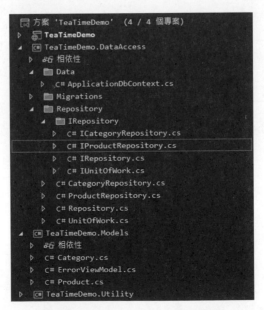

▲ 圖 7-5 IRepository 資料夾畫面

步驟07 將剛建立好的 IProductRepository.cs 修改為下方程式碼。

```
1   using System;
2   using System.Collections.Generic;
3   using System.Linq;
4   using System.Text;
5   using System.Threading.Tasks;
6   using TeaTimeDemo.Models;
7
8   namespace TeaTimeDemo.DataAccess.Repository.IRepository
9   {
10      // 本次修改部分
11      public interface IProductRepository : IRepository<Product>
12      {
13          void Update(Product obj);
14          //void Save();
15      }
16  }
```

步驟08 開啟並新增程式碼 TeaTimeDemo.DataAccess/Repository/IRepository/
IUnitOfWork.cs。

```
1   ICategoryRepository Category { get; }
2   // 本次新增部分
3   IProductRepository Product { get; }
```

開啟 TeaTimeDemo.DataAccess/Repository/UnitOfWork.cs，新增程式
碼。

```
1   public ICategoryRepository Category { get; private set; }
2   // 本次新增部分
3   public IProductRepository Product { get; private set; }
4   public UnitOfWork(ApplicationDbContext db)
5   {
6       _db = db;
7       Category = new CategoryRepository(_db);
8       // 本次新增部分
```

```
9        Product = new ProductRepository(_db);
10  }
```

以上就是在進行 CRUD 之前的前置作業，下一個小節就要開始實作產品
的 CRUD 功能囉。

7-2 Product 的基本 CRUD

在上一個小節中我們建立了產品的 UnitOfWork，但是我們必須能夠
在網站中調整我們的產品內容，因此，我們必須創建產品的 Controller 跟
函式。

步驟01 展 開 TeaTimeDemo/Areas/Admin/Controllers 資 料 夾， 選 取
CategoryController.cs 並複製，接著點擊 Controllers 資料夾滑鼠右
鍵→ 貼上。貼上後將其重新命名為 ProductController.cs。

步驟02 接著要修改 ProductController.cs 的程式碼，要將 Category 替換成
Product，修改的部分如下：

```
1   using Microsoft.AspNetCore.Mvc;
2   using TeaTimeDemo.DataAccess.Data;
3   using TeaTimeDemo.DataAccess.Repository.IRepository;
4   using TeaTimeDemo.Models;
5
6   namespace TeaTimeDemo.Areas.Admin.Controllers
7   {
8       [Area("Admin")]
9       public class ProductController : Controller
10      {
11          private readonly IUnitOfWork _unitOfWork;
```

```
12     // 本次修改部分
13         public ProductController(IUnitOfWork unitOfWork)
14         {
15             _unitOfWork = unitOfWork;
16         }
17         public IActionResult Index()
18         {
19             // 本次修改部分
20             List<Product> objCategoryList =
21             _unitOfWork.Product.GetAll().ToList();
22             return View(objCategoryList);
23         }
24         public IActionResult Create()
25         {
26             return View();
27         }
28         [HttpPost]
29         public IActionResult Create(Product obj)// 本次修改部分
30         {
31             // 本次修改部分
32             if (ModelState.IsValid)
33             {
34                 _unitOfWork.Product.Add(obj);
35                 _unitOfWork.Save();
36                 TempData["success"] = " 產品新增成功！";
37                 return RedirectToAction("Index");
38             }
39             return View();
40         }
41         public IActionResult Edit(int? id)
42         {
43             if (id == null || id == 0)
44             {
45                 return NotFound();
46             }
47             // 本次修改部分
48             Product? productFromDb = _unitOfWork.Product.Get(u =>
49         u.Id == id);
```

```
50          if (productFromDb == null)
51          {
52              return NotFound();
53          }
54          return View(productFromDb);
55      }
56      [HttpPost]
57      public IActionResult Edit(Product obj)// 本次修改部分
58      {
59          if (ModelState.IsValid)
60          {
61              // 本次修改部分
62              _unitOfWork.Product.Update(obj);
63              _unitOfWork.Save();
64              TempData["success"] = " 產品編輯成功！";
65              return RedirectToAction("Index");
66          }
67          return View();
68      }
69      public IActionResult Delete(int? id)
70      {
71          if (id == null || id == 0)
72          {
73              return NotFound();
74          }
75          // 本次修改部分
76          Product productFromDb = _unitOfWork.Product.Get(u =>
77          u.Id == id);
78          if (productFromDb == null)
79          {
80              return NotFound();
81          }
82          return View(productFromDb);
83      }
84      [HttpPost, ActionName("Delete")]
85      public IActionResult DeletePOST(int? id)
86      {
87          // 本次修改部分
```

```
88              Product? obj = _unitOfWork.Product.Get(u => u.Id == id);
89              if (obj == null)
90              {
91                  return NotFound();
92              }
93              // 本次修改部分
94              _unitOfWork.Product.Remove(obj);
95              _unitOfWork.Save();
96              TempData["success"] = "產品刪除成功！";
97              return RedirectToAction("Index");
98          }
99      }
100 }
```

步驟03 接著展開 TeaTimeDemo/Areas/Admin/Views 資料夾，選取 Category
資料夾並複製→點擊 Views 資料夾滑鼠右鍵→貼上，並將其重新
命名為 Product，完成後如下。

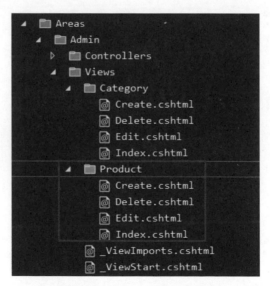

▲ 圖 7-6 Product 資料夾畫面

步驟04 完成之後將 Product 資料夾內的 4 個頁面程式碼都點擊兩下，讓它們出現在上方頁籤中，如下圖所示。

▲ 圖 7-22 頁面程式碼畫面

步驟05 接著開啟尋找與取代 (快捷鍵 Ctrl+Shift+H)，將 Category 取代為 Product，勾選大小寫須相符，需要注意的是，下方的查詢需選擇所有開啟的文件，不要將整份專案的內容都修改，完成後點選全部取代。

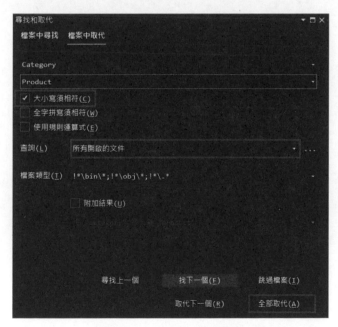

▲ 圖 7-7 取代程式碼畫面

如果選取所有開啟的文件無法取代的話，就選取目前的文件，勾選整份
文件，點選全部取代。這個動作在 4 個檔案上都執行一次，就取代成功
了。

▲ 圖 7-8 取代程式碼畫面

步驟06 接下來要修改這四個檔案的程式碼，先從產品的首頁 Index.cshtml
開始。

```
1    @model List<Product>
2    <div class="container">
3        <div class="row pt-4 pb-3">
4            <div class="col-6">
5                <h2 class="text-primary">
6                    產品清單
7                </h2>
8            </div>
9            <div class="col-6 text-end">
10               <a asp-controller="Product" asp-action="Create"
```

```
11              class="btn btn-primary">
12                      <i class="bi bi-plus-circle"></i> 新增產品
13                  </a>
14              </div>
15          </div>
16          <table class="table table-bordered table-striped">
17              <thead>
18                  <tr>
19                      <th>產品名稱 </th>
20                      <th>類別 </th>
21                      <th>Size</th>
22                      <th>價格 </th>
23                      <th>備註 </th>
24                      <th></th>
25                  </tr>
26              </thead>
27              <tbody>
28                  @foreach (var obj in Model)
29                  {
30                      <tr>
31                          <td>@obj.Name</td>
32                          <td></td>
33                          <td>@obj.Size</td>
34                          <td>@obj.Price</td>
35                          <td>@obj.Description</td>
36                          <td>
37                           <div class="w-75 btn-group" role="group">
38                             <a asp-controller="Product" asp-action="Edit"
39          asp-route-id="@obj.Id"
40          class="btn btn-primary mx-2">
41                                  <i class="bi bi-pencil-square"></i> 編輯
42                              </a>
43                              <a asp-controller="Product" asp-action="Delete"
44          asp-route-id="@obj.Id"
45          class="btn btn-danger mx-2">
46                                  <i class="bi bi-trash-fill"></i> 刪除
47                              </a>
48                              </div>
```

```
49              </td>
50            </tr>
51          }
52        </tbody>
53      </table>
54  </div>
```

再來是修改產品新增頁面，打開 Create.cshtml。

```
1   @model Product
2   <form method="post">
3       <div class="border p-3 mt-4">
4           <div class="row pb-2">
5               <h2 class="text-primary">新增產品</h2>
6               <hr />
7           </div>
8           <div class="mb-3 row p-1">
9               <label asp-for="Name" class="p-0"></label>
10              <input asp-for="Name" class="form-control" />
11              <span asp-validation-for="Name" class="text-danger"></span>
12          </div>
13          <div class="mb-3 row p-1">
14              <label asp-for="Size" class="p-0"></label>
15              <input asp-for="Size" class="form-control" />
16              <span asp-validation-for="Size" class="text-danger"></span>
17          </div>
18          <div class="mb-3 row p-1">
19              <label asp-for="Price" class="p-0"></label>
20              <input asp-for="Price" class="form-control" />
21              <span asp-validation-for="Price" class="text-danger"></span>
22          </div>
23          <div class="mb-3 row p-1">
24              <label asp-for="Description" class="p-0"></label>
25              <input asp-for="Description" class="form-control" />
26              <span asp-validation-for="Description" class="text-danger">
27          </span>
28          </div>
29          <div class="row">
```

```
30          <div class="col-6 col-md-3">
31              <button type="submit" class="btn btn-primary
32              form-control">新增</button>
33          </div>
34          <div class="col-6 col-md-3">
35              <a asp-controller="Product" asp-action="Index"
36          class="btn btn-secondary border form-control">
37                      返回
38              </a>
39          </div>
40      </div>
41    </div>
42 </form>
43 @section Scripts{
44    @{
45        <partial name="_ValidationScriptsPartial" />
46    }
47 }
```

再來是修改產品的編輯頁面，打開 Edit.cshtml。

```
1   @model Product
2   <form method="post">
3       <div class="border p-3 mt-4">
4           <div class="row pb-2">
5               <h2 class="text-primary">編輯產品</h2>
6               <hr />
7           </div>
8           <div class="mb-3 row p-1">
9               <label asp-for="Name" class="p-0"></label>
10              <input asp-for="Name" class="form-control" />
11              <span asp-validation-for="Name" class="text-danger"></span>
12          </div>
13          <div class="mb-3 row p-1">
14              <label asp-for="Size" class="p-0"></label>
15              <input asp-for="Size" class="form-control" />
16              <span asp-validation-for="Size" class="text-danger"></span>
17          </div>
```

```
18          <div class="mb-3 row p-1">
19              <label asp-for="Price" class="p-0"></label>
20              <input asp-for="Price" class="form-control" />
21              <span asp-validation-for="Price" class="text-danger"></span>
22          </div>
23          <div class="mb-3 row p-1">
24              <label asp-for="Description" class="p-0"></label>
25              <input asp-for="Description" class="form-control" />
26              <span asp-validation-for="Description" class="text-danger">
27          </span>
28          </div>
29          <div class="row">
30              <div class="col-6 col-md-3">
31                  <button type="submit" class="btn btn-primary
32                  form-control">更新</button>
33              </div>
34              <div class="col-6 col-md-3">
35                  <a asp-controller="Product" asp-action="Index"
36                  class="btn btn-secondary border form-control">
37                      返回
38                  </a>
39              </div>
40          </div>
41      </div>
42 </form>
43 @section Scripts{
44     @{
45          <partial name="_ValidationScriptsPartial" />
46     }
47 }
```

最後是產品的刪除頁面 Delete.cshtml。

```
1  @model Product
2  <form method="post">
3      <div class="border p-3 mt-4">
4          <div class="row pb-2">
5              <h2 class="text-primary">刪除產品</h2>
```

```
 6              <hr />
 7          </div>
 8          <div class="mb-3 row p-1">
 9              <label asp-for="Name" class="p-0"></label>
10              <input asp-for="Name" class="form-control" />
11              <span asp-validation-for="Name" class="text-danger"></span>
12          </div>
13          <div class="mb-3 row p-1">
14              <label asp-for="Size" class="p-0"></label>
15              <input asp-for="Size" class="form-control" />
16              <span asp-validation-for="Size" class="text-danger"></span>
17          </div>
18          <div class="mb-3 row p-1">
19              <label asp-for="Price" class="p-0"></label>
20              <input asp-for="Price" class="form-control" />
21              <span asp-validation-for="Price" class="text-danger"></span>
22          </div>
23          <div class="mb-3 row p-1">
24              <label asp-for="Description" class="p-0"></label>
25              <input asp-for="Description" class="form-control" />
26              <span asp-validation-for="Description" class="text-danger">
27          </span>
28          </div>
29          <div class="row">
30              <div class="col-6 col-md-3">
31                  <button type="submit" class="btn btn-primary
32      form-control">刪除 </button>
33              </div>
34              <div class="col-6 col-md-3">
35                  <a asp-controller="Product" asp-action="Index"
36          class="btn btn-secondary border form-control">
37                      返回
38                  </a>
39              </div>
40          </div>
41      </div>
42  </form>
43  @section Scripts{
44      @{
```

```
45              <partial name="_ValidationScriptsPartial" />
46        }
47  }
```

步驟07 以上 4 個頁面都修改完成後，開啟 TeaTimeDemo/Views/Shared/
_Layout.cshtml，要在這邊新增前往產品相關頁面的按鈕。

```
1   <div class="dropdown-menu">
2       <a class="dropdown-item text-dark" asp-area="Admin" asp-controller
3       ="Category" asp-action="Index">類別 </a>
4       <!-- 本次修改部分 -->
5       <a class="dropdown-item text-dark" asp-area="Admin" asp-controller
6       ="Product" asp-action="Index">產品 </a>
7   </div>
```

完成之後執行應用程式，從內容管理的下拉式選單中可以進入產品
頁面，可以測試看看新增、編輯、刪除功能是否都能正常使用，如果都
可以正常執行，就代表到目前為止都沒有問題喔。

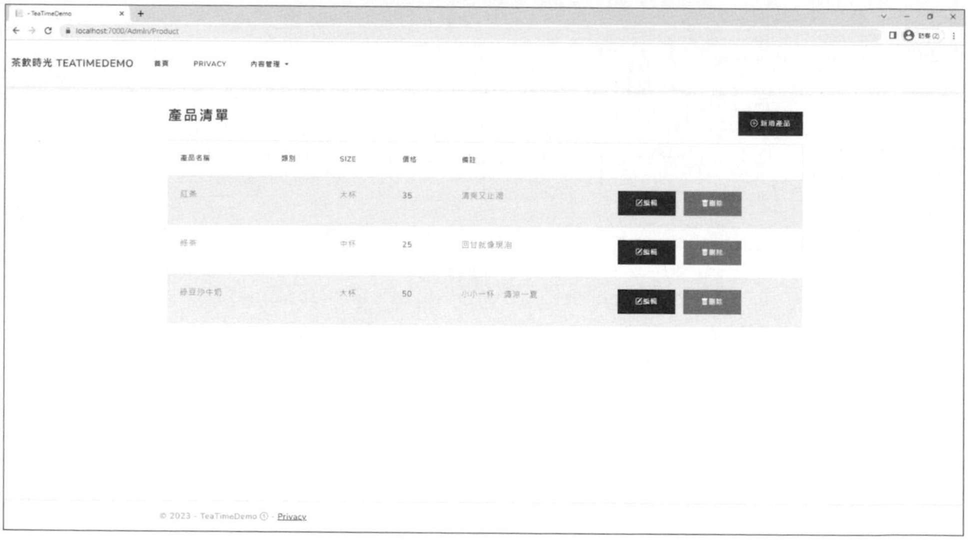

▲ 圖 7-9 產品清單列表畫面

7-3 鍵入類別、圖片的資料欄位和建立關聯

接下來要進行的是針對產品及類別的關聯，當我們新增產品的時候，我們希望任何的產品都屬於其中一個分類，因此，在這個小節，我們要做的就是將類別的主鍵綁到產品的資料表上，這樣就能知道當前的產品屬於什麼類別了，本章節將使用 Entity Framework (EF Core) 來實現這個功能。

步驟01 開啟我們產品的資料表，TeaTimeDemo.Models/Product.cs，新增程式碼。

```
1  public string Description { get; set; }
2  // 本次修改部分
3  public int CategoryId { get; set; }
4  [ForeignKey("CategoryId")]
5  public Category Category { get; set; }
```

可以看到第 3 行中，我們定義了一個 CategoryId 的變數，但是如果只有這行，應用程式不會知道這個變數是類別表的外鍵。為了明確的定義它，我們需要告訴產品的 Model 說我們會使用到類別表，因此在第 5 行我們將類別表引進來。最重要的一點是我們在第 4 行明確定義此類別屬性用於外鍵。

步驟02 接著開啟 TeaTimeDemo.DataAccess/Data/ApplicationDbContext.cs，要在這邊新增 CategoryId 的 Seed，讓它能有預設的資料產生在資料庫內。

```
1  {
2      Id = 1,
3      Name = "台灣水果茶",
```

```
4        Size = " 大杯 ",
5        Description = " 清爽又止渴 ",
6        Price = 60,
7        CategoryId = 1 // 本次修改部分
8    }
```

需要注意每一筆預設資料 Seed 都需要新增 CategoryId 並且給已經在類別資料表存在的 ID 的值。

步驟03 完成後開啟套件管理器主控台,將預設專案切換至 TeaTimeDemo. DataAccess 輸入並執行下方指令。

```
1 add-migration addForeignKeyForCategoryProductRelation
```

這時會發現建立好的 Migration 會自動帶入剛剛在 Seed 內建立的資料。

```
migrationBuilder.UpdateData(
    table: "Products",
    keyColumn: "Id",
    keyValue: 1,
    column: "CategoryId",
    value: 1);

migrationBuilder.UpdateData(
    table: "Products",
    keyColumn: "Id",
    keyValue: 2,
    column: "CategoryId",
    value: 2);

migrationBuilder.UpdateData(
    table: "Products",
    keyColumn: "Id",
    keyValue: 3,
    column: "CategoryId",
    value: 3);
```

▲ 圖 7-10 Seed 程式碼畫面

步驟04 接下來就執行 update-database，資料庫 Products 資料表就會新增 CategoryId 的欄位囉，並且這個欄位的值是與 Categories 資料表關聯的。

	Id	Name	Size	Price	Description	CategoryId
1	1	紅茶	大…	35	清爽又止渴	1
2	2	綠茶	中…	25	回甘就像現泡	2
3	3	綠豆沙牛…	大…	50	小小一杯，清涼一夏	3

▲ 圖 7-32 資料庫 Products 資料表 CategoryId 欄位畫面

再來要新增的是存放圖片路徑的欄位，在往下實作之前，可以自己試試看要如何新增資料表欄位並且寫入預設值。

步驟05 開啟 TeaTimeDemo.Models/Product.cs，新增程式碼。

```
1  public Category Category { get; set; }
2  public string ImageUrl { get; set; }      // 本次新增部分
```

步驟06 開啟 TeaTimeDemo.DataAccess/Data/ApplicationDbContext.cs，注意每個產品資料都要新增這個欄位。

```
1  {
2      Id = 1,
3      Name = "台灣水果茶",
4      Size = "大杯",
5      Description = "清爽又止渴",
6      Price = 60,
7      CategoryId = 1,
8      ImageUrl = "" // 本次新增部分
9  }
```

步驟07 打開套件管理主控台，預設專案切到 TeaTimeDemo.DataAccess，並輸入下方程式碼。

```
1  add-migration addImageUrlToProduct
2  update-database
```

做完之後會發現，在 .NET Core 裡面，針對資料庫的操作都非常方便，透過 EF Core，不需要寫 SQL 語法也能很輕鬆地達到目的。

7-4 ViewBag、ViewData 以及 ViewModel

當我們進入頁面編輯產品或創建產品時，我們希望能夠選擇某一個類別來分配產品的類別，因此在這個章節我們要解決這個問題，我們需要在產品頁面添加一個下拉選單。

步驟01 首先，完成資料欄位的新增之後，接下來要建立的是類別的下拉式選單，我們需要在 Controller 傳遞我們所有類別的清單給頁面。因此，開啟 ProductController.cs，找到下方函式並新增程式碼。

```
1    public IActionResult Create()
2    {
3        // 本次新增部分
4        IEnumerable<SelectListItem> CategoryList =
5        _unitOfWork.Category.GetAll().Select(u => new SelectListItem
6        {
7            Text = u.Name,
8            Value = u.Id.ToString()
9        });
10       return View();
11   }
```

要做到下拉式選單有很多種方法可以做到，ViewBag、ViewData 和 ViewModel 都是在 ASP.NET MVC 中用於將資料從 Controller 傳遞到頁面的方式，但它們在用法和特性上有所不同。ViewBag 使用動態類型和動態屬性的方式傳遞資料，ViewData 使用字典類型的屬性集合，而 ViewModel 則是一個專門為頁面定義的模型，提供強型別的資料傳遞方式。ViewModel 通常被認為是最佳的選擇，因為它提供了明確、安全且可維護的數據傳遞方式。接下來會展示 ViewBag、ViewData 以及本書使用的 ViewModel。

	ViewBag	ViewData	ViewModel
定義	動態物件	字典	自定義類型
用途	傳遞資料	傳遞資料	傳遞資料和狀態
強型別	否	否	是
優點	快速方便	可以存放任意型別	更易於測試與維護
缺點	弱型別，容易出錯	弱型別，容易出錯	需要創建額外類型

▲ 圖 7-11　ViewBag、ViewData、ViewModel

7-4-1 ViewBag 的作法

步驟01 開啟 ProductController.cs，新增部分程式碼。

```
1    public IActionResult Create()
2    {
3        IEnumerable<SelectListItem> CategoryList =
4        _unitOfWork.Category.GetAll().Select(u => new SelectListItem
5        {
6            Text = u.Name,
7            Value = u.Id.ToString()
8        });
9        // 本次新增部分
10       ViewBag.CategoryList = CategoryList;
11       return View();
12   }
```

步驟02 開啟 TeaTimeDemo/Areas/Admin/Views/Product/Create.cshtml，新增下拉式選單的 Html 程式碼。

```
1    <div class="mb-3 row p-1">
2        <label asp-for="Name" class="p-0"></label>
3        <input asp-for="Name" class="form-control" />
4        <span asp-validation-for="Name" class="text-danger"></span>
5    </div>
6    <!-- 本次新增部分 -->
7    <div class="mb-3 row p-1">
8        <label asp-for="CategoryId" class="p-0"></label>
9        <select asp-for="CategoryId" asp-items="ViewBag.CategoryList"
10       class="form-select">
11           <option disabled selected>選擇類別</option>
12       </select>
13       <span asp-validation-for="CategoryId" class="text-danger"></span>
14   </div>
```

完成之後執行應用程式，到新增產品的頁面就可以看到下拉式選單內有類別的資料了。

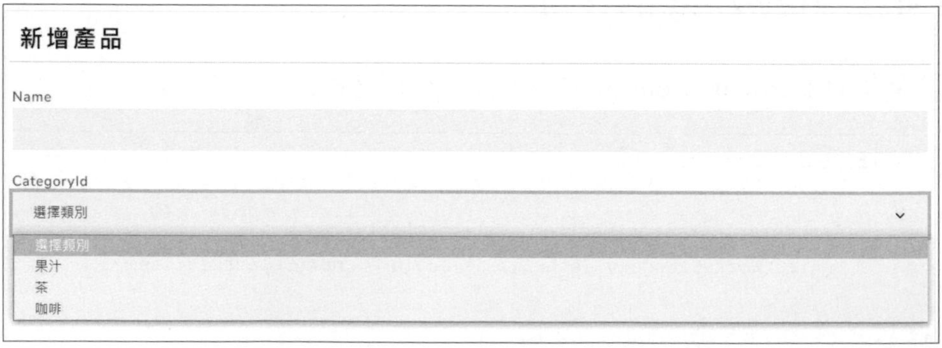

▲ 圖 7-12 新增產品畫面

7-4-2 ViewData 的作法

步驟01 開啟 ProductController.cs，新增部分程式碼。

```
1   public IActionResult Create()
2   {
3       IEnumerable<SelectListItem> CategoryList =
4       _unitOfWork.Category.GetAll().Select(u => new SelectListItem
5       {
6           Text = u.Name,
7           Value = u.Id.ToString()
8       });
9       // 本次新增部分
10      //ViewBag.CategoryList = CategoryList;
11      ViewData["CategoryList"] = CategoryList;
12      return View();
13  }
```

步驟02 開啟 TeaTimeDemo/Areas/Admin/Product/Create.cshtml，修改下拉
式選單的 Html 程式碼。

```
1   <div class="mb-3 row p-1">
2       <label asp-for="Name" class="p-0"></label>
3       <input asp-for="Name" class="form-control" />
4       <span asp-validation-for="Name" class="text-danger"></span>
5   </div>
6   <!-- 本次修改部分 -->
7   <div class="mb-3 row p-1">
8       <label asp-for="CategoryId" class="p-0"></label>
9       <select asp-for="CategoryId" asp-items="@(ViewData["CategoryList"]
10      as IEnumerable<SelectListItem>)" class="form-select">
11          <option disabled selected>選擇類別 </option>
12      </select>
13      <span asp-validation-for="CategoryId" class="text-danger"></span>
14  </div>
```

完成之後執行應用程式，下拉式選單也會出現類別的資料，以上就
是 ViewBag 及 ViewData 的實作範例。

7-4-3 ViewModel

在前面的小節中，我們學習了 ViewBag 以及 ViewData 基礎的用法，但是，當專案隨著開發的時間慢慢擴大，我們會擁有更多的資料。當我們同時擁有十個 ViewBag 以及五個 ViewData，事情就會變得相當複雜，也不會清楚知道資料從何而來。如果我們的頁面資料不只是從一個 Model 取得資訊，這時候就可以為頁面創建一個 ViewModel。

步驟01 首先對 TeaTimeDemo.Models 點擊滑鼠右鍵→加入→新增資料夾，並將其命名為 ViewModels。

步驟02 接著對剛建立好的 ViewModels 資料夾點擊滑鼠右鍵→加入→類別，將其命名為 ProductVM.cs 後新增。

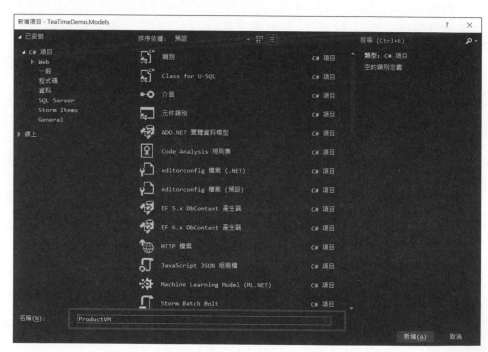

▲ 圖 7-13 新增 ProductVM 畫面

這邊對於 ViewModel 的命名沒有強制性的規定，只是本書在後方加上 VM 以方便識別為 ViewModel。

步驟03 接著將剛建立好的 ProductVM.cs 修改為下方程式碼。

```
1    .[ 省略 ]
2    namespace TeaTimeDemo.Models.ViewModels
3    {
4        // 本次修改部分
5        public class ProductVM
6        {
7            public Product Product { get; set; }
8            public IEnumerable<Selectlistitem> CategoryList { get; set; }
9        }
10   }
```

新增完程式碼後，會發現 Selectlistitem 的部分出現了紅底線的錯誤提示，將滑鼠移到該錯誤提示部分，出現燈泡後點選安裝套件 'Microsoft. AspNetCore.Mvc.ViewFeatures' → 尋找並安裝最新版本。

▲ 圖 7-14 Selectlistitem 錯誤提示畫面

安裝完成後就會發現錯誤提示消失了。

步驟**04** 完成後開啟 TeaTimeDemo/Areas/Admin/Views/_ViewImports.cshtml，
新增引入 ViewModel 的程式碼。

```
1   @using TeaTimeDemo
2   @using TeaTimeDemo.Models
3
4   <!-- 本次新增部分 -->
5   @using TeaTimeDemo.Models.ViewModels
6   @addTagHelper *, Microsoft.AspNetCore.Mvc.TagHelpers
```

接著開啟 TeaTimeDemo/Areas/Customer/Views/_ViewImports.cshtml，
一樣新增引入 ViewModel 的程式碼。

```
1   <!-- 本次新增部分 -->
2   @using TeaTimeDemo.Models.ViewModels
```

TeaTimeDemo/Views/_ViewImports.cshtml，也要新增相同的引入程
式碼。

```
1   <!-- 本次新增部分 -->
2   @using TeaTimeDemo.Models.ViewModels
```

步驟**05** 開啟 TeaTimeDemo/Areas/Admin/Views/Product/Create.cshtml，修
改開頭的引入程式碼。

```
1   @model Product <!-- 修改前 -->
2
3   @model ProductVM <!-- 修改後 -->
```

步驟**06** 會發現 Asp-for 標籤的部分都出現了錯誤提示，修改為下方程式碼
後紅底線就會消失修改前：

```
1   <div class="mb-3 row p-1">
2       <label asp-for="Name" class="p-0"></label>
3       <input asp-for="Name" class="form-control" />
```

```
4      <span asp-validation-for="Name" class="text-danger"></span>
5  </div>
```

修改後：

```
6   <div class="mb-3 row p-1">
7       <label asp-for="Product.Name" class="p-0"></label>
8       <input asp-for="Product.Name" class="form-control" />
9       <span asp-validation-for="Product.Name" class="text-
10      danger"></span>
11  </div>
```

步驟07 都修改完之後找到下拉式選單部分的程式碼，將其修改為下方程
式碼。

```
1   <div class="mb-3 row p-1">
2       <label asp-for="Product.CategoryId" class="p-0"></label>
3       <select asp-for="Product.CategoryId" asp-items="@Model.CategoryList"
4       class="form-select">
5           <option disabled selected>選擇類別</option>
6       </select>
7       <span asp-validation-for="Product.CategoryId" class="text-danger">
8       </span>
9   </div>
```

如果出於某些原因導致下拉式選單的 CategoryId 無法正常運作，可以將
select 內的 asp-for 標籤修改為下方程式碼，其概念是完全一樣的。

asp-for="@Model.Product.CategoryId"

步驟08 完成之後開啟 ProductController.cs，修改程式碼。

```
1   public IActionResult Create()
2   {
3       // 本次修改部分
```

```
4        ProductVM productVM = new()
5        {
6            CategoryList = _unitOfWork.Category.GetAll().Select(u =>
7            new SelectListItem
8            {
9                Text = u.Name,
10               Value = u.Id.ToString()
11           }),
12           Product = new Product()
13       };
14       return View(productVM);
15   }
16   [HttpPost]
17   public IActionResult Create(ProductVM obj)// 本次修改部分
18   {
19       // 本次修改部分
20       if (ModelState.IsValid)
21       {
22           _unitOfWork.Product.Add(obj.Product);
23           _unitOfWork.Save();
24           TempData["success"] = "產品新增成功！";
25           return RedirectToAction("Index");
26       }
27       return View();
28   }
```

完成之後執行應用程式，會發現產品的功能一切正常，且新增產品時也會出現類別的下拉式選單。

但如果這時要新增產品，會發現出現了錯誤訊息，會出現這個錯誤的詳細原因可以透過設置程式中斷點來看到。

▲ 圖 7-15　新增產品錯誤畫面

步驟09 找到在 public IActionResult Create(ProductVM obj) 下的 if (Model State.IsValid) 該行程式碼並設置程式中斷點，接著重新執行應用程式，再新增一次產品。將滑鼠移到設置中斷點的部分，會發現是 Model 對於資料的驗證是失敗的導致了這次的錯誤。

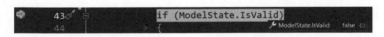

▲ 圖 7-16　中斷點錯誤提示畫面

展開 ModelState 可以看到是 CategoryList、Category 以及 ImageUrl 返回了無效的回應，那要如何解決這個問題呢？很簡單，只要跟 Model 說不需要驗證這些資料欄位 (實體) 就可以了。

▲ 圖 7-17　中斷點錯誤提示畫面

步驟**10** 首先在 TeaTimeDemo/Areas/Admin/Views/Product/Create.cshtml，
在頁面上新增圖片的輸入欄位。

```
1    <div class="mb-3 row p-1">
2        <label asp-for="Product.Price" class="p-0"></label>
3        <input asp-for="Product.Price" class="form-control" />
4        <span asp-validation-for="Product.Price" class="text-danger">
5        </span>
6    </div>
7    <!-- 本次新增部分 -->
8    <div class="mb-3 row p-1">
9        <label asp-for="Product.ImageUrl" class="p-0"></label>
10       <input asp-for="Product.ImageUrl" class="form-control" />
11       <span asp-validation-for="Product.ImageUrl" class="text-danger">
12       </span>
13   </div>
```

接著再次執行應用程式並新增產品(圖片的部分隨意輸入任意數字即可)，回到 Visual Studio 查看 ModelState 的驗證結果，這時只剩 CategoryList 以及 Category 沒有被驗證成功，我們基本上不會驗證這兩個屬性，接下來就展示如何做到。

▲ 圖 7-18 中斷點錯誤提示畫面

步驟11 開啟 TeaTimeDemo.Models/ViewModels/ProductVM.cs，新增程式
碼。

```
1   public class ProductVM
2   {
3       public Product Product { get; set; }
4       [ValidateNever] // 本次新增部分
5       public IEnumerable<SelectListItem> CategoryList { get; set; }
6   }
```

如果 ValidateNever 的部分出現了錯誤提示，將滑鼠移到該程式碼部
分，出現燈泡後點選 ⇩，錯誤提示就會消失了。

using Microsoft.AspNetCore.Mvc.ModelBinding.Validation;

步驟12 也可以在 TeaTimeDemo.Models/Product.cs，加上 ValidateNever，
這樣就不會再遇到這種問題。

```
1   // 本次修改部分
2   [ValidateNever]
3   public Category Category { get; set; }
4   [ValidateNever]
5   public string ImageUrl { get; set; }
```

完成後執行應用程式，再測試一次產品的新增功能，會發現這次驗
證 Model 狀態的回傳結果是 True，就代表它不會去驗證有 ValidateNever
屬性的欄位囉，而且也可以正常新增產品了。

▲ 圖 7-19 中斷點回傳 True 畫面

步驟13 如果 Model 驗證失敗的話，不想要出現異常頁面的話，應該要如何做到呢？下面將會展示。首先，開啟 ProductController.cs，修改程式碼。

```
1    [HttpPost]
2    public IActionResult Create(ProductVM productVM)// 本次修改部分
3    {
4        // 本次修改部分
5        if (ModelState.IsValid)
6        {
7            _unitOfWork.Product.Add(productVM.Product);
8            _unitOfWork.Save();
9            TempData["success"] = "產品新增成功！";
10           return RedirectToAction("Index");
11       }
12       else
13       {
14           productVM.CategoryList =
15             _unitOfWork.Category.GetAll().Select(u => new
16             SelectListItem
17             {
18                 Text = u.Name,
19                 Value = u.Id.ToString()
20             });
21           return View(productVM);
22       }
23   }
```

可以看到在 else 的部分，最後 return 了含有下拉式選單資料 productVM，確保了不會再出現整個頁面的異常，網頁可以正常執行。

接下來要修改圖片上傳的網頁元素，開啟 TeaTimeDemo/Areas/Admin/Views/Product/Create.cshtml，新增 Form 表單的 enctype 標籤，如果沒有這個標籤，文件的上傳會無法執行。再來要找到圖片的網頁元素，修改為下方程式碼。

```
1    <!-- 本次修改部分 -->
2    <form method="post" enctype="multipart/form-data">
3    . [ 省略 ].
4    <!-- 本次修改部分 -->
5    <div class="mb-3 row p-1">
6        <label asp-for="Product.ImageUrl" class="p-0"></label>
7        <input type="file" asp-for="Product.ImageUrl" class="form-control"/>
8    </div>
```

7-5 整合新增及編輯頁面

這章節要進行的是整合產品的新增和編輯的頁面，可以觀察到我們的產品新增頁面跟編輯頁面內容完全相同，唯一的差別就在於路由上是否有產品的 ID，因此在這個小節中，我們想要將我們的新增跟編輯組合在一個頁面中。

步驟01 開啟 ProductController.cs，找到 Create 的 Action，修改前的樣子

```
1    public IActionResult Create()
2    {
3    . [ 省略 ]
4    }
5    [HttpPost]
6    public IActionResult Create(ProductVM productVM)
7    {
8    . [ 省略 ]
9    }
```

將這個兩個函式修改為以下程式碼：

```
1    // 修改後
2    // 本次修改部分
3    public IActionResult Upsert(int? id)
```

```
4    {
5        ProductVM productVM = new()
6        {
7            CategoryList = _unitOfWork.Category.GetAll().Select(u =>
8            new SelectListItem
9            {
10               Text = u.Name,
11               Value = u.Id.ToString()
12           }),
13           Product = new Product()
14       };
15       // 本次新增部分
16       if (id == null || id == 0)
17       {
18           // 執行新增
19           return View(productVM);
20       }
21       else
22       {
23           // 執行編輯
24           productVM.Product = _unitOfWork.Product.Get(u => u.Id ==
25           id);
26           return View(productVM);
27       }
28   }
29   [HttpPost]
30   // 本次修改部分
31   public IActionResult Upsert(ProductVM productVM, IFormFile? file)
32   {
33       if (ModelState.IsValid)
34       {
35           _unitOfWork.Product.Add(productVM.Product);
36           _unitOfWork.Save();
37           TempData["success"] = " 產品新增成功！";
38           return RedirectToAction("Index");
39       }
40       else
41       {
42           productVM.CategoryList =
```

```
43          _unitOfWork.Category.GetAll().Select(u => new SelectListItem
44          {
45              Text = u.Name,
46              Value = u.Id.ToString()
47          });
48          return View(productVM);
49      }
50  }
```

步驟02 可以看到上面透過 id 的值是否為空值或 0 來判斷要執行新增還是
編輯的功能,所以先前建立的 Edit Action 及 POST function 可以
先註解掉。

```
1  /*public IActionResult Edit(int? id)
2  {
3  .[ 省略 ]
4  }
5  [HttpPost]
6  public IActionResult Edit(Product obj)
7  {
8  .[ 省略 ]
9  }*/
```

步驟03 接著將 TeaTimeDemo/Areas/Admin/Views/Product/Create.cshtml,重
新命名為 Upsert.cshtml,並且可以將 Product 的 Edit.cshtml 刪除。

▲ 圖 7-20 刪除提示畫面

步驟04 完成之後開啟 Upsert.cshtml,修改部分程式碼。

```
1   <form method="post" enctype="multipart/form-data">
2       <!-- 本次新增部分 -->
3       <input asp-for="Product.Id" hidden />
4       <div class="border p-3 mt-4">
5           <div class="row pb-2">
6               <!-- 本次修改部分 -->
7               <h2 class="text-primary"> @(Model.Product.Id != 0 ? " 編輯 " :
8           " 新增 ") 產品 </h2>
9               <hr />
10          </div>
11          .[ 省略 ]
12          <!-- 本次修改部分 -->
13          <div class="col-6 col-md-3">
14          @if (Model.Product.Id != 0)
15          {
16              <button type="submit" class="btn btn-primary form-control">
17          編輯 </button>
18          }
19          else
20          {
21              <button type="submit" class="btn btn-primary form-control">
22          新增 </button>
23          }
24          </div>
25      </div>
26  </form>
```

步驟**05** 接著開啟 TeaTimeDemo/Areas/Admin/Views/Product/Index.cshtml，
找到新增產品及編輯產品的按鈕，修改 **asp-action** 的部分。

```
1   <a asp-controller="Product" asp-action="Upsert" class="btn btn-primary">
2       <i class="bi bi-plus-circle"></i> 新增產品
3   </a>
4
5   <a asp-controller="Product" asp-action="Upsert" asp-route-id="@obj.Id"
6       class="btn btn-primary mx-2">
7       <i class="bi bi-pencil-square"></i> 編輯
8   </a>
```

步驟06 完成之後執行應用程式，可以發現當我們點擊新增產品時，上方
會顯示 Admin/Product/Upsert，且會開啟新增產品的頁面。

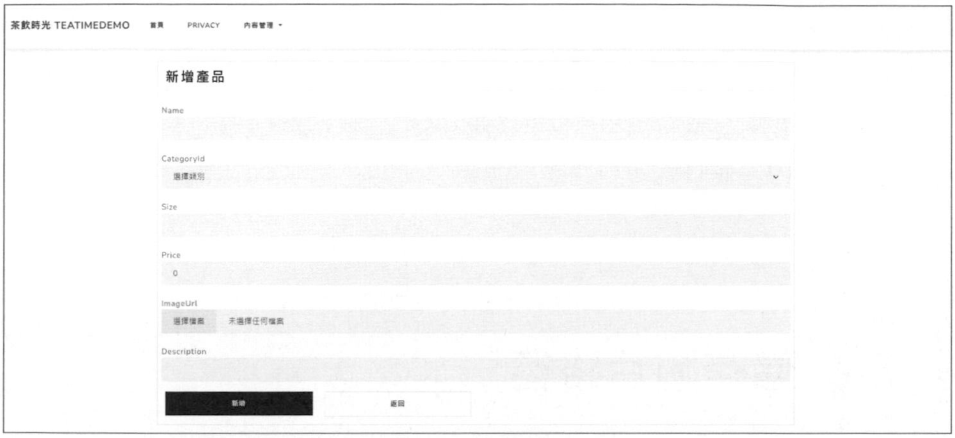

▲ 圖 7-21 新增產品畫面

　　當我們要編輯其中一筆產品的資料時，就會顯示 Admin/Product/
Upsert/1，可以看到 URL 的部分包含了該筆產品的 ID，且會變成編輯的
產品的頁面。

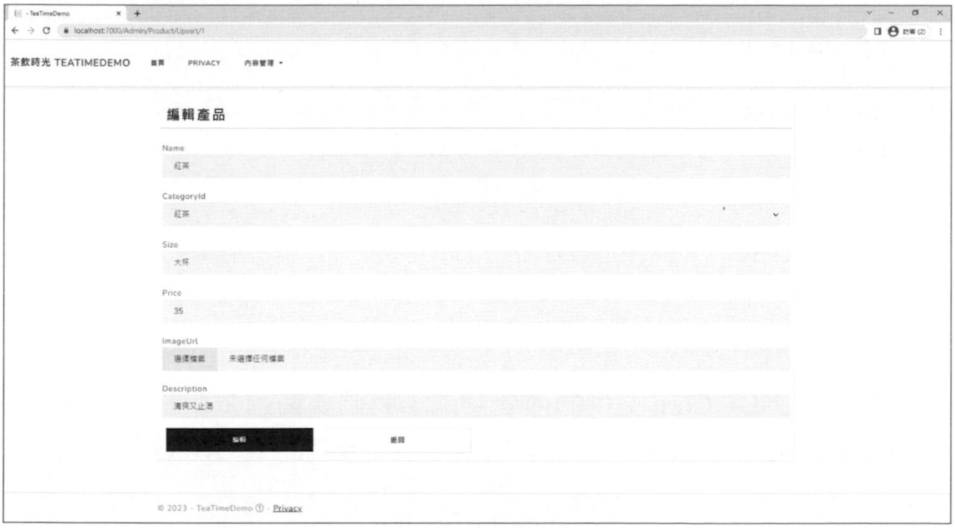

▲ 圖 7-22 編輯產品畫面

因為我們先前建立的新增和編輯頁面都非常類似,所以我們選擇將它們整合為一個頁面,並透過 id 來判斷要跳轉到新增頁面或編輯頁面,那這個 id 是從哪裡來的呢?答案就是我們先前在 form 表單標籤內新增的 <input asp-for="Product.Id" hidden /> 透過這行程式碼就可以知道是要新增還是編輯囉,如果點選的是編輯的按鈕,那就會回傳給 Controller 該筆產品的 ID,並且去資料庫獲取該筆產品的資訊並且回傳給頁面。

7-6 儲存圖片路徑

步驟01 在 TeaTimeDemo/wwwroot 下新增資料夾 (點擊右鍵→加入→新增資料夾),命名為 images,在剛建立好的 images 資料夾內再新增一個 product 資料夾,專門存放產品的圖片。

步驟02 開啟 ProductController.cs,修改部分程式碼。

```
1    private readonly IUnitOfWork _unitOfWork;
2    // 本次修改部分
3    private readonly IWebHostEnvironment _webHostEnvironment;
4    public ProductController(IUnitOfWork unitOfWork,
5    IWebHostEnvironment webHostEnvironment)
6    {
7        _unitOfWork = unitOfWork;
8        _webHostEnvironment = webHostEnvironment;
9    }
```

這個是 .NET Core 提供的內建功能,我們要使用依賴注入的方式將它引進 ProductController,這樣我們就能訪問我們的 wwwroot 資料夾了。

```
1    [HttpPost]
```

```
2   public IActionResult Upsert(ProductVM productVM, IFormFile?
3   file)
4   {
5       if (ModelState.IsValid)
6       {
7           // 本次新增部分
8           string wwwRootPath = _webHostEnvironment.WebRootPath;
9           if (file != null)
10          {
11              string fileName = Guid.NewGuid().ToString() +
12              Path.GetExtension(file.FileName);
13              string productPath = Path.Combine(wwwRootPath,
14              @"images\product");
15              using (var fileStream = new
16          FileStream(Path.Combine(productPath, fileName),
17          FileMode.Create))
18              {
19                  file.CopyTo(fileStream);
20              }
21              productVM.Product.ImageUrl = @"\images\product\" +
22          fileName;
23          }
24          _unitOfWork.Product.Add(productVM.Product);
25          _unitOfWork.Save();
26          TempData["success"] = "產品新增成功！";
27          return RedirectToAction("Index");
28      }
29      .[省略]
30  }
```

　　完成後執行應用程式，在 if (ModelState.IsValid) 該行程式碼下程式中斷點，接著上傳圖片後新增產品。透過下圖可以看到，這時的 file 收到的是空值，代表網頁回傳圖片沒有成功。

▲ 圖 7-23 中斷點回傳畫面

步驟03 開啟 TeaTimeDemo/Areas/Admin/Views/Product/Upsert.cshtml，在上傳圖片的 input 標籤內新增屬性 name="file"。

```
1    <div class="mb-3 row p-1">
2        <label asp-for="Product.ImageUrl" class="p-0"></label>
3        <input type="file" name="file" asp-for="Product.ImageUrl"
4        class="form-control" />
5    </div>
```

修改後再測試一次新增產品的功能，一樣需要上傳圖片，可以看到這邊的 file 內就有收到網頁回傳了。

▲ 圖 7-24 中斷點回傳畫面

接著點擊上方繼續，讓程式繼續執行，這時就能成功新增產品了，開啟資料庫也可以看到 ImageUrl 的部分有寫入路徑，而且 images/product 資料夾內也有圖片的檔案了。

▲ 圖 7-25 專案執行畫面

▲ 圖 7-26 images/product 資料夾新增圖片畫面

新增圖片的功能完成了，那我們要如何讓圖片呈現在頁面上呢，也很簡單。

步驟04 我們先修改新增編輯的頁面，首先開啟 TeaTimeDemo/Areas/Admin/Views/Product/Upsert.cshtml，這邊要修改一下網頁的程式碼，開啟 TeaTimeRecources-master/CH07-Product/Upsert.txt 檔案，並貼上提供的程式碼。

<img class="mt-4" src="@Model.Product.ImageUrl" width="100%" style="border-radius:5px; border:1px solid #bbb9b9" />，上述程式碼中的 @Model.Product.ImageUrl 就是在網頁上呈現圖片的方法。

完成之後到編輯產品的頁面，就可以看到圖片出現在右上方囉。

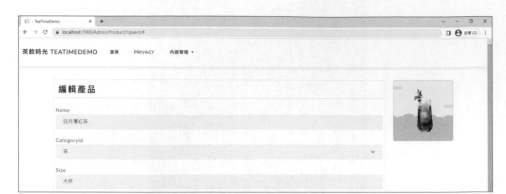

▲ 圖 7-27 編輯產品畫面

剛剛的內容為在新增產品時可以上傳圖片並儲存路徑，接下來要完成在更新產品時的圖片處理了。當使用者更新產品時，如果沒有上傳新的圖片，那就應該要保留原先的圖片，不用更新 ImageUrl 的欄位；如果有上傳新的圖片的話，我們才要去進行更新的動作，同時也要刪除舊的圖片。

步驟05 開啟 ProductController.cs，找到 Upsert 的函式，並修改下方程式碼。

```
1   if (ModelState.IsValid)
2   {
3       string wwwRootPath = _webHostEnvironment.WebRootPath;
4       if (file != null)
5       {
6           string fileName = Guid.NewGuid().ToString() +
7       Path.GetExtension(file.FileName);
8           string productPath = Path.Combine(wwwRootPath,
9           @"images\product");
10          // 本次新增部分
11          if (!string.IsNullOrEmpty(productVM.Product.ImageUrl))
12          {
```

```
13                // 有新圖片上傳，刪除舊圖片
14                var oldImagePath = Path.Combine(wwwRootPath,
15                productVM.Product.ImageUrl.TrimStart('\\'));
16                if (System.IO.File.Exists(oldImagePath))
17                {
18                    System.IO.File.Delete(oldImagePath);
19                }
20            }
21        using (var fileStream = new
22        FileStream(Path.Combine(productPath, fileName),
23        FileMode.Create))
24        {
25            file.CopyTo(fileStream);
26        }
27        productVM.Product.ImageUrl = @"\images\product\" +
28    fileName;
29    }
30    // 本次新增部分
31    if (productVM.Product.Id == 0)
32    {
33        _unitOfWork.Product.Add(productVM.Product);
34    }
35    else
36    {
37        _unitOfWork.Product.Update(productVM.Product);
38    }
39    _unitOfWork.Save();
40    TempData["success"] = "產品新增成功！";
41    return RedirectToAction("Index");
42 }
43 else
44 {
45 .[省略]
46 }
```

完成之後先在上方程式碼中的第 3 行 string wwwRootPath = _webHostEnvironment.WebRootPath; 新增一個程式中斷點，接著執行應用程式，對目前有圖片的產品點擊編輯，並上傳新圖片。

按鍵盤 F10 可以逐行執行程式碼，會發現沒有執行剛剛新增的程式碼，直接跳過了。if (!string.IsNullOrEmpty(productVM.Product.ImageUrl))。

此時，將滑鼠移到該變數上方發現 ImageUrl 為空值，這是因為在表單被送出時，並沒有送出舊圖片的 ImageUrl。

▲ 圖 7-28 中斷點畫面

步驟06 開啟 TeaTimeDemo/Areas/Admin/Views/Product/Upsert.cshtml，找到 <input asp-for="Product.Id" hidden />，在該行程式碼下方新增程式碼。

```
1    <input asp-for="Product.Id" hidden />
2    <!-- 本次新增部分 -->
3    <input asp-for="Product.ImageUrl" hidden />
```

完成後再次執行應用程式，編輯有圖片的產品並上傳新圖片，如果在 Visual Studio(VS) 中逐行執行，就會發現它會刪除舊圖片了，且也會更新為新上傳的圖片。

步驟07 開啟 TeaTimeDemo.DataAccess/Repository/ProductRepository.cs，修改程式碼。

```
1    // 本次修改部分
2    public void Update(Product obj)
3    {
4        var objFromDb = _db.Products.FirstOrDefault(u => u.Id ==
5        obj.Id);
6        if (objFromDb != null)
7        {
8            objFromDb.Name = obj.Name;
```

```
9          objFromDb.Size = obj.Size;
10         objFromDb.Price = obj.Price;
11         objFromDb.Description = obj.Description;
12         objFromDb.CategoryId = obj.CategoryId;
13         if (objFromDb.ImageUrl != null)
14         {
15             objFromDb.ImageUrl = obj.ImageUrl;
16         }
17     }
18 }
```

　　這邊我們特地在 ProductRepository 的 Update 裡面修改編輯的邏輯，如果上傳的圖片不為空值，我們才去修改資料庫圖片的欄位，在進入下個章節之前，我們可以為我們所有的產品都加上圖片。

步驟08 接下來要處理的是類別的資料，我們希望除了看到類別的 ID，也能看到類別的名稱等資料，因為產品跟類別屬於外鍵的關係，在此我們將透過 EF Core 的 include 方法幫我們做到這一點。

　　開啟 TeaTimeDemo.DataAccess/Repository/Repository.cs，找到下列部分並針對程式碼做新增或修改。

```
1  public Repository(ApplicationDbContext db)
2  {
3      _db = db;
4      this.dbSet = _db.Set<T>();
5      // 本次新增部分
6      _db.Products.Include(u => u.Category).Include(u =>
7      u.CategoryId);
8  }
9  .[ 省略 ].
10 // 本次修改部分
11 public T Get(Expression<Func<T, bool>> filter, string? includeProperties
   = null)
12 {
13     IQueryable<T> query = dbSet;
```

```
14    query = query.Where(filter);
15    if (!string.IsNullOrEmpty(includeProperties))
16    {
17        foreach (var includeProp in includeProperties.Split(new
18        char[] { ',' }, StringSplitOptions.RemoveEmptyEntries))
19        {
20            query = query.Include(includeProp);
21        }
22    }
23    return query.FirstOrDefault();
24 }
25 // 本次修改部分
26 public IEnumerable<T> GetAll(string? includeProperties = null)
27 {
28    IQueryable<T> query = dbSet;
29    if (!string.IsNullOrEmpty(includeProperties))
30    {
31        foreach(var includeProp in includeProperties.Split(new
32        char[] {','}, StringSplitOptions.RemoveEmptyEntries))
33        {
34            query = query.Include(includeProp);
35        }
36    }
37    return query.ToList();
38 }
39 .[ 省略 ].
```

接著開啟 TeaTimeDemo.DataAccess/IRepository/IRepository.cs。

```
1  // 本次修改部分
2  IEnumerable<T> GetAll(string? includeProperties = null);
3  T Get(Expression<Func<T, bool>> filter, string? includeProperties
4      = null);
```

開啟 TeaTimeDemo/Areas/Admin/Controllers/ProductController.cs，修改下方程式碼。

```
1    public IActionResult Index()
2    {
3        // 本次修改部分
4        List<Product> objCategoryList =
5        _unitOfWork.Product.GetAll(includeProperties:"Category").ToList
6        ();
7        return View(objCategoryList);
8    }
```

修改完成之後在 return View(objCategoryList); 設置程式中斷點，接著執行應用程式開啟產品頁面，回到 VS 可以看到在 objCategoryList 內有 Category 的值了。

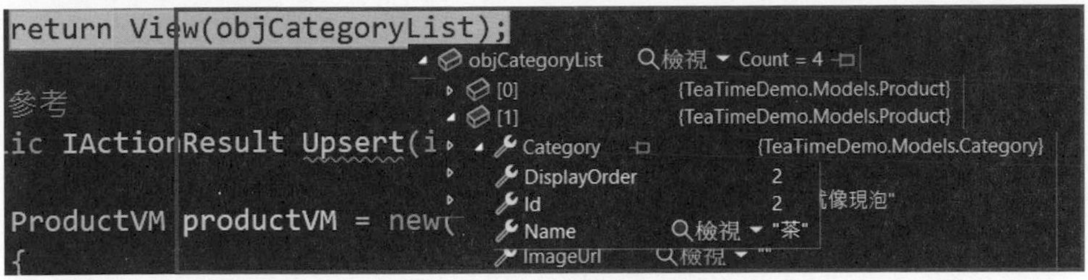

▲ 圖 7-29 產品清單列表畫面

接下來我們就要利用這包物件，將類別呈現在頁面上。開啟 TeaTimeDemo/Areas/Admin/Views/Product/Index.cshtml，在 foreach 迴圈的部分新增程式碼。

```
1    <td>
2        @obj.Name
3    </td>
4    <!-- 本次新增部分 -->
5    <td>
6        @obj.Category.Name
7    </td>
```

完成之後在類別的欄位就會出現各個類別囉。

▲ 圖 7-30 產品清單列表畫面

7-7 DataTable 實作

前往 DataTable 複製 CSS、JS 引入程式碼
DataTable:
https://datatables.net

步驟01 開啟 TeaTimeDemo/Views/Shared/_Layout.cshtml

```
1   <link rel="stylesheet"
2       href="//cdnjs.cloudflare.com/ajax/libs/toastr.js/latest/css/to
3   astr.min.css" />
4   <!-- 本次新增部分 -->
5   <link rel="stylesheet"
6   href="//cdn.datatables.net/1.13.4/css/jquery.dataTables.min.cs
```

```
7    s" />
8    .[ 省略 ]
9    <script src="~/js/site.js" asp-append-version="true"></script>
10   <!-- 本次新增部分 -->
11   <script src="//cdn.datatables.net/1.13.4/js/jquery.dataTables.min.js"
     asp-append-version="true"></script>
```

步驟02 開啟 TeaTimeDemo/Areas/Admin/Controllers/ProductController.cs，
在 DeletePOST 下方新增程式碼。

```csharp
1    [HttpPost, ActionName("Delete")]
2    public IActionResult DeletePOST(int? id)
3    {
4    .[ 省略 ]
5    }
6
7    #region API CALLS
8    [HttpGet]
9    public IActionResult GetAll()
10   {
11       List<Product> objProductList =
12       _unitOfWork.Product.GetAll(includeProperties:
13       "Category").ToList();
14       return Json(new { data= objProductList });
15   }
16   #endregion
```

完成之後執行應用程式，在網址的部分輸入 /admin/product/getall，
可以看到產品的資料被打包成 JSON 格式了。

▲ 圖 7-31 JSON 格式畫面

步驟03 完成資料的處理後，就可以將資料導入 DataTable 了。首先要先建
立 product 的 JavaScript 檔案，對 TeaTimeDemo/wwwroot/js 資料
夾點擊滑鼠右鍵→加入→新增項目，命名為 product.js，並修改
為下方程式碼。

▲ 圖 7-32 新增 JS 畫面

```
1    var dataTable;
2    $(document).ready(function () {
3        loadDataTable();
4    });
5
6    function loadDataTable() {
7        dataTable = $('#tblData').DataTable({
8            "ajax": {
9                url: '/admin/product/getall'
10           },
11           "columns": [
12               { data: 'name', "width":"25%" },
13               { data: 'category.name', "width": "15%" },
14               { data: 'size', "width": "10%" },
15               { data: 'price', "width": "15%" },
16               { data: 'description', "width": "10%" },
17               {
18                   data: 'id',
19                   "render": function (data) {
20                       return `<div class="w-75 btn-group"
21           role="group">
22                       <a href="/admin/product/upsert?id=${data}"
23           class="btn btn-primary mx-2"> <i class="bi
24           bi-pencil-square"></i> Edit</a>
25                       <a href="/admin/product/delete/${data}"
26           class="btn btn-danger mx-2"> <i class="bi
27           bi-trash-fill"></i> Delete</a>
```

```
28              </div>`
29          },
30          "width":"15%"
31      }
32  ]
33  });
34  }
```

步驟04 開 啟 TeaTimeDemo/Areas/Admin/Views/Product/Index.cshtml， 把
tbody 的部分刪除，並且加上屬性。

```
1   @model List<Product>
2   <div class="container">
3       <div class="row pt-4 pb-3">
4           <div class="col-6">
5               <h2 class="text-primary">產品清單</h2>
6           </div>
7           <div class="col-6 text-end">
8               <a asp-controller="Product" asp-action="Upsert"
9       class="btn btn-primary">
10                  <i class="bi bi-plus-circle"></i> 新增產品
11              </a>
12          </div>
13      </div>
14      <!-- 本次修改部分 -->
15      <table id="tblData" class="table table-bordered table-striped"
16      style="width:100%">
17          <thead>
18              <tr>
19                  <th>產品名稱</th>
20                  <th>類別</th>
21                  <th>Size</th>
22                  <th>價格</th>
23                  <th>備註</th>
24                  <th></th>
25              </tr>
26          </thead>
27      </table>
28  </div>
```

```
29  @section Scripts{
30      <script src="~/js/product.js"></script>
31  }
```

> <tr> 標籤內的網頁元素需與先前建立的 product.js 內的 columns 數量對
> 應，否則 JS 將無法正常執行。

完成之後執行應用程式，產品頁面都可以正常顯示，且點擊編輯按
鈕也能編輯該筆產品。

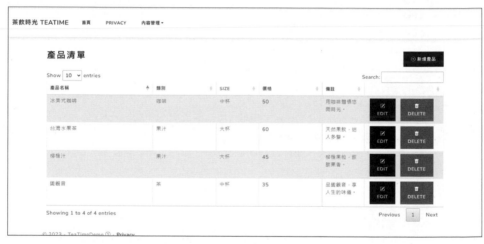

▲ 圖 7-33 產品清單列表畫面

步驟05 回到 ProductController.cs，將 Delete Action 註解或刪除，並在
region 新增程式碼。

```
1  /*public IActionResult Delete(int? id)
2  {
3  .[省略]
4  }
5  [HttpPost, ActionName("Delete")]
6  public IActionResult DeletePOST(int? id)
7  {
```

```
8   .[省略]
9   }*/
10
11  #region API CALLS
12  [HttpGet]
13  public IActionResult GetAll()
14  {
15  .[省略]
16  }
17  public IActionResult Delete(int? id)
18  {
19      var productToBeDeleted = _unitOfWork.Product.Get(u => u.Id
20      == id);
21      if(productToBeDeleted == null)
22      {
23          return Json(new {success = false, message = "刪除失敗"});
24      }
25      var oldImagePath =
26      Path.Combine(_webHostEnvironment.WebRootPath,
27      productToBeDeleted.ImageUrl.TrimStart('\\'));
28      if (System.IO.File.Exists(oldImagePath))
29      {
30          System.IO.File.Delete(oldImagePath);
31      }
32      _unitOfWork.Product.Remove(productToBeDeleted);
33      _unitOfWork.Save();
34      return Json(new { success = true, message = "刪除成功" });
35  }
36  #endregion
```

完成之後執行應用程式，刪除一筆產品，這時會跳轉頁面並且顯示
刪除成功的 message。

▲ 圖 7-34 產品刪除成功畫面

步驟06 可以將路徑 Product 下的 Delete 頁面刪除。

▲ 圖 7-35 刪除提示訊息畫面

步驟07 接著我們要製作我們刪除的彈跳視窗，我們使用到的工具是 SweetAlert2，前往官網複製引入程式碼。

```
1 <script src="https://cdn.jsdelivr.net/npm/sweetalert2@11"></script>
```

SweetAlert2：
https://sweetalert2.github.io/#download

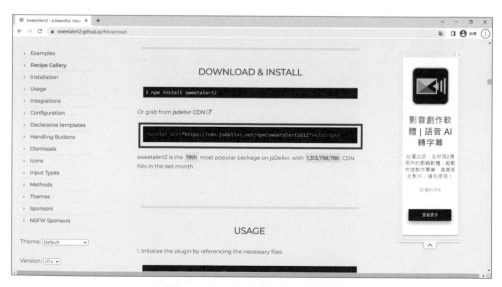

▲ 圖 7-36 SweetAlert2 官方網站畫面

開啟 TeaTimeDemo/Views/Shared/_Layout.cshtml，貼上引入程式碼。

```
1   <script
2   src="//cdn.datatables.net/1.13.4/js/jquery.dataTables.min.js"
3   asp-append-version="true"></script>
4   <!-- 本次新增部分 -->
5   <script
6   src="https://cdn.jsdelivr.net/npm/sweetalert2@11"></script>
```

步驟08 接著到 SweetAlert 網頁複製下方圖中的程式碼。

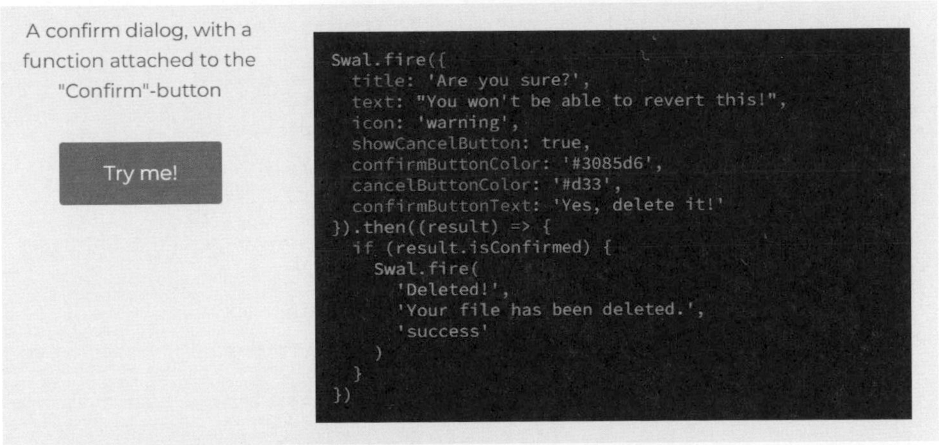

▲ 圖 7-37 SweetAlert2 官方網站畫面

開啟 TeaTimeDemo/wwwroot/js/product.js，將刪除按鈕修改為 onClick，並在下方新增 Delete function。

```
1   var dataTable;
2   $(document).ready(function () { loadDataTable(); });
3
4   function loadDataTable() {
5       dataTable = $('#tblData').DataTable({
6           "ajax": {
7               url: '/admin/product/getall'
8           },
```

```
 9          "columns": [
10              { data: 'name', "width":"25%" },
11              { data: 'category.name', "width": "15%" },
12              { data: 'size', "width": "10%" },
13              { data: 'price', "width": "15%" },
14              { data: 'description', "width": "10%" },
15              {
16                  data: 'id',
17                  "render": function (data) {
18                      return `<div class="w-75 btn-group"
19          role="group">
20                          <a href="/admin/product/upsert?id=${data}"
21          class="btn btn-primary mx-2"> <i class="bi
22          bi-pencil-square"></i> Edit</a>
23                          <a
24      onClick=Delete('/admin/product/delete/${data}')
25      class="btn btn-danger mx-2"> <i class="bi bi-trash-
26      fill"></i> Delete
27          </a>
28                      </div>`
29                  },
30                  "width":"15%"
31              }
32          ]
33      });
34  }
35
36  function Delete(url) {
37      Swal.fire({
38          title: 'Are you sure?',
39          text: "You won't be able to revert this!",
40          icon: 'warning',
41          showCancelButton: true,
42          confirmButtonColor: '#3085d6',
43          cancelButtonColor: '#d33',
44          confirmButtonText: 'Yes, delete it!'
45      }).then((result) => {
46          if (result.isConfirmed) {
47              $.ajax({
```

```
48              url: url,
49              type: 'DELETE',
50              success: function (data) {
51                  dataTable.ajax.reload();
52                  toastr.success(data.message);
53              }
54          })
55      }
56  })
57 }
```

步驟09 開啟 ProductController.cs，在下方 region 內新增程式碼。

```
1  // 本次新增部分
2  [HttpDelete]
3  public IActionResult Delete(int? id)
4  {
5  .[省略]
6  }
```

　　完成之後執行應用程式，在刪除時就會跳出彈窗，點擊確認刪除就會執行刪除功能並刷新表格。

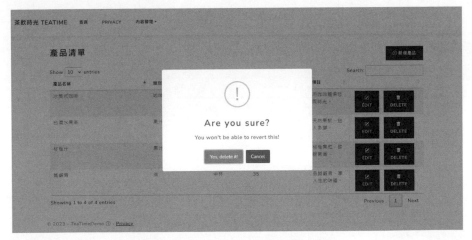

▲ 圖 7-38 SweetAlert2 提示訊息畫面

7-8 首頁建立

步驟01 接下來進入到我們的首頁，我們想要在首頁中展示所有的產品，因此先開啟 TeaTimeDemo/Areas/Customer/Controllers/HomeController.cs，修改程式碼。

```
1   private readonly ILogger<HomeController> _logger;
2   // 本次新增程式碼
3   private readonly IUnitOfWork _unitOfWork;
4   public HomeController(ILogger<HomeController> logger, IUnitOfWork
5   unitOfWork)
6   {
7       _logger = logger;
8       _unitOfWork = unitOfWork;
9   }
10  // 本次修改程式碼
11  public IActionResult Index()
12  {
13      IEnumerable<Product> productList =
14      _unitOfWork.Product.GetAll(includeProperties: "Category");
15      return View(productList);
16  }
```

步驟02 接著開啟 TeaTimeDemo/Areas/Customer/Views/Home/Index.cshtml，修改為下方程式碼。

```
1   @model IEnumerable<Product>
2
3   <div class="row pb-3">
4       @foreach(var product in Model)
5       {
6           <div class="col-lg-3 col-sm-6">
7               <div class="row p-2">
8                   <div class="col-12 p-1">
```

```
9              <div class="card border-0 p-3 shadow border-top
10      border-5 rounded">
11                 <img src="@product.ImageUrl" class="card-img-top
12      rounded"/>
13              </div>
14          </div>
15        </div>
16      </div>
17    }
18  </div>
19
```

完成之後執行應用程式，就會發現首頁出現了圖片。

▲ 圖 7-39 首頁畫面

步驟03 接下來修改 Index.cshtml 的程式碼。

```
1   @model IEnumerable<Product>
2
3   <div class="row pb-3">
4       @foreach (var product in Model)
5       {
6           <div class="col-lg-3 col-md-6">
```

```
7                    <div class="row p-2">
8                        <div class="col-12 p-1" style="border:1px solid
9            #008cba; border-radius: 5px">
10                       <div class="card">
11                           <img src="@product.ImageUrl" class="card-img-top
12           rounded">
13                           <div class="card-body">
14                               <div class="p-1">
15                                   <p class="card-title h5 text-primary">
16           @product.Name</p>
17                                   <p class="card-title text-secondary">
18           <b>@product.Size</b></p>
19                               </div>
20                               <div class="p-1">
21                                   <p>價格:<b>
22           $@product.Price.ToString("0.00")
23           </b>
24           </p>
25                               </div>
26                           </div>
27                       </div>
28                       <div>
29                           <a asp-action="Details" class="btn btn-primary
30           form-control" asp-route-productId=
31           "@product.Id">
32                               Details
33                           </a>
34                       </div>
35                   </div>
36               </div>
37           </div>
38       }
39  </div>
```

執行應用程式就可以看到首頁出現了產品名稱、價格。

▲ 圖 7-40 首頁畫面

步驟04 開啟 TeaTimeDemo/Areas/Customer/Controllers/HomeController.cs，
新增程式碼。

```
1    public IActionResult Index()
2    {
3        IEnumerable<Product> productList =
4        _unitOfWork.Product.GetAll(includeProperties: "Category");
5        return View(productList);
6    }
7    // 本次新增程式碼
8    public IActionResult Details(int productId)
9    {
10       Product product = _unitOfWork.Product.Get(u => u.Id ==
11       productId, includeProperties: "Category");
12       return View(product);
13   }
```

步驟05 接下來對 Details 點擊滑鼠右鍵→新增檢視→選擇 Razor 檢視 -
空白→加入→將其命名為 Details.cshtml→新增。

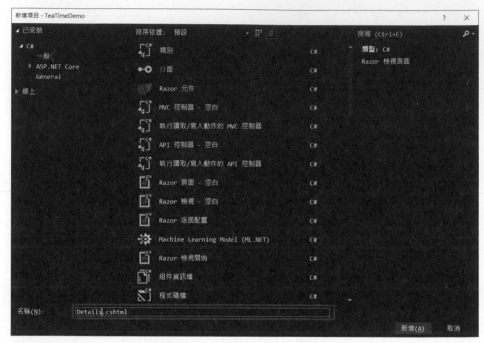

▲ 圖 7-41 新增 Details.cshtml 畫面

步驟06 剛建立好的 Details.cshtml 貼上我們在 github 上提供的程式碼，檔
案路徑為：TeaTimeReources-master/CH07-Product/Details.txt。

步驟07 接著我們要修改 Details.cshtml 的頁面，將欄位內容改為產品內
容，找到下方幾段程式碼並修改。

修改前：

```
1    <div class="row align-items-center">
2        <div class="col-6"><h3 class="mb-0"> 產品名稱 </h3></div>
3        <div class="col-6 text-end"><span class="badge bg-info"><h6
4        class="mb-0"> 類別名稱 </h6></span></div>
```

```
5   </div>
6   <div class="row">
7       <h5 class="pt-3">尺寸 / <span class="text-danger fw-bold">價
8       格</span></h5>
9   </div>
10  <div class="row">
11      <h6 class="my-2">【備註】</h6>
12  </div>
```

```
1   <div class="col-12 col-lg-5 align-self-start">
2       <img src="圖片" width="100%" class="rounded" />
3   </div>
```

修改後：

```
1   <div class="row align-items-center">
2       // 本次修改程式碼
3       <div class="col-6"><h3 class="mb-0">@Model.Name</h3></div>
4       <div class="col-6 text-end"><span class="badge bg-info">
5       <h6 class="mb-0">@Model.Category.Name</h6></span>
6       </div>
7   </div>
8   <div class="row">
9       <h5 class="pt-3">@Model.Size / <span class="text-danger fw-
10      bold">@Model.Price.ToString("c")</span></h5>// 本次修改程式碼
11  </div>
12  <div class="row">
13      <h6 class="my-2">【@Model.Description】</h6>// 本次修改程式碼
14  </div>
```

```
1   <div class="col-12 col-lg-5 align-self-start">
2       // 本次修改程式碼
3       <img src="@Model.ImageUrl" width="100%" class="rounded" />
4   </div>
```

完成之後執行應用程式，點擊 DETAILS 按鈕，就可以看到產品的詳細資訊囉，同時這個頁面也會供後續加入購物車做使用。

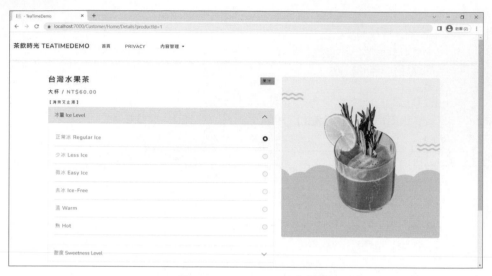

▲ 圖 7-42 Details.cshtml 畫面

|課|後|習|題|

一、問答題

根據這段程式碼,分別回答下面一、二、三題。

```
1    public string Description { get; set; }
2    public int ProductId { get; set; }
3    [ForeignKey("ProductId")]
4    public Product Product { get; set; }
```

1. 程式碼第二行,我們定義了一個 ProductId 的變數,是為了讓應用程式知道_____。

2. 程式碼第三行,明確定義此類別屬性_____。

3. 程式碼第四行,是類別表引進來。這樣寫是為了讓 Model 知道_____。

4. 如果要讓屬性跳過驗證，需要在程式碼加上＿＿＿＿＿＿＿＿＿＿。

5. 在資料庫中新增一些預設資料，我們通常都稱為＿＿＿＿＿＿，其功用是
＿＿＿＿＿＿＿＿＿。

二、是非題

1. （　　）Entity Framework Core 是 Asp .NET Core 提供的一個開源輕量
級的 ORM 框架。

2. （　　）Asp .NET Core 的 Entity Framework Core 支援多種資料庫引
擎，包括 MySQL、SQL Server 和 PostgreSQL。

3. （　　）ViewBag、ViewData 和 TempData 都是在 ASP.NET MVC 中用
於將資料從 Controller 傳遞到頁面的方式

4. （　　）程式中的斷點只能在主函式（Main function）中設置。

5. （　　）關於 Visual Studio 的快捷鍵，按鍵盤 F9 就可以逐行執行程式碼。

三、選擇題

1. 下列哪個選項是用於在 Controller 傳遞資料到 View 的一種方式？

A. ViewBag　　　　　　　　B. ViewData

C. ViewModel　　　　　　　D. 以上皆是

2. 關於 Controller 傳遞資料到 View 方式，哪種方式不需要指定型別？

① ViewData　② ViewBag　③ ViewModel　④ TempData

A. ① ②　　　　　　　　　　B. ② ③

C. ③ ④　　　　　　　　　　D. ② ④

3. 在 Controller 中，可以使用 Key 值對的方式將資料存放，然後在 View 中使用相同的 Key 值來搜尋資料。請問這種傳遞方式是下列哪一個？

   A. ViewBag   B. ViewModel

   C. ViewData   D. 以上皆非

4. 在 ASP.NET Core 中，以下哪個方法可以將物件轉換為 JSON 格式的回應？

   A. JsonResult.Serialize()   B. JsonResult.Content()

   C. Json()   D. SerializeJson()

5. SweetAlert2 是一個什麼樣的前端彈出式視窗插件？

   A. 表單驗證工具   B. 提示訊息框

   C. 圖片輪播組件   D. 表單生成器

解答

一、問答題

1. 變數是類別表的外鍵

2. 用於外鍵

3. 會使用到類別表

4. [ValidateNever]

5. Seed；提供測試資料

二、是非題

1. O　2. O　3. O　4. X　5. X

三、選擇題

1. D　2. A　3. C　4. C　5. B

在這一章節中，我們的目標是引導讀者建立一個飲料店的會員系統。首先，讀者將學習如何建立 Identity，ASP.NET Core Identity 是一個用於處理會員和身份驗證相關功能的 ASP.NET 套件。其次，我們將介紹如何實現會員註冊和登入功能，以便使用者能夠安全地建立帳戶並登入系統。接著，讀者將學習如何管理不同角色的會員，並實現權限控管，確保只有獲得授權的使用者能夠執行特定操作。此外，讀者還將了解如何自訂註冊頁面，以滿足特定需求並收集必要的會員資訊。最後，本節將引導讀者建立不同角色的使用者，包括顧客、員工、管理層和創建者，以模擬飲料店的多層級會員系統。

這一章節將使讀者具備建立完整會員系統的能力，包括註冊、登入、角色管理和權限控制等功能。讀者將學到如何使用 ASP.NET Identity 套件，這是一個強大的工具，用於開發安全且可擴展的會員系統，同時也有助於提高網站的安全性和可用性。

8-1 建立 Identity

步驟01 對 TeaTimeDemo.DataAccess 點擊右鍵→管理 NuGet 套件→在瀏
覽搜尋 Microsoft.AspNetCore.Identity.EntityFrameworkCore→安
裝。

▲ 圖 8-1 管理 NuGet 套件

需要注意套件的安裝版本都要一致，以圖片舉例，其他套件的版本為
8.0.0.preview.3，那麼新安裝的套件版本也要為 8.0.0.preview.3，否則在
建置專案時會出現錯誤。

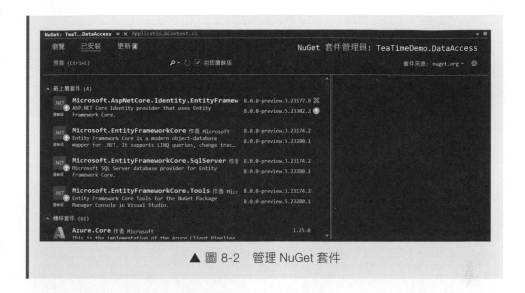

▲ 圖 8-2　管理 NuGet 套件

步驟02 開啟 TeaTimeDemo.DataAccess/Data/ApplicationDbContext.cs，修改程式碼。

將：

```
1 public class ApplicationDbContext : DbContext
```

修改為：

```
2 public class ApplicationDbContext : IdentityDbContext
```

修改完成後會發現 IdentityDbContext 的部分出現了紅底線錯誤提示，將滑鼠移到紅底線部分，出現燈泡後選擇 using Microsoft. AspNetCore.Identity.EntityFrameworkCore;。

步驟03 在 ApplicationDbContext.cs 中找到 protected override void OnModelCreating(ModelBuilder modelBuilder)，並新增程式碼。

```
1    protected override void OnModelCreating(ModelBuilder modelBuilder)
2    {
3        // 本次新增部分
4        base.OnModelCreating(modelBuilder);
5        .
6        .[ 省略 ]
7        .
8    }
```

步驟04 對 TeaTimeDemo 點擊滑鼠右鍵→ 加入→ 新增 Scaffold 項目→ 識
別→ 加入。

▲ 圖 8-3　新增 Scaffold 項目

勾選覆寫所有檔案→ 下方 DbContext 類別選擇 ApplicationDbContext
(TeaTimeDemo.DataAccess.Data)。

▲ 圖 8-4 新增識別

點選新增後會出現錯誤訊息，原因是在執行新增 Identity Scaffold 項目時，需要確認套件版本為最新版。

▲ 圖 8-5 新增 Scaffold 項目錯誤訊息

步驟05 對 TeaTimeDemo.DataAccess 點擊滑鼠右鍵 → 管理 NuGet 套件 → 更新。

可以看到目前套件的版本為 8.0.0.preview.3，但最新版的套件已經更新到 8.0.0.preview.5 了，所以這邊需要更新套件版本。

點選選取所有封裝 → 更新。

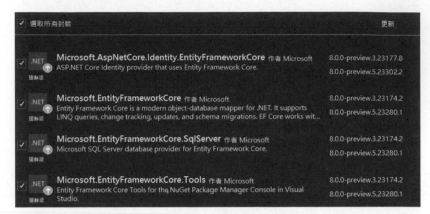

▲ 圖 8-6　更新套件版本

步驟06　完成後對 TeaTimeDemo 點擊滑鼠右鍵 → 管理 NuGet 套件，進行一樣的更新操作。

　　將 TeaTimeDemo 以及 TeaTimeDemo.DataAccess 的套件都更新到最新版本時，執行應用程式，會發現執行應用程式失敗了。

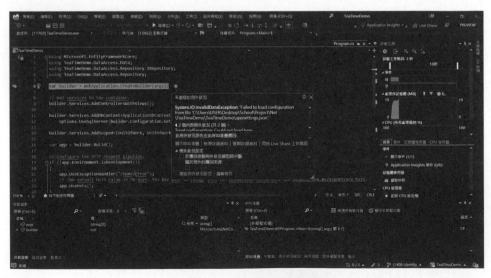

▲ 圖 8-7　未處理的例外狀況

這是因為目前安裝的套件版本為 preview.5，但當初安裝 SDK 時版本為 preview.3，因此需要更新 SDK 套件。

更新 SDK 套件
官方網站：https://reurl.cc/p6ANLb

選擇對應版本下載並安裝，需注意 Visual Studio 環境需達最低標準。

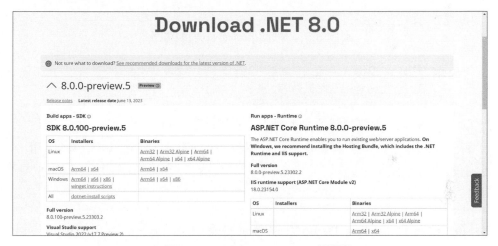

▲ 圖 8-8　.NET8-preview.5 下載畫面

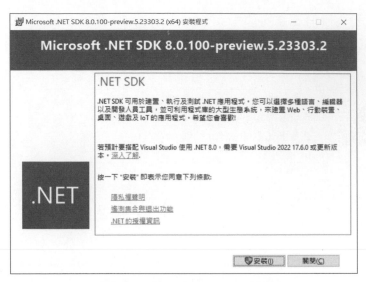

▲ 圖 8-9 .NET8-preview.5 安裝畫面

SDK 安裝完成後，就能正常執行應用程式了。

以上內容是本書撰寫時遇到的情況，如果讀者在實作時 SDK 版本與最新套件版本一致，那只需要確認有將套件都更新到最新版本即可，不用重新安裝 SDK。

步驟07 接著對 TeaTimeDemo 點擊滑鼠右鍵→加入→新增 Scaffold 項目→識別→加入。

▲ 圖 8-10 新增 Scaffold 項目

　　勾選覆寫所有檔案→下方 DbContext 類別選擇 ApplicationDbContext
(TeaTimeDemo.DataAccess.Data)→新增。

▲ 圖 8-11：新增識別

這次就沒有再跳出錯誤訊息了，完成後會出現以下畫面。

▲ 圖 8-12　成功畫面

TeaTimeDemo 內也新增了 Identity 資料夾，可以看到裡面增加了許多檔案，包含登入註冊、帳戶等相關頁面。

▲ 圖 8-13　檔案總管畫面

步驟08 接著執行應用程式，會發現又出現了例外狀況。

▲ 圖 8-14 例外狀況畫面

會有這個問題是因為 .NET Core 在建立 Identity 時，會建立一個新的 ApplicationDbContext，導致在執行時會產生錯誤，只需要將其刪除就可以解決問題，刪除 TeaTimeDemo/Areas/Identity/Data 資料夾。

▲ 圖 8-15 刪除檔案提示訊息畫面

步驟09 開啟 TeaTimeDemo.DataAccess/Data/ApplicationDbContext.cs。
將：

```
1 public class ApplicationDbContext : IdentityDbContext
```

修改為：

```
2 public class ApplicationDbContext : IdentityDbContext<IdentityUser>
```

如果 IdentityUser 出現紅色底線錯誤提示，點選燈泡並引入套件。

完成之後執行應用程式，這次就可以正常執行了。

步驟10 開啟 Program.cs，修改程式碼

```
1   app.UseRouting();
4   // 本次新增部分
5   app.UseAuthentication();
6   app.UseAuthorization();
```

關於上述做的事情是**在授權之前添加身分驗證**。

這是因為我們必須先檢查帳號跟密碼是否正確，如果正確才會成功授權。授權成功後，使用者能觀看網站的內容，但根據不同的角色，可以進入的頁面會有所不同，像是只有管理者可以修改產品資訊，而一般使用者只能查看產品資訊。為了檢查不同使用者的角色，必須先對使用者進行身分驗證，因此身分驗證會擺在授權前面。

步驟11 開啟 appsettings.json，可以觀察到新增了一個資料庫連線，但我們不需要這個，因此將 ApplicationDbContextConnection 刪除。

```
1   "ConnectionStrings": { "DefaultConnection": "Server=LAPTOP-R5AKLEVE\\
    SQLEXPRESS;Database=TeaTime;Trusted_Connection=True;TrustServerCertificate
    =True"
2   }
```

8-2 會員註冊及登入

步驟01 開啟 TeaTimeDemo/Views/Shared/_Layout.cshtml。

```
1   <ul class="navbar-nav flex-grow-1">
2   .[省略].
3   </ul>
4   <!-- 本次新增部分 -->
5   <partial name="_LoginPartial" />
```

完成之後執行應用程式，就會發現首頁的右上方出現了登入以及註冊的按鈕。

茶飲時光 TEATIME　　首頁　　PRIVACY　　內容管理▾　　　　　　　　　　REGISTER　　LOGIN

▲ 圖 8-16　導覽列畫面

步驟02 但目前這兩個按鈕都無法使用，因為我們還沒在 Program.cs 中註冊相關的服務，因此我們需要開啟 Program.cs，告訴應用程式我們有使用到 Razor 的服務，新增下方程式碼。

```
1   builder.Services.AddDefaultIdentity<IdentityUser>(options =>
2   options.SignIn.RequireConfirmedAccount =
3   true).AddEntityFrameworkStores<ApplicationDbContext>();
4   // 本次新增部分
5   builder.Services.AddRazorPages();
6   .[省略].
7   app.UseAuthorization();
8   // 本次新增部分
9   app.MapRazorPages();
```

修改完成後執行應用程式，這時就可以開啟註冊及登入的頁面了，另外可以觀察到，許多頁面都已經透過 ASP.NET 的 Identity 功能提供給我們使用了，但是當我們註冊一個使用者，我們還沒有提供使用者的資料表來儲存資料，因此接下來我們要建立資料表。

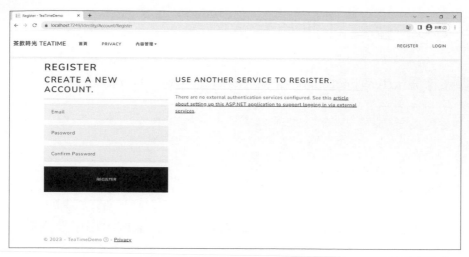

▲ 圖 8-17　註冊及登入畫面

步驟03 ASP.NET 已經幫我們建立好用戶跟角色等相關資料表，我們所要
做的就是新增 Migration 以及更新資料庫，開啟套件管理器主控
台，預設專案是 TeaTimeDemo.Access 輸入並執行下方指令

```
1    add-migration addIdentityTables
2
3    update-database
```

完成之後可以看到新增了許多會員相關的資料表。

▲ 圖 8-18　會員相關資料表畫面

步驟04 在使用者表中，.NET 已經幫我們建立好相關的屬性，像是 email、電話號碼，但是我們可能會需要更多的屬性，像是地址，使用者名稱等等，因此對 TeaTimeDemo.Models 點擊滑鼠右鍵→加入→類別→命名為 ApplicationUser.cs 後新增，並修改程式碼。

```
1   public class ApplicationUser:IdentityUser
2   {
3       [Required]
4       public int Name { get; set; }
5       public string Address { get; set; }
6   }
```

將滑鼠移到 IdentityUser 的部分，出現燈泡後點選安裝套件 'Microsoft.Extensions.Identity.Stores'→使用本機版本。

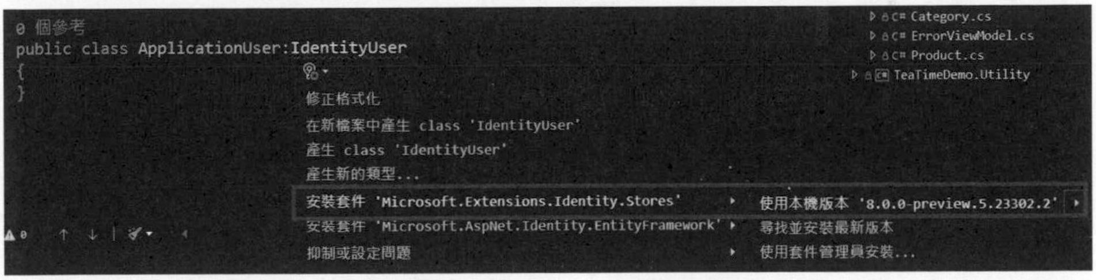

▲ 圖 8-19　燈泡點開後畫面

將滑鼠移到 Required 部分，出現燈泡後點選 using System.ComponentModel.DataAnnotations;。

步驟05 開啟 TeaTimeDemo.DataAccess/Data/ApplicationDbContext.cs，新增程式碼。

```
1   public DbSet<Product> Products { get; set; }
2   // 本次新增部分
3   public DbSet<ApplicationUser> ApplicationUsers { get; set; }
```

完成後開啟套件管理器主控台，輸入並執行下方指令。

```
1   add-migration ExtendIdentityUser
2
3   update-database
```

開啟 SSMS，就會發現 AspNetUsers 資料表新增了 Name 以及 Address 的資料欄位。除此之外，還多了一個 Discriminator 的欄位，這個欄位是用來記錄是 ApplicationUser 或是 IdentityUser。

步驟06 預設的 Discriminator 的欄位會設定為 IdentityUser，現在我們要將欄位修改為 ApplicationUser，開啟 TeaTimeDemo/Areas/Identity/Pages/Account/Register.cshtml/Register.cshtml.cs 找到下方程式碼。

```
1    private IdentityUser CreateUser()
2    {
3        try
4        {
5            return Activator.CreateInstance<IdentityUser>();
6        }
7        catch
8        {
9            throw new InvalidOperationException($"Can't create an
10       instance of '{nameof(IdentityUser)}'. " + $"Ensure that
11       '{nameof(IdentityUser)}' is not an abstract class and
12       has a parameterless constructor, or alternatively " +
13       $"override the register page in
14       /Areas/Identity/Pages/Account/Register.cshtml");
11        }
12   }
```

修改為：

```
1    private ApplicationUser CreateUser()
2    {
3        try
```

```
4       {
5           return Activator.CreateInstance<ApplicationUser>();
6       }
7       catch
8       {
9           throw new InvalidOperationException($"Can't create an
10      instance of '{nameof(IdentityUser)}'. " + $" Ensure that
11      '{nameof(IdentityUser)}' is not an abstract class and
12      has a parameterless constructor, or alternatively " +
13      $"override the register page in
14      /Areas/Identity/Pages/Account/Register.cshtml");
15      }
16  }
```

> 當我們使用 Identity 服務時，.NET 團隊已經幫我們處理了許多繁重的工作，像是登錄、管理器、使用者管理、角色管理、註冊相關函式等等，都透過依賴注入的方式來方便我們使用。

```
1   private readonly SignInManager<IdentityUser> _signInManager;
2   private readonly UserManager<IdentityUser> _userManager;
3   private readonly IUserStore<IdentityUser> _userStore;
4   private readonly IUserEmailStore<IdentityUser> _emailStore;
5   private readonly ILogger<RegisterModel> _logger;
6   private readonly IEmailSender _emailSender;
7
8   public RegisterModel(
9       UserManager<IdentityUser> userManager,
10      IUserStore<IdentityUser> userStore,
11      SignInManager<IdentityUser> signInManager,
12      ILogger<RegisterModel> logger,
13      IEmailSender emailSender)
14  {
15      _userManager = userManager;
16      _userStore = userStore;
17      _emailStore = GetEmailStore();
```

```
18      _signInManager = signInManager;
19      _logger = logger;
20      _emailSender = emailSender;
21  }
```

接著執行應用程式，測試註冊功能，**密碼需要含有大小寫英文及符號 (Admin123*)**。

點選註冊後會需要驗證信箱，但目前還沒完成相關功能，點擊圖片中的 Click here to confirm your account，就會驗證完成。

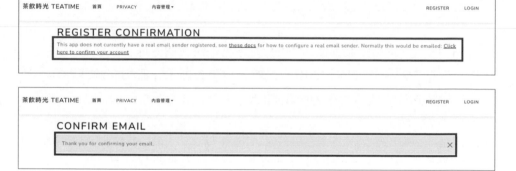

▲ 圖 8-20　註冊完成畫面

接著到登入頁面輸入剛建立好的帳號密碼，就可以成功登入了。

▲ 圖 8-21　成功登入畫面

8-3 角色與權限控管

接下來我們要來管理我們的角色以及研究如何配置身份，在 program.cs 中，預設只有增加 IdentityUser，它不會為我們項目中的身份添加角色。

步驟01 首先，開啟 program.cs。

```
1   // 修改前
2   builder.Services.AddDefaultIdentity<IdentityUser>(options =>
3   options.SignIn.RequireConfirmedAccount =
4   true).AddEntityFrameworkStores<ApplicationDbContext>();
5
6   // 修改後
7   builder.Services.AddIdentity<IdentityUser, IdentityRole>(options =>
8   options.SignIn.RequireConfirmedAccount =
9   true).AddEntityFrameworkStores<ApplicationDbContext>();
```

步驟02 開 啟 TeaTimeDemo/Areas/Identity/Pages/Account/Register.cshtml/ Register.cshtml.cs，新增程式碼。

```
1   private readonly SignInManager<IdentityUser> _signInManager;
2   // 本次新增部分
3   private readonly RoleManager<IdentityRole> _roleManager;
4   .[ 省略 ].
5   public RegisterModel(
6       UserManager<IdentityUser> userManager,
7       // 本次新增部分
8       RoleManager<IdentityRole> roleManager,
9       IUserStore<IdentityUser> userStore,
10      SignInManager<IdentityUser> signInManager,
11      ILogger<RegisterModel> logger,
12      IEmailSender emailSender)
13  {
14      // 本次新增部分
```

```
15      _roleManager = roleManager;
16      _userManager = userManager;
17      _userStore = userStore;
18      _emailStore = GetEmailStore();
19      _signInManager = signInManager;
20      _logger = logger;
21      _emailSender = emailSender;
22  }
```

步驟03 接著開啟 TeaTimeDemo.Utility/SD.cs，新增程式碼。

```
1   public static class SD
2   {
3       public const string Role_Customer = "Customer";
4       public const string Role_Employee = "Employee";
5       public const string Role_Manager = "Manager";
6       public const string Role_Admin = "Admin";
7   }
```

步驟04 開 啟 TeaTimeDemo/Areas/Identity/Pages/Account/Register.cshtml/
Register.cshtml.cs，新增程式碼。

```
1   public async Task OnGetAsync(string returnUrl = null)
2   {
3       if (!_roleManager.RoleExistsAsync(SD.Role_Customer).
4       GetAwaiter().GetResult())
5       {
6           _roleManager.CreateAsync(new IdentityRole(SD.Role_Customer))
7       .GetAwaiter().GetResult();
8           _roleManager.CreateAsync(new IdentityRole(SD.Role_Manager))
9       .GetAwaiter().GetResult();
10          _roleManager.CreateAsync(new IdentityRole(SD.Role_Employee))
11      .GetAwaiter().GetResult();
12          _roleManager.CreateAsync(new IdentityRole(SD.Role_Admin))
13      .GetAwaiter().GetResult();
14      }
15      ReturnUrl = returnUrl;
```

```
16      ExternalLogins = (await _signInManager.
17      GetExternalAuthenticationSchemesAsync()).ToList();
18  }
```

這個部分我們讓應用程式去檢查 SD 中是否有 Customer 的角色，如果有的話我們就不做更改的動作，沒有的話就創建所有角色。

> 而 SD 的部分出現紅底線，將滑鼠移到該部分，出現燈泡後點選 using TeaTimeDemo.Utility;

步驟05 對 TeaTimeDemo.Utility 點擊滑鼠右鍵→ 加入→ 類別，命名為 EmailSender.cs 後新增，完成後修改程式碼。

```
1   public class EmailSender : IEmailSender
2   {
3   }
```

IEmailSender 部分會出現紅色底線錯誤提示，將滑鼠移至該部分，出現燈泡後點選安裝套件 'Microsoft.AspNetCore.Identity.UI' → 使用本機版本

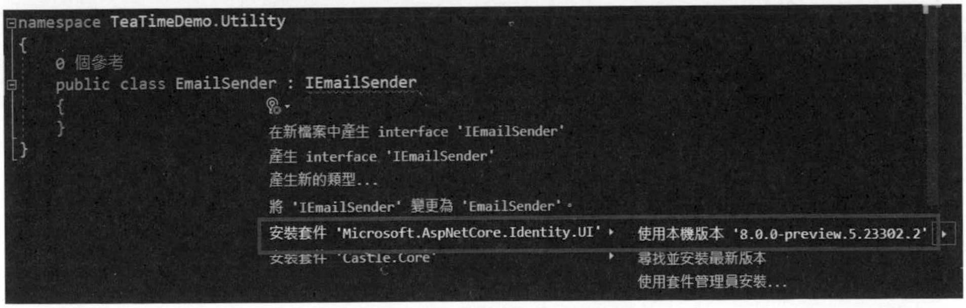

▲ 圖 8-22　選擇安裝套件畫面

完成後再次將滑鼠移到紅底線部分,出現燈泡後點選實作介面,完成後如下:

```
1   public class EmailSender : IEmailSender
2   {
3       public Task SendEmailAsync(string email, string subject,
4       string htmlMessage)
5       {
6           throw new NotImplementedException();
7       }
8   }
```

再修改部分程式碼:

```
1   public Task SendEmailAsync(string email, string subject, string
2   htmlMessage)
3   {
4       // 本次修改部分
5       return Task.CompletedTask;
6   }
```

步驟06 開啟 Program.cs。

```
1   builder.Services.AddScoped<IUnitOfWork, UnitOfWork>();
2   // 本次新增部分
3   builder.Services.AddScoped<IEmailSender, EmailSender>();
```

將滑鼠移到 EmailSender 上,出現燈泡後點選 using TeaTimeDemo. Utility;。

上面操作都完成後,執行應用程式,點擊註冊頁面,接著開啟 SSMS,打開 AspNetRoles 資料表,這時就已經建立好角色了,接下來將實作如何在註冊時綁定角色。

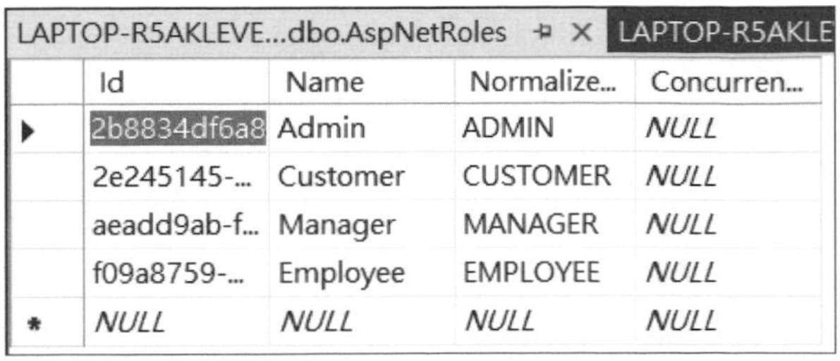

▲ 圖 8-23　AspNetRoles 資料表畫面

步驟07 開 啟 TeaTimeDemo/Areas/Identity/Pages/Account/Register.cshtml/
Register.cshtml.cs。

找到 public class InputModel 內的 public string Password { get; set; }，
在該行程式碼下方新增程式碼。

```
1    public string Password { get; set; }
2    // 本次新增部分
3    public string? Role { get; set; }
4    [ValidateNever]
5    public IEnumerable<SelectListItem> RoleList { get; set; }
```

若 SelectListItem 的部分出現了紅色底線錯誤提示，將滑鼠移到該錯誤
提示，出現燈泡後點選 using Microsoft.AspNetCore.Mvc.Rendering;。

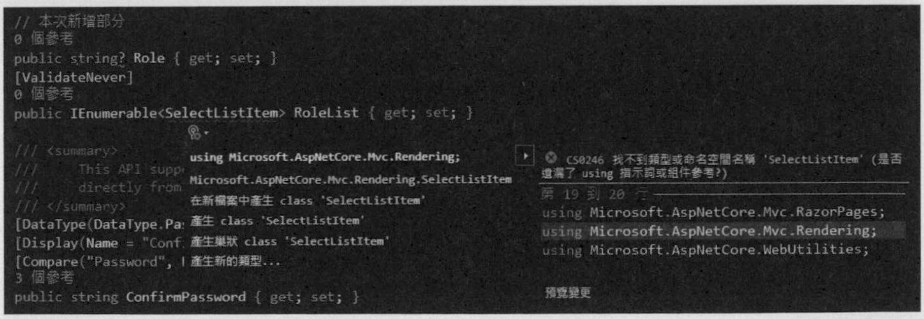

▲ 圖 8-24　燈泡提示畫面

步驟08 找到 public async Task OnGetAsync(string returnUrl = null) 新增下
方程式碼。

```
1    public async Task OnGetAsync(string returnUrl = null)
2    {
3        if(!_roleManager.RoleExistsAsync(SD.Role_Customer)
4        .GetAwaiter().GetResult())
5        {
6            _roleManager.CreateAsync(new IdentityRole(SD.Role_Customer))
7        .GetAwaiter().GetResult();
8            _roleManager.CreateAsync(new IdentityRole(SD.Role_Manager))
9        .GetAwaiter().GetResult();
10           _roleManager.CreateAsync(new IdentityRole(SD.Role_Employee))
11       .GetAwaiter().GetResult();
12           _roleManager.CreateAsync(new IdentityRole(SD.Role_Admin))
13       .GetAwaiter().GetResult();
14       }
15       // 本次新增部分
16       Input = new()
17       {
18           RoleList = _roleManager.Roles.Select(x => x.Name).Select(i
19           => new SelectListItem
20           {
21               Text = i,
22               Value = i
23           })
24       };
25       ReturnUrl = returnUrl;
26       ExternalLogins = (await _signInManager.
27       GetExternalAuthenticationSchemesAsync()).ToList();
28   }
```

步驟09 接著開啟 TeaTimeDemo/Areas/Identity/Pages/Account/Register.cshtml，
新增下方程式碼。

```
1    <div class="form-floating mb-3">
2        <input asp-for="Input.ConfirmPassword" class="form-control"
```

```
3       autocomplete="new-password" aria-required="true"
4       placeholder="password" />
5       <label asp-for="Input.ConfirmPassword">Confirm Password
6       </label>
7       <span asp-validation-for="Input.ConfirmPassword"
8       class="text-danger"></span>
9   </div>
10  <!-- 本次新增部分 -->
11  <div class="form-floating mb-3">
12      <select asp-for="Input.Role" asp-items=
13      "@Model.Input.RoleList" class="form-select">
14          <option disabled selected>-Select Role-</option>
15      </select>
16  </div>
```

完成之後執行應用程式，就會發現註冊頁面新增了關於角色的下拉式選單。

▲ 圖 8-25　角色的下拉式選單畫面

步驟10 接 著 我 們 需 要 將 選 擇 的 角 色 分 配 給 使 用 者，因 此 開 啟 TeaTimeDemo/Areas/Identity/Pages/Account/Register.cshtml/Register.

cshtml.cs， 找 到 public async Task<IActionResult> OnPostAsync (string returnUrl = null) 內的 if (result.Succeeded) 部分。

```
1   if (result.Succeeded)
2   {
3       _logger.LogInformation("User created a new account with
4       password.");
5       // 本次新增部分
6       if(!String.IsNullOrEmpty(Input.Role))
7       {
8           await _userManager.AddToRoleAsync(user, Input.Role);
9       }
10      else
11      {
12          await _userManager.AddToRoleAsync(user, SD.Role_Customer);
13      }
14      .[省略].
15  }
```

完成後執行應用程式，測試註冊功能，填完後選擇角色送出，會發現有錯誤。

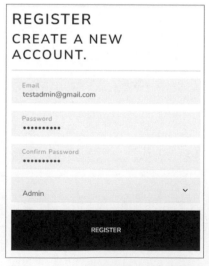

▲ 圖 8-26　角色的下拉式選單畫面

步驟11 開啟 Program.cs。

```
1   // 修改前
2   builder.Services.AddIdentity<IdentityUser, IdentityRole>(options =>
3   options.SignIn.RequireConfirmedAccount =
4   true).AddEntityFrameworkStores<ApplicationDbContext>();
5   // 修改後
6   builder.Services.AddIdentity<IdentityUser, IdentityRole>(options =>
7   options.SignIn.RequireConfirmedAccount =
8   true).AddEntityFrameworkStores<ApplicationDbContext>().AddDefaultTo
9   kenProviders();
```

完成後再執行應用程式，這時註冊功能就不會再跳出剛剛的錯誤了。

> 記得在註冊後，要點擊圖片中的 Click here to confirm your account，才算驗證完成，否則在登入時會是無效登入。

可以開啟 SSMS 確認註冊的帳號跟角色有沒有綁定成功，在 AspNetUserRoles 資料表可以看到 User 和其對應的 Role，這就代表使用者和角色的綁定完成了，我們不需要親自撰寫複雜的程式碼即可分配不同的角色給使用者，這都要歸功於 Identity 服務內建的方法。

UserId	RoleId
2838f6eb-70b3-4726-84c6-fa7008e36b88	05876f2e-1684-4174-8779-92b8834df6a8

▲ 圖 8-27　資料庫帳號畫面

步驟12 現在我們擁有了不同的角色，我們可以針對一些內容進行更改，像是只有使用者是 Admin 的身分時，才可以看到內容管理頁面，接下來將會針對這部分進行修改。分別開啟下列檔案，新增程式碼 @using TeaTimeDemo.Utility。

- TeaTimeDemo/Views/_ViewImports.cshtml

- TeaTimeDemo/Areas/Admin/Views/_ViewImports.cshtml
- TeaTimeDemo/Areas/Customer/Views/_ViewImports.cshtml

步驟13 TeaTimeDemo/Areas/Identity/Pages/_ViewImports.cshtml，修改為下方程式碼。

```
1   @using Microsoft.AspNetCore.Identity
2   @using TeaTimeDemo.Areas.Identity
3   @using TeaTimeDemo.Areas.Identity.Pages
4   @using TeaTimeDemo.Utility
5   @using TeaTimeDemo.Models
6   @using TeaTimeDemo.Models.ViewModels
7   @addTagHelper *, Microsoft.AspNetCore.Mvc.TagHelpers
```

步驟14 開啟 TeaTimeDemo/Views/Shared/_Layout.cshtml，修改程式碼。

```
1   <li class="nav-item">
2       <a class="nav-link text-dark" asp-area="Customer" asp-controller=
3       "Home" asp-action="Privacy">Privacy</a>
4   </li>
5   <!-- 本次修改部分 -->
6   @if (User.IsInRole(SD.Role_Admin))
7   {
8       <li class="nav-item dropdown">
9           <a class="nav-link dropdown-toggle text-dark" data-bs-toggle=
10      "dropdown" href="#" role="button" aria-haspopup="true"
11      aria-expanded="false">內容管理</a>
12          <div class="dropdown-menu">
13              <a class="dropdown-item" asp-area="Admin" asp-controller=
14          "Category" asp-action="Index">類別</a>
15                  <div class="dropdown-divider"></div>
16              <a class="dropdown-item text-dark" asp-area="Admin"
17          asp-controller="Product" asp-action="Index">產品</a>
18          </div>
19      </li>
20  }
```

完成之後執行應用程式,會發現這時如果是一般使用者登入,將不會看到內容管理的下拉式選單。若是以角色為 Admin 的帳號登入,就會看到該下拉式選單。

▲ 圖 8-28　一般使用者登入畫面

▲ 圖 8-29　Admin 帳號登入畫面

但目前只是做到頁面上的控管,如果使用者直接用 URL,還是可以開啟管理頁面,因此我們要針對 Controllers 進行一些調整。

步驟15 開 啟 TeaTimeDemo/Areas/Admin/Controllers/CategoryController.cs
在 [Area("Admin")] 的下方新增。

```
1 [Authorize(Roles = SD.Role_Admin)]
```

如果 Authorize 下方出現紅色底線錯誤提示，將滑鼠移到該部分，出現
燈泡後點選 using Microsoft.AspNetCore.Authorization;

步驟16 完 成 之 後 對 ProductController.cs 進 行 一 樣 的 操 作，新 增
[Authorize(Roles = SD.Role_Admin)]。

完成後就會阻擋一般使用者進入該頁面。

▲ 圖 8-30　一般使用者被阻擋進入畫面

步驟17 但這邊會發現頁面會無法顯示，我們可以在 Program.cs 修改
Cookie 配置，像是登入、登出及訪問拒絕路徑。

開啟 Program.cs。

```
1  builder.Services.AddIdentity<IdentityUser, IdentityRole>(options =>
2  options.SignIn.RequireConfirmedAccount = true).
3  AddEntityFrameworkStores<ApplicationDbContext>().AddDefaultTokenPro
4  viders();
5  // 本次新增部分
```

```
6   builder.Services.ConfigureApplicationCookie(options =>
7   {
8       options.LoginPath = $"/Identity/Account/Login";
9       options.LogoutPath = $"/Identity/Account/Logout";
10      options.AccessDeniedPath = $"/IdentiList/Account/AccessDenied";
11  });
```

如果要修改下方頁面的話，可以到 TeaTimeDemo/Areas/Identity/
Pages/Account/AccesDenied.cshtml。

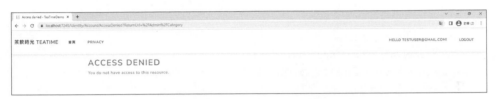

▲ 圖 8-31　權限被拒絕畫面

修改完成後，當使用者權限不足網站就會幫我們重新導向到正確的
頁面。

8-4 調整註冊頁面

步驟01 現在我們想要做的事情就是調整註冊的頁面，我們想將我們新
增的欄位加入到註冊頁面，開啟 TeaTimeDemo/Areas/Identity/
Pages/Account/Register.cshtml/Register.cshtml.cs 找 到 public class
InputModel 內的 public string? Role { get; set; }，在其下方新增程
式碼。

```
1   public string? Role { get; set; }
2   [ValidateNever]
3   public IEnumerable<SelectListItem> RoleList { get; set; }
4   // 本次新增部分
```

```
5    [Required]
6    public string Name { get; set; }
7    public string? Address { get; set; }
8    public string? PhoneNumber { get; set; }
```

步驟02 完成後開啟 TeaTimeDemo/Areas/Identity/Pages/Account/Register.
cshtml。

```
1    <div class="form-floating mb-3">
2        <input asp-for="Input.Email" class="form-control"
3        autocomplete="username" aria-required="true"
4        placeholder="name@example.com" />
5        <label asp-for="Input.Email">Email</label>
6        <span asp-validation-for="Input.Email" class="text-danger"></span>
7    </div>
8    <!-- 本次新增部分 -->
9    <div class="form-floating mb-3">
10       <input asp-for="Input.Name" class="form-control"
11       placeholder="name@example.com" />
12       <label asp-for="Input.Name">Name</label>
13       <span asp-validation-for="Input.Name" class="text-danger"></span>
14   </div>
15   <div class="form-floating mb-3">
16       <input asp-for="Input.PhoneNumber" class="form-control"
17       placeholder="name@example.com" />
18       <label asp-for="Input.PhoneNumber">Phone Number</label>
19       <span asp-validation-for="Input.PhoneNumber" class="text-danger">
20       </span>
21   </div>
22   <div class="form-floating mb-3">
23       <input asp-for="Input.Password" class="form-control"
24       autocomplete="new-password" aria-required="true"
25       placeholder="password" />
26       <label asp-for="Input.Password">Password</label>
27       <span asp-validation-for="Input.Password" class="text-danger">
28       </span>
29   </div>
30   <div class="form-floating mb-3">
```

```
31    <input asp-for="Input.ConfirmPassword" class="form-control"
32    autocomplete="new-password" aria-required="true"
33    placeholder="password" />
34    <label asp-for="Input.ConfirmPassword">Confirm Password</label>
35    <span asp-validation-for="Input.ConfirmPassword"
36    class="text-danger"></span>
37  </div>
38  <!-- 本次新增部分 -->
39  <div class="form-floating mb-3">
40    <input asp-for="Input.Address" class="form-control"
41    placeholder="name@example.com" />
42    <label asp-for="Input.Address">Address</label>
43    <span asp-validation-for="Input.Address" class="text-danger">
44    </span>
45  </div>
```

接著我們需要在送出表單時，取得欄位的資料，因此開啟 TeaTime Demo/Areas/Identity/Pages/Account/Register.cshtml/Register.cshtml.cs， 找到 public async Task<IActionResult> OnPostAsync(string returnUrl = null) 新增下方程式碼。

```
1   await _emailStore.SetEmailAsync(user, Input.Email,
2   CancellationToken.None);
3   // 本次新增部分
4   user.Name = Input.Name;
5   user.Address = Input.Address;
6   user.PhoneNumber = Input.PhoneNumber;
```

新增完後會發現 user.Name = Input.Name; 會出現錯誤提示，將滑鼠移到該錯誤提示部分，會發現是型別上的錯誤。

步驟04 開啟 TeaTimeDemo.Models/ApplicationUser.cs，將 public int Name { get; set; } 修改為 public string Name { get; set; }。

步驟05 接著開啟套件管理器主控台，將預設專案切換至 TeaTimeDemo. DataAccess。

```
1    add-migration UpdateNameToBeStringApplicationUser
13   update-database
```

步驟06 完成後執行應用程式，並測試註冊功能。

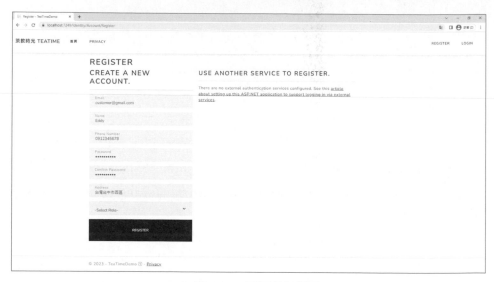

▲ 圖 8-32　頁面執行畫面

開啟 SSMS → AspNetUsers 會發現，剛剛註冊的使用者新增了姓名、電話以及住址的資料。

步驟07 現在我們要修復一個介面的 BUG，之前我們以任何角色進入個人資料頁面會有一個導覽列，而現在消失了，因此我們需要修復它。

複製 TeaTimeDemo/Areas/Identity/Pages/_ViewStart.cshtml，並貼在 TeaTimeDemo/Areas/Identity/Pages/Account/Manage 資料夾底下，接著修改 Manage/_ViewStart.cshtml。

```
1   @{
2       Layout = "_Layout.cshtml";
3   }
```

步驟08 開 啟 TeaTimeDemo/Areas/Identity/Pages/Account/Manage/_Layout.
cshtml，修改程式碼。

```
1   @{
2       if (ViewData.TryGetValue("ParentLayout", out var parentLayout)
3       && parentLayout != null)
4       {
5           Layout = parentLayout.ToString();
6       }
7       else
8       {
9           // 本次修改部分
10          Layout = "/Views/Shared/_Layout.cshtml";
11      }
12  }
```

完成之後點擊信箱就會跳轉至個人資料的頁面，並且也會出現導覽
列。

▲ 圖 8-33 跳轉至個人資料畫面

8-5 建立分店

在進行這章節的內容之前，我們先簡單講解一下本書中的四個 Role。

角色	權限
Customer 顧客	來到網站、註冊帳號並下訂單的基本使用者
Employee 員工	有權限進行客戶訂單的處理，包括接受訂單、結帳、完成訂單
Manager 管理階層	店家管理階層，有權限進行上架商品的編輯，查看後台交易資料
Admin 創建者	系統創建人，能夠對所有內容進行新增、編輯、刪除

如果有多間分店，目前的使用者與角色是無法區分該員工或管理者是屬於哪間分店的，因此接下來將建立分店的模型、資料表和 CRUD 的功能。

先前課程已建立多次的模型和 CRUD 的相關功能，可將步驟流程可歸納為下：

1. 建立 Model，確認欄位及資料型別。
2. 在 ApplicationDbContext 中建立 DbSet，同時指定要建立的資料表名稱。
3. 透過 Migration 指令在資料庫中建立資料表。
4. 建立 Repository、IRepository、UnitOfWork、IUnitOfWork(如果忘記為甚麼需要建立 Repository 和 UnitOfWork，可以回到先前的章節內容複習)。
5. 新增 Controller，並在 Controller 中進行 CRUD 功能的撰寫。

以上完成後就可以在 View 中調用在 Controller 內的 Function 了。

步驟01 首先，對 TeaTimeDemo.Models 點擊滑鼠右鍵→加入→類別→命名為 Store.cs 後建立。

▲ 圖 8-34　新增 Store 類別項目

步驟02 完成後將剛建立好的 Store.cs 修改為下方程式碼。

```
1    using System;
2    using System.Collections.Generic;
3    using System.ComponentModel.DataAnnotations;
4    using System.Linq;
5    using System.Text;
6    using System.Threading.Tasks;
7
8    namespace TeaTimeDemo.Models
9    {
10       public class Store
11       {
12           public int Id { get; set; }
13           [Required]
14           public string Name { get; set; }
15           public string? Address { get; set; }
```

```
16          public string? City { get; set; }
17          public string? PhoneNumber { get; set; }
18          public string? Description { get; set; }
19      }
20  }
```

步驟03 開啟 TeaTimeDemo.DataAccess/Data/ApplicationDbContext.cs。
找到 public DbSet<Product> Products { get; set; } 部分，在其下方
新增程式碼。

```
1   public DbSet<Product> Products { get; set; }
2   // 本次新增部分
3   public DbSet<Store> Stores { get; set; }
```

步驟04 完成後開啟套件管理器主控台，將預設專案切換成 TeaTimeDemo.
DataAccess，輸入並執行下方指令。

```
1   add-migration addStoreTable
2   update-database
```

步驟05 接下來要新增 Store 的 Repository，複製。
TeaTimeDemo.DataAccess/Repository/CategoryRepository.cs，並貼
在同一個資料夾下，完成後如下：

▲ 圖 8-35　新增 Store 的 Repository 畫面

將複製出來的新檔案重新命名，命名為 StoreRepository.cs。

步驟06 StoreRepository.cs 會有紅底線的部分，將其修改為下方程式碼。

```
1    using Microsoft.EntityFrameworkCore.Migrations;
2    using System;
3    using System.Collections.Generic;
4    using System.Linq;
5    using System.Text;
6    using System.Threading.Tasks;
7    using TeaTimeDemo.DataAccess.Data;
8    using TeaTimeDemo.DataAccess.Repository.IRepository;
9    using TeaTimeDemo.Models;
10
11   namespace TeaTimeDemo.DataAccess.Repository
12   {
13       public class StoreRepository : Repository<Store>,
14       IStoreRepository
15       {
16           private ApplicationDbContext _db;
17           public StoreRepository(ApplicationDbContext db) : base(db)
18           {
19               _db = db;
20           }
21           public void Update(Store obj)
22           {
23               _db.Stores.Update(obj);
24           }
25       }
26   }
```

步驟07 複製 TeaTimeDemo.DataAccess/Repository/IRepository/ICategory
Repository.cs，並貼在同一個資料夾下，完成後重新命名為
IStoreRepository.cs。
將 IStoreRepository.cs 修改為下方程式碼。

```
1    using System;
2    using System.Collections.Generic;
3    using System.Linq;
```

```
4    using System.Text;
5    using System.Threading.Tasks;
6    using TeaTimeDemo.Models;
7
8    namespace TeaTimeDemo.DataAccess.Repository.IRepository
9    {
10       public interface IStoreRepository : IRepository<Store>
11       {
12           void Update(Store obj);
13       }
14   }
```

步驟08 開啟 TeaTimeDemo.DataAccess/Repository/IRepository/IUnitOfWork.
cs，新增部分程式碼。

```
1    .[省略].
2    IProductRepository Product { get; }
3    // 本次新增部分
4    IStoreRepository Store { get; }
```

步驟09 開啟 TeaTimeDemo.DataAccess/Repository/UnitOfWork.cs，新增
部分程式碼。

```
1    .[省略].
2    public IProductRepository Product { get; private set; }
3    // 本次新增部分
4    public IStoreRepository Store { get; private set; }
5    public UnitOfWork(ApplicationDbContext db)
6    {
7        _db = db;
8        Category = new CategoryRepository(_db);
9        Product = new ProductRepository(_db);
10       // 本次新增部分
11       Store = new StoreRepository(_db);
12   }
13   .[省略].
```

步驟10 複製 TeaTimeDemo/Areas/Admin/Controllers/ProductController.cs，
並在同一個資料夾貼上，將其重新命名為 StoreController.cs，修
改下方程式碼。

```
1    using Microsoft.AspNetCore.Authorization;
2    using Microsoft.AspNetCore.Mvc;
3    using Microsoft.AspNetCore.Mvc.Rendering;
4    using System.Data;
5    using TeaTimeDemo.DataAccess.Data;
6    using TeaTimeDemo.DataAccess.Repository.IRepository;
7    using TeaTimeDemo.Models;
8    using TeaTimeDemo.Models.ViewModels;
9    using TeaTimeDemo.Utility;
10
11   namespace TeaTimeDemo.Areas.Admin.Controllers
12   {
13       [Area("Admin")]
14       [Authorize(Roles = SD.Role_Admin)
15       public class StoreController : Controller // 本次修改部分
16       {
17       // 本次修改部分
18           private readonly IUnitOfWork _unitOfWork;
19           public StoreController(IUnitOfWork unitOfWork)
20           {
21               _unitOfWork = unitOfWork;
22           }
23           public IActionResult Index()
24           {
25               // 本次修改部分
26               List<Store> objStoreList =
27           _unitOfWork.Store.GetAll().ToList();
28               return View(objStoreList);
29           }
30           // 本次修改部分
31           public IActionResult Upsert(int? id)
32           {
33               if (id == null || id == 0)
34               {
```

```
35              return View(new Store());
36          }
37          else
38          {
39              Store storeObj = _unitOfWork.Store.Get(u => u.Id
40      == id); // 本次修改部分
41              return View();
42          }
43      }
44      [HttpPost]
45      public IActionResult Upsert(Store storeObj)
46      {
47          // 本次修改部分
48          if (ModelState.IsValid)
49          {
50              if (storeObj.Id == 0)
51              {
52                  _unitOfWork.Store.Add(storeObj);
53              }
54              else
55              {
56                  _unitOfWork.Store.Update(storeObj);
57              }
58              _unitOfWork.Save();
59              TempData["success"] = "店鋪新增成功！";
60              return RedirectToAction("Index");
61          }
62          else
63          {
64              return View(storeObj);
65          }
66      }
67      // 本次修改部分
68      #region API CALLS
69      [HttpGet]
70      public IActionResult GetAll()
71      {
72          List<Store> objStoreList =
73      _unitOfWork.Store.GetAll().ToList();
```

```
74              return Json(new { data= objStoreList });
75          }
76          [HttpDelete]
77          public IActionResult Delete(int? id)
78          {
79              var storeToBeDeleted = _unitOfWork.Store.Get(u => u.Id
80      == id);
81              if (storeToBeDeleted == null)
82              {
83                  return Json(new { success = false, message = "刪除
84      失敗" });
85              }
86              _unitOfWork.Store.Remove(storeToBeDeleted);
87              _unitOfWork.Save();
88              return Json(new { success = true, message = "刪除成功
89      " });
90          }
91          #endregion
92      }
93  }
```

步驟11 接著必須新增 Store 的頁面，複製 TeaTimeDemo/Areas/Admin/
Views/Product 資料夾，並在同一個資料夾貼上，將其重新命名為
Store。

步驟12 開啟 Store 資料夾底下的 Index.cshtml 將其修改為下方程式碼。

```
1   @modelList<Store>
2   <div class="container">
3       <div class="row pt-4 pb-3">
4           <div class="col-6">
5               <h2 class="text-primary">分店清單</h2>
6           </div>
7           <div class="col-6 text-end">
8               <a asp-controller="Store" asp-action="Upsert"
9       class="btn btn-primary">
10                  <i class="bi bi-plus-circle"></i> 新增分店
```

```
11              </a>
12          </div>
13      </div>
14      <table id="tblData" class="table table-bordered table-striped"
15      style="width:100%">
16          <thead>
17              <tr>
18                  <th> 分店名稱 </th>
19                  <th> 地址 </th>
20                  <th> 城市 </th>
21                  <th> 電話號碼 </th>
22                  <th> 備註 </th>
23                  <th></th>
24              </tr>
25          </thead>
26      </table>
27  </div>
28  @section Scripts{
29      <script src="~/js/store.js"></script>
30  }
```

步驟13 開啟 Store 資料夾底下的 Upsert.cshtml，修改程式碼。

```
1   @model Store
2
3   <form method="post" enctype="multipart/form-data">
4       <input asp-for="Id" hidden />
5       <div class="row">
6           <div class="col-10">
7               <div class="border p-3 mt-4">
8                   <div class="row pb-2">
9                       <h2 class="text-primary"> @(Model.Id != 0 ? " 編輯 " :
10          " 新增 ") 分店 </h2>
11                      <hr />
12                  </div>
13                  <div class="mb-3 row p-1">
14                      <label asp-for="Name" class="p-0"></label>
15                      <input asp-for="Name" class="form-control" />
```

```
16              <span asp-validation-for="Name" class="text-danger">
17      </span>
18          </div>
19          <div class="mb-3 row p-1">
20              <label asp-for="PhoneNumber" class="p-0"></label>
21              <input asp-for="PhoneNumber" class="form-control" />
22              <span asp-validation-for="PhoneNumber"
23      class="text-danger"></span>
24          </div>
25          <div class="mb-3 row p-1">
26              <label asp-for="Address" class="p-0"></label>
27              <input asp-for="Address" class="form-control" />
28              <span asp-validation-for="Address"
29      class="text-danger"></span>
30          </div>
31          <div class="mb-3 row p-1">
32              <label asp-for="City" class="p-0"></label>
33              <input asp-for="City" class="form-control" />
34              <span asp-validation-for="City" class="text-danger">
35      </span>
36          </div>
37          <div class="mb-3 row p-1">
38              <label asp-for="Description" class="p-0"></label>
39              <input asp-for="Description" class="form-control" />
40              <span asp-validation-for="Description"
41      class="text-danger"></span>
42          </div>
43          <div class="row">
44              <div class="col-6 col-md-3">
45                  @if (Model.Id != 0)
46                  {
47                      <button type="submit" class="btn btn-primary
48      form-control">編輯 </button>
49                  }
50                  else
51                  {
52                      <button type="submit" class="btn btn-primary
53      form-control">新增 </button>
54                  }
```

```
55                              </div>
56                              <div class="col-6 col-md-3">
57                                  <a asp-controller="Store" asp-
58                  action="Index" class="btn btn-secondary
59                  border form-control">
60                                          返回
61                                  </a>
62                              </div>
63                      </div>
64                  </div>
65          </div>
66      </div>
67  </form>
68  @section Scripts{
69      @{
70          <partial name="_ValidationScriptsPartial" />
71      }
72  }
```

　　接著要在導覽列上方加上分店的選項，開啟 TeaTimeDemo/Views/
Shared/_Layout.cshtml，找到 @if (User.IsInRole(SD.Role_Admin)) 的部
分，在產品下方新增程式碼。

```
1   <a class="dropdown-item text-dark" asp-area="Admin" asp-controller=
2   "Product" asp-action="Index">產品</a>
3   <a class="dropdown-item text-dark" asp-area="Admin" asp-controller=
4   "Store" asp-action="Index">分店</a>
```

步驟14 複製 TeaTimeDemo/wwwroot/js/product.js，並貼在同一個資料夾
　　　　下，將其重新命名為 store.js，並將其修改為下方程式碼。

```
1   var dataTable;
2   $(document).ready(function () {
3       loadDataTable();
4   });
5   function loadDataTable() {
6       dataTable = $('#tblData').DataTable({
```

```
7            "ajax": {
8                url: '/admin/store/getall'
9            },
10           "columns": [
11               { data: 'name', "width": "10%" },
12               { data: 'address', "width": "30%" },
13               { data: 'city', "width": "15%" },
14               { data: 'phoneNumber', "width": "10%" },
15               { data: 'description', "width": "20%" },
16               {
17                   data: 'id',
18                   "render": function (data) {
19                       return `<div class="w-75 btn-group"
20           role="group">
21                       <a href="/admin/store/upsert?id=${data}"
22           class="btn btn-primary mx-2"> <i class="bi
23           bi-pencil-square"></i> Edit</a>
24                       <a onClick=
25           Delete('/admin/store/delete/${data}')
26           class="btn btn-danger mx-2"> <i class="bi
27           bi-trash-fill"></i> Delete</a>
28                       </div>`
29                   },
30                   "width": "15%"
31               }
32           ]
33       });
34   }
35
36   function Delete(url) {
37       Swal.fire({
38           title: 'Are you sure?',
39           text: "You won't be able to revert this!",
40           icon: 'warning',
41           showCancelButton: true,
42           confirmButtonColor: '#3085d6',
43           cancelButtonColor: '#d33',
44           confirmButtonText: 'Yes, delete it!'
45       }).then((result) => {
```

```
46          if (result.isConfirmed) {
47              $.ajax({
48                  url: url,
49                  type: 'DELETE',
50                  success: function (data) {
51                      dataTable.ajax.reload();
52                      toastr.success(data.message);
53                  }
54              })
55          }
56      })
57 }
```

完成後以 Admin 的使用者登入，就可以看到下拉式選單出現了分店
的頁籤。

步驟15 接下來我們要增加公司的 Seed 資料，預設資料內容可以根據
使用者情況自行更改，開啟 TeaTimeDemo.DataAccess/Data/
ApplicationDbContext.cs，新增下方程式碼。

```
1  modelBuilder.Entity<Product>().HasData(
2  .[省略].
3  );
4  // 本次新增程式碼
5  modelBuilder.Entity<Store>().HasData(
6      new Store { Id = 1, Name = "台中一中店",Address = "台中市北區三民
7      路三段129號", City= "台中市", PhoneNumber="0987654321" ,
8      Description = "鄰近台中一中商圈,學生消暑勝地。" },
9      new Store { Id = 2, Name = "台北大安店", Address = "台北市大安區
10     大安路一段11號", City = "台北市", PhoneNumber = "09111111111",
11     Description = "濃厚的教育文化及熱鬧繁華的商圈,豐富整體氛圍。" },
12     new Store { Id = 3, Name = "台南安平店", Address = "台南市安平區
13     安平路22號", City = "台南市", PhoneNumber = "0922222222" ,
14     Description = "歷史造就了現今的安平,茶香中蘊含了悠遠的歷史。" }
15     );
```

步驟16 完成後開啟套件管理器主控台，將預設專案切換至 TeaTimeDemo. DataAccess，輸入並執行下方指令：

```
1  add-migration addStoreRecords
2  update-database
```

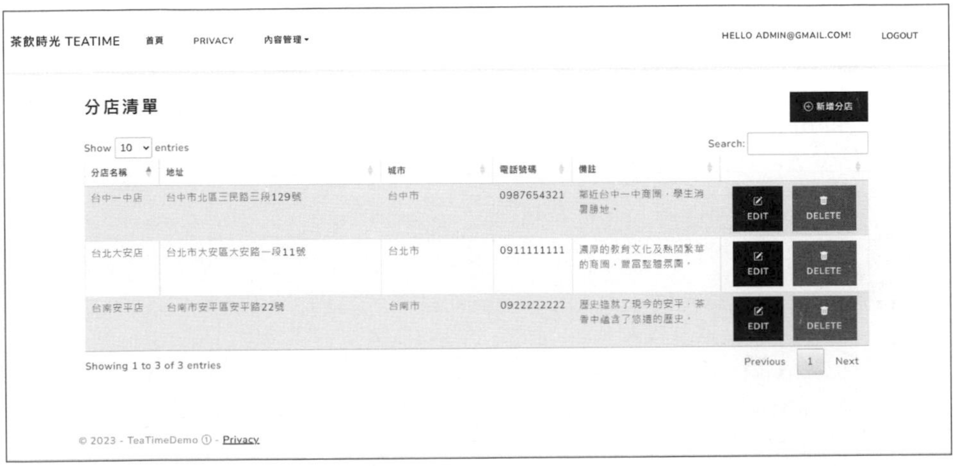

▲ 圖 8-36　頁面執行畫面

步驟17 目前已經完成了分店的建立，且能夠進行 CRUD 的操作，但當要註冊新的員工或管理者時，應該要能分配該使用者屬於哪間分店。因此，我們需要新增使用者與分店之間的關聯，開啟 TeaTimeDemo.Models/ApplicationUser.cs。

```
1  public string Address { get; set; }
2  // 本次新增部分
3  public int? StoreId { get; set; }
4  [ForeignKey("StoreId")]
5  [ValidateNever]
6  public Store Store { get; set; }
```

步驟18 開啟套件管理器主控台，將預設專案切換至 TeaTimeDemo.
DataAccess，輸入並執行下方指令：

```
1    add-migration addStoreToUser
2    update-database
```

步驟19 接下來要建立註冊時要出現的下拉式選單，選單內容為分店的
資訊，開啟 TeaTimeDemo/Areas/Identity/Pages/Account/Register.
cshtml/Register.cshtml.cs。

```
1    .[ 省略 ].
2    private readonly IEmailSender _emailSender;
3    // 本次新增部分
4    private readonly IUnitOfWork _unitOfWork;
5    public RegisterModel(
6        UserManager<IdentityUser> userManager,
7        RoleManager<IdentityRole> roleManager,
8        IUserStore<IdentityUser> userStore,
9        SignInManager<IdentityUser> signInManager,
10       ILogger<RegisterModel> logger,
11       IEmailSender emailSender,
12       // 本次新增部分
13       IUnitOfWork unitOfWork)
14   {
15       _roleManager = roleManager;
16       _userManager = userManager;
17       _userStore = userStore;
18       _emailStore = GetEmailStore();
19       _signInManager = signInManager;
20       _logger = logger;
21       _emailSender = emailSender;
22       // 本次新增部分
23       _unitOfWork = unitOfWork;
24   }
```

步驟20 找到 public class InputModel 的部分。

```
1    public string? PhoneNumber { get; set; }
2    // 本次新增部分
3    public int? StoreId { get; set; }
4    public IEnumerable<SelectListItem> StoreList { get; set; }
```

步驟21 找到 public async Task OnGetAsync(string returnUrl = null) 的部分

```
1    Input = new()
2    {
3        // 本次新增部分
4        RoleList = _roleManager.Roles.Select(x => x.Name).Select(i =>
5        new SelectListItem
6        {
7            Text = i,
8            Value = i
9        }),
10       StoreList = _unitOfWork.Store.GetAll().Select(i => new SelectListItem
11       {
12           Text = i.Name,
13           Value = i.Id.ToString()
14       })
15   };
```

步驟22 開啟 TeaTimeDemo/Areas/Identity/Pages/Account/Register.cshtml。

```
1    . [ 省略 ].
2    <div class="form-floating mb-3">
3        <select asp-for="Input.Role" asp-
4        items="@Model.Input.RoleList" class="form-select">
5            <option disabled selected>-Select Role-</option>
6        </select>
7    </div>
8    <!-- 本次新增部分 -->
9    <div class="form-floating mb-3">
10       <select asp-for="Input.StoreId" style="display:none" asp-
```

```
11      items="@Model.Input.StoreList" class="form-select">
12          <option disabled selected>-Select Store-</option>
13      </select>
14  </div>
15  .[省略].
```

剛建立好的下拉式選單應該只有在註冊時選擇角色為 Employee 或 Manager 時才會出現，所以接下來要透過 JS 來控制網頁元素是否要出現或隱藏。

步驟23 開啟 TeaTimeDemo/Areas/Identity/Pages/Account/Register.cshtml，修改最下方的內容。

```
1   @section Scripts {
2       <partial name="_ValidationScriptsPartial" />
3       <script>
4           $(document).ready(function(){
5               $('#Input_Role').change(function(){
6                   var selection = $('#Input_Role Option:Selected').text();
7                   if (selection == 'Employee' || selection ==
8           'Manager') {
9                       $('#Input_StoreId').show();
10                  }else
11                  {
12                      $('#Input_StoreId').hide();
13                  }
14              })
15          })
16      </script>
17  }
```

但如果只有頁面上的控管是不夠的，我們也必須確保在後端執行時只有角色為 Employee 或 Manager 時才會在使用者表內寫入分店的資訊。

步驟24 開啟 TeaTimeDemo/Areas/Identity/Pages/Account/Register.cshtml/ Register. cshtml.cs 找到 public async Task<IActionResult> OnPostAsync (string returnUrl = null) 的部分。

```
1   .[ 省略 ].
2   user.Address = Input.Address;
3   user.PhoneNumber = Input.PhoneNumber;
4   // 本次新增部分
5   if(Input.Role == SD.Role_Employee || Input.Role == SD.Role_Manager)
6   {
7       user.StoreId = Input.StoreId;
8   }
9   .[ 省略 ].
```

完成後測試註冊功能，建立 Manager 或 Employee 的帳號時也會寫入所屬分店的 ID。

|課|後|習|題|

一、選擇題

1. 關於 AspNetUsers 資料表的 Discriminator 的欄位，預設值是什麼？

   A. ApplicationUser   B. IdentityUser
   C. ProductUser   D. 以上皆非

2. 當使用 Identity 服務時，.NET 團隊已經處理了許多繁重的工作，包含以下哪些工作？
   ①登錄 ②管理器 ③用戶管理 ④角色管理 ⑤註冊

   A. ①②   B. ②③④
   C. ①③④⑤   D. ①②③④⑤

3. 我們可以將 CRUD 相關功能的步驟流程歸納為下列哪個組合？

① 建立 Model，確認欄位及資料型別

② 透過 Migration 指令在資料庫中建立資料表。

③ 新增 Controller，並在 Controller 中進行 CRUD 功能的撰寫。

④ 在 ApplicationDbContext 建立 DbSet，同時指定要建立的資料表名稱。

⑤ 建立 Repository、IRepository、UnitOfWork、IUnitOfWork。

A. ⑤③①④　　　　　　　　B. ③④⑤①②

C. ①④②⑤③　　　　　　　　D. ①③⑤④②

4. 在網站中實現身分驗證的原因是為了什麼？

A. 確認是否有使用者註冊　　B. 檢查使用者權限

C. 管理產品資訊的權限　　　D. 授權成功後能觀看網站內容

5. 下列哪個方法可以在 SSMS (SQL Server Management Studio) 中確認使用者和角色是否綁定成功？

A. AspNetUserRoles 資料表查詢　　B. AspNetUsers 資料表查詢

C. AspNetRoles 資料表中查詢　　　D. Identity 服務查詢

解答

一、選擇題

1. B　2. D　3. C　4. B　5. A

在這一章節中，目標是要帶領讀者建立飲料店電商平台中極為重要的功能 – 購物車系統。我們將利用之前建立的項目結構，重新學習 Repository 和 UnitOfWork 的運作流程。

首先，我們將學習如何創建購物車模型，這是管理使用者選購商品的核心。其次，我們也會帶領讀者創建購物車的使用者介面，讓使用者能夠方便地查看和管理其購物車內的商品。再來，我們將學習如何創建購物車的 ViewModel，用於更有效地呈現購物車資訊，提供更好的使用者體驗。最後，本節將教授如何修改和移除購物車內的商品，以確保使用者能夠輕鬆地調整其購物車中的項目。

這一章節將使讀者掌握建立和管理購物車系統的能力，包括購物車資料表的創建、使用者畫面設計以及使用 ViewModel 來優化使用者體驗。同時，讀者將繼續學習和加深如何在 ASP.NET 使用 Repository 和 UnitOfWork 的觀念，這是管理資料的重要概念。

9-1 建立購物車模型

在我們的網站中，當我們點擊產品的詳細資訊時，沒有辦法將產品加入購物車，原因是因為沒有建立購物車的資料庫。有許多方式來儲存購物車的資訊，但這邊我們選擇建立購物車的資料表，因為如果有人將產品加入購物車，就可以在資料庫中控管產品的狀態以及要添加至哪個使用者的購物車。

步驟01 對 TeaTimeDemo.Models 點擊滑鼠右鍵→ 加入→ 類別→ 命名為 ShoppingCart.cs 後新增。

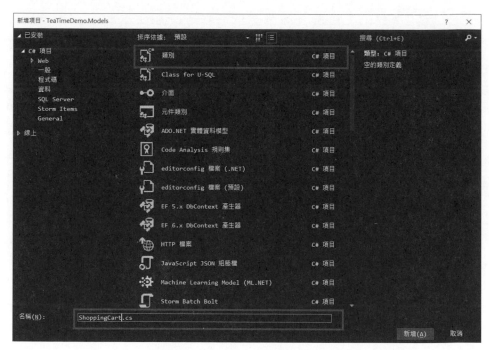

▲ 圖 9-1　新增 ShoppingCart 類別

將剛建立好的 ShoppingCart.cs 修改為下方程式碼。

```
1   using Microsoft.AspNetCore.Mvc.ModelBinding.Validation;
2   using System;
3   using System.Collections.Generic;
4   using System.ComponentModel.DataAnnotations;
5   using System.ComponentModel.DataAnnotations.Schema;
6   using System.Linq;
7   using System.Text;
8   using System.Threading.Tasks;
9
10  namespace TeaTimeDemo.Models
11  {
12      // 本次修改部分
13      public class ShoppingCart
14      {
15          public int Id { get; set; }
16          public int ProductId { get; set; }
17          [ForeignKey("ProductId")]
18          [ValidateNever]
19          public Product Product { get; set; }
20          [Range(1, 100, ErrorMessage = "請輸入 1-100 的數字")]
21          public int Count { get; set; }
22          public string Ice { get; set; }
23          public string Sweetness { get; set; }
24          public string ApplicationUserId { get; set; }
25          [ForeignKey("ApplicationUserId")]
26          [ValidateNever]
27          public ApplicationUser ApplicationUser { get; set; }
28      }
29  }
```

這邊需要注意我們添加一項產品會需要什麼資訊,像是產品的數量、使用者的 ID、冰量、甜度等等。

步驟02 開啟 TeaTimeDemo.DataAccess/Data/ApplicationDbContext.cs，修改部分程式碼，找到 public DbSet<Store> Stores { get; set; } 的部分，在其下方新增。

```
1   public DbSet<Store> Stores { get; set; }
2   // 本次新增部分
3   public DbSet<ShoppingCart> ShoppingCarts { get; set; }
```

步驟03 完成後開啟套件管理器主控台，將預設專案切換成 TeaTimeDemo.DataAccess，分別輸入並執行下方指令。

```
1   add-migration addShoppingCartToDb
2   update-database
```

步驟04 接下來要建立購物車的 Repository。複製 TeaTimeDemo.DataAccess/Repository/CategoryRepository.cs，並貼在同一個資料夾下，完成後將其重新命名為 ShoppingCartRepository.cs，並修改為下方程式碼。

```
1   using System;
2   using System.Collections.Generic;
3   using System.Linq;
4   using System.Text;
5   using System.Threading.Tasks;
6   using TeaTimeDemo.DataAccess.Data;
7   using TeaTimeDemo.DataAccess.Repository.IRepository;
8   using TeaTimeDemo.Models;
9
10  namespace TeaTimeDemo.DataAccess.Repository
11  {
12      public class ShoppingCartRepository : Repository<ShoppingCart>,
13      IShoppingCartRepository
14      {
15          private ApplicationDbContext _db;
16          public ShoppingCartRepository(ApplicationDbContext db) :
17          base(db)
```

```
18        {
19            _db = db;
20        }
21        public void Update(ShoppingCart obj)
22        {
23            _db.ShoppingCarts.Update(obj);
24        }
25    }
26 }
```

步驟05 複 製 TeaTimeDemo.DataAccess/Repository/IRepository/ICategory
Repository.cs，並貼在同一個資料夾下，完成後將其重新命名為
IShoppingCartRepository.cs，並修改為下方程式碼。

```
1  using System;
2  using System.Collections.Generic;
3  using System.Linq;
4  using System.Text;
5  using System.Threading.Tasks;
6  using TeaTimeDemo.Models;
7
8  namespace TeaTimeDemo.DataAccess.Repository.IRepository
9  {
10     public interface IShoppingCartRepository :
11     IRepository<ShoppingCart>
12     {
13         void Update(ShoppingCart obj);
14     }
15 }
```

步驟06 開啟 TeaTimeDemo.DataAccess/Repository/IRepository/
IUnitOfWork.cs，新增程式碼。

```
1  IStoreRepository Store { get; }
2  // 本次新增部分
3  IShoppingCartRepository ShoppingCart { get; }
```

步驟07 開啟 TeaTimeDemo.DataAccess/Repository/UnitOfWork.cs，新增
程式碼。

```
1    public IStoreRepository Store { get; private set; }
2    // 本次新增部分
3    public IShoppingCartRepository ShoppingCart { get; private set; }
4    public UnitOfWork(ApplicationDbContext db)
5    {
6        _db = db;
7        Category = new CategoryRepository(_db);
8        Product = new ProductRepository(_db);
9        Store = new StoreRepository(_db);
10       // 本次新增部分
11       ShoppingCart = new ShoppingCartRepository(_db);
12   }
```

步驟08 複製 TeaTimeDemo.DataAccess/Repository/IRepository/ICategory
Repository.cs，並貼在同一個資料夾下，完成後將其重新命名為
IApplicationUserRepository.cs，並修改為下方程式碼。

```
1    using System;
2    using System.Collections.Generic;
3    using System.Linq;
4    using System.Text;
5    using System.Threading.Tasks;
6    using TeaTimeDemo.Models;
7
8    namespace TeaTimeDemo.DataAccess.Repository.IRepository
9    {
10       public interface IApplicationUserRepository :
11       IRepository<ApplicationUser>
12       {
13       }
14   }
```

步驟09 複製 TeaTimeDemo.DataAccess/Repository/CategoryRepository.cs，
並貼在同個資料夾下，完成後將其重新命名為 ApplicationUser
Repository.cs，並修改為下方程式碼。

```csharp
1   using System;
2   using System.Collections.Generic;
3   using System.Linq;
4   using System.Text;
5   using System.Threading.Tasks;
6   using TeaTimeDemo.DataAccess.Data;
7   using TeaTimeDemo.DataAccess.Repository.IRepository;
8   using TeaTimeDemo.Models;
9
10  namespace TeaTimeDemo.DataAccess.Repository
11  {
12      public class ApplicationUserRepository :
13      Repository<ApplicationUser>, IApplicationUserRepository
14      {
15          private ApplicationDbContext _db;
16          public ApplicationUserRepository(ApplicationDbContext db) :
17      base(db)
18          {
19              _db = db;
20          }
21      }
22  }
```

步驟10 開啟 TeaTimeDemo.DataAccess/Repository/IRepository/IUnitOfWork.
cs，新增程式碼。

```csharp
1   IShoppingCartRepository ShoppingCart { get; }
2   // 本次新增部分
3   IApplicationUserRepository ApplicationUser { get; }
```

步驟11 開 啟 TeaTimeDemo.DataAccess/Repository/UnitOfWork.cs，新 增
程式碼。

```
1   public IStoreRepository Store { get; private set; }
2   public IShoppingCartRepository ShoppingCart { get; private set; }
3   // 本次新增部分
4   public IApplicationUserRepository ApplicationUser { get; private
5   set; }
6   public UnitOfWork(ApplicationDbContext db)
7   {
8       _db = db;
9       Category = new CategoryRepository(_db);
10      Product = new ProductRepository(_db);
11      Store = new StoreRepository(_db);
12      ShoppingCart = new ShoppingCartRepository(_db);
13      // 本次新增部分
14      ApplicationUser = new ApplicationUserRepository(_db);
15  }
```

步驟12 開 啟 TeaTimeDemo/Areas/Customer/Views/Home/Details.cshtml，貼
上 TeaTimeResources-master/CH09-ShoppingCart/Details.txt 的 程 式
碼，這邊我們調整了引入的模型，從 Product 改成 ShoppingCart。

如果還未下載專案檔案，可以到下方連結下載。

GitHub
專案名稱：TeaTimeRecources
專案連結：https://reurl.cc/XLzMD3

完成後執行應用程式，點擊 Details 查看產品，這時會發現有錯誤訊
息。

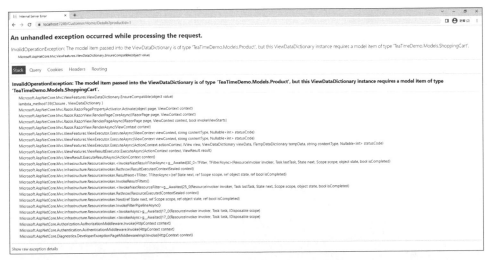

▲ 圖 9-2　新增 ShoppingCart 類別

會出現這個錯誤訊息是因為原先透過 Controller 傳遞的是 Product 的 Model，但我們在上一步將其改為購物車的 Model 了，所以 Controller 的部分需要修改。

步驟13　開啟 TeaTimeDemo/Areas/Customer/Controllers/HomeController.cs，找到 public IActionResult Details(int productId) 的部分，修改部分程式碼，完成後頁面就能成功開啟了。

```
1   public IActionResult Details(int productId)
2   {
3       ShoppingCart cart = new()
4       {
5           Product = _unitOfWork.Product.Get(u => u.Id == productId,
6       includeProperties: "Category"),
7           Count = 1,
8           ProductId = productId
9       };
10      return View(cart);
11  }
```

步驟14 接下來要進行的是購物車的寫入功能，開啟 TeaTimeDemo/Areas/
Customer/Controllers/HomeController.cs，新增部分程式碼。

```
1   public IActionResult Details(int productId)
2   {
3       ShoppingCart cart = new()
4       {
5           Product = _unitOfWork.Product.Get(u => u.Id == productId,
6       includeProperties: "Category"),
7           Count = 1,
8           ProductId = productId
9       };
10      return View(cart);
11  }
12  // 本次新增部分
13  [HttpPost]
14  [Authorize]
15  public IActionResult Details(ShoppingCart shoppingCart)
16  {
17      var claimsIdentity = (ClaimsIdentity)User.Identity;
18      var userId =
19      claimsIdentity.FindFirst(ClaimTypes.NameIdentifier).Value;
20      shoppingCart.ApplicationUserId = userId;
21          _unitOfWork.ShoppingCart.Add(shoppingCart);
22          _unitOfWork.Save();
23      return RedirectToAction(nameof(Index));
24  }
```

如果 ClaimsIdentity 的部分有出現錯誤提示，將滑鼠移到紅底線部分，
出現燈泡後點選 using System.Security.Claims; 即可解決。

步驟15 接著開啟 TeaTimeDemo/Areas/Customer/Views/Home/Details.cshtml，
在 form 標籤內新增 <input hidden asp-for="ProductId" />。

```
1    @model ShoppingCart
2
3    <form method="post">
4        <!-- 本次新增部分 -->
5        <input hidden asp-for="ProductId" />
6        <div class="container mt-5">
7          .[ 省略 ].
8        </div>
9    </form>
```

　　完成之後就可以執行應用程式測試功能，如果在點擊加入購物車時
使用者尚未登入，就會先跳登入頁面，使用者須先登入，才能把商品加
入購物車。

	Id	ProductId		Count	ApplicationUserId
1	1	1		3	6f14a187-8756-42da-b939-705dbdcdd18a

▲ 圖 9-3　SSMS ShoppingCarts 資料表畫面

　　但這時如果同一個使用者對一個產品點擊兩次加入購物車，在資料
庫會顯示兩筆資料。正常應該要累加數量而不是多一筆資料，我們接下
來要處理這個問題。

	Id	Produc...	Count	ApplicationUserId
1	1	1	3	6f14a187-8756-42da-b939-705dbdcdd18a
2	2	1	1	6f14a187-8756-42da-b939-705dbdcdd18a

▲ 圖 9-4　SSMS ShoppingCarts 資料表畫面

步驟16 開啟 TeaTimeDemo/Areas/Customer/Controllers/HomeController.cs，
修改部分程式碼。

```
1    [HttpPost]
2    [Authorize]
3    public IActionResult Details(ShoppingCart shoppingCart)
4    {
5        var claimsIdentity = (ClaimsIdentity)User.Identity;
6        var userId =
7        claimsIdentity.FindFirst(ClaimTypes.NameIdentifier).Value;
8        shoppingCart.ApplicationUserId = userId;
9        // 本次新增部分
10       ShoppingCart cartFromDb = _unitOfWork.ShoppingCart.Get(u =>
11       u.ApplicationUser.Id == userId && u.ProductId ==
12       shoppingCart.ProductId && u.Ice == shoppingCart.Ice &&
13       u.Sweetness == shoppingCart.Sweetness);
14       if(cartFromDb != null)
15       {
16           // 購物車已建立
17           cartFromDb.Count += shoppingCart.Count;
18           _unitOfWork.ShoppingCart.Update(cartFromDb);
19       }
20       else
21       {
22           // 新增購物車
23           _unitOfWork.ShoppingCart.Add(shoppingCart);
24       }
25       TempData["success"] = "加入購物車成功！";
26       _unitOfWork.Save();
27       return RedirectToAction(nameof(Index));
28   }
```

本書專案是以飲料店作展示，所以當使用者新增產品進入購物車時，先透過第 10 行程式碼抓取在資料庫內的購物車資訊，若回傳值為 null，就進行新增的動作；若資料庫已有該產品，則累加該筆產品數量，不會新增新的一筆資料。

9-2 購物車介面

步驟01 現在我們要處理 ShoppingCart 的 Controller，來讓我們顯示使用者目前的購物車資訊。首先，對 TeaTimeDemo/Areas/Customer/Controllers 點擊滑鼠右鍵→加入→控制器→MVC 控制器 - 空白→加入→命名為 CartController.cs 後新增。

步驟02 將剛建立好的 CartController.cs 加上 [Area("Customer")]、[Authorize]。

```
1    using Microsoft.AspNetCore.Mvc;
2
3    namespace TeaTimeDemo.Areas.Customer.Controllers
4    {
5        // 本次新增部分
6        [Area("Customer")]
7        [Authorize]
8        public class CartController : Controller
9        {
10           public IActionResult Index()
11           {
12               return View();
13           }
14       }
15   }
```

步驟03 CartController.cs 建立完成後，對 public IActionResult Index() 的 Index 點擊滑鼠右鍵→新增檢視→Razor 檢視 - 空白→加入→命名 Index.cshtml→新增。

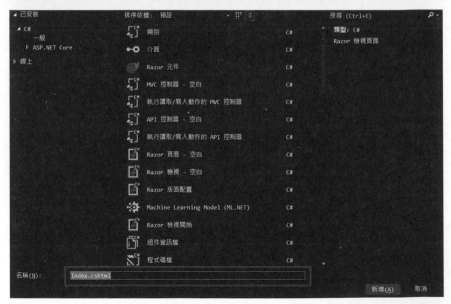

▲ 圖 9-5　新增 Scaffold 畫面

步驟04 開 啟 TeaTimeResources-master/CH09-ShoppingCart/ShoppingCart-Index.txt 複製內容,在剛建立好的 Index.cshtml 貼上程式碼。

步驟05 開 啟 TeaTimeDemo/Views/Shared/_Layout.cshtml,新增購物車的連結找到 @if (User.IsInRole(SD.Role_Admin)) 的部分。

```
1   @if (User.IsInRole(SD.Role_Admin))
2   {
3       .[ 省略 ].
4   }
5   <!-- 本次新增部分 -->
6   <li class="nav-item">
7       <a class="nav-link text-dark" asp-area="Customer" asp-controller=
8       "Cart" asp-action="Index">
9           <i class="bi bi-cart"></i>  
10      </a>
11  </li>
```

完成後執行應用程式,並點擊導覽列上的購物車 icon,就會開啟購物車的頁面。

▲ 圖 9-6　購物車的頁面

9-3 建立購物車的 View Model

步驟01 我們原本的 ShoppingCart 資料表中有一些欄位，像是產品 ID、使用者 ID、購物車的產品資訊，但是我們還想顯示訂單總數，為此，我們想創建一個 ViewModel。對 TeaTimeDemo.Models/ViewModels 點擊滑鼠右鍵→ 加入→ 類別→ 命名為 Shopping CartVM.cs 後建立。

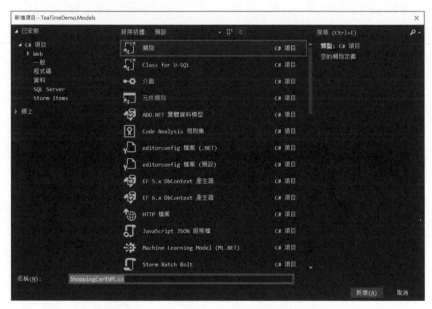

▲ 圖 9-7　新增 ShoppingCartVM 的畫面

步驟02 將剛建立好的 ShoppingCartVM.cs 修改為下方程式碼。

```
1   using System;
2   using System.Collections.Generic;
3   using System.Linq;
4   using System.Text;
5   using System.Threading.Tasks;
6
```

```
7    namespace TeaTimeDemo.Models.ViewModels
8    {
9        public class ShoppingCartVM
10       {
11           public IEnumerable<ShoppingCart> ShoppingCartList { get; set; }
12           public double OrderTotal { get; set; }
13       }
14   }
```

步驟03 開啟 TeaTimeDemo.DataAccess/Repository/IRepository/IRepository. cs，修改程式碼。

```
1    public interface IRepository<T> where T : class
2    {
3        // 本次修改部分
4        IEnumerable<T> GetAll(Expression<Func<T, bool>>? filter = null,
5        string? includeProperties = null);
6        T Get(Expression<Func<T, bool>> filter, string?
7        includeProperties = null);
8        void Add(T entity);
9        void Remove(T entity);
10       void RemoveRange(IEnumerable<T> entity);
11   }
```

步驟04 開啟 TeaTimeDemo.DataAccess/Repository/Repository.cs，找到 public IEnumerable<T> GetAll 的部分，修改程式碼。

```
1    // 本次修改部分
2    public IEnumerable<T> GetAll(Expression<Func<T, bool>>? filter,
3    string? includeProperties = null)
4    {
5        IQueryable<T> query = dbSet;
6        // 本次新增部分
7        if(filter != null)
8        {
9            query = query.Where(filter);
10       }
```

```
11      if (!string.IsNullOrEmpty(includeProperties))
12      {
13          foreach (var includeProp in includeProperties.Split(new
14      char[] { ',' }, StringSplitOptions.RemoveEmptyEntries))
15          {
16              query = query.Include(includeProp);
17          }
18      }
19      return query.ToList();
20  }
```

步驟05 開啟 TeaTimeDemo/Areas/Customer/Controllers/CartController.cs，
修改程式碼。

```
1   using Microsoft.AspNetCore.Authorization;
2   using Microsoft.AspNetCore.Mvc;
3   using System.Security.Claims;
4   using TeaTimeDemo.DataAccess.Repository.IRepository;
5   using TeaTimeDemo.Models.ViewModels;
6
7   namespace TeaTimeDemo.Areas.Customer.Controllers
8   {
9       [Area("Customer")]
10      [Authorize]
11      public class CartController : Controller
12      {
13          private readonly IUnitOfWork _unitOfWork;
14          public ShoppingCartVM ShoppingCartVM { get; set; }
15          public CartController(IUnitOfWork unitOfWork)
16          {
17              _unitOfWork = unitOfWork;
18          }
19          public IActionResult Index()
20          {
21              var claimsIdentity = (ClaimsIdentity)User.Identity;
22              var userId = claimsIdentity.FindFirst
23              (ClaimTypes.NameIdentifier).Value;
24              ShoppingCartVM = new()
```

```
25              {
26                  ShoppingCartList = _unitOfWork.ShoppingCart.GetAll(u
27                  => u.ApplicationUserId == userId, includeProperties:
28                  "Product")
29              };
30              foreach (var cart in ShoppingCartVM.ShoppingCartList)
31              {
32                  ShoppingCartVM.OrderTotal += (cart.Product.Price *
33          cart.Count);
34              }
35              return View(ShoppingCartVM);
36          }
37      }
38  }
```

完成後在第 36 行程式碼的部分加上程式中斷點，執行應用程式並點擊
購物車 icon。回到 Visual Studio 後將滑鼠移到 ShoppingCartVM 上，可
以看到該使用者購物車內的所有產品資訊，而且也會將總金額計算出
來。

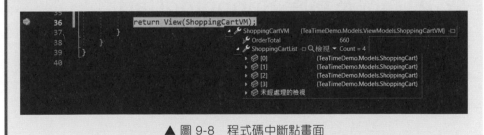

▲ 圖 9-8　程式碼中斷點畫面

步驟06 開啟 TeaTimeDemo/Areas/Customer/Views/Cart/Index.cshtml，貼上
我們在 github 上提供的程式碼，檔案路徑為：TeaTimeResources/
CH09-ShoppingCart/ShoppingCart-Index-Final.txt 檔案程式碼。在
這次修改中，我們加入了 ShoppingCartVM，並將購物車產品內容
透過 Foreach 的方式顯示在頁面上。最後，也增加了按鈕函式。

完成後執行應用程式,點擊購物車 icon,這時頁面上就會顯示所有在購物車內的產品,並且會計算整筆訂單的總金額。

▲ 圖 9-9　購物車畫面

⯈ 9-4 修改及移除 ShoppingCart

在購物車的首頁中,我們希望能在這邊修改購物車的數量,因此,開啟 TeaTimeDemo/Areas/Customer/Controllers/CartController.cs,新增程式碼。

```
1   public IActionResult Index()
2   {
3   .[ 省略 ].
4   }
5
6   // 本次新增部分
7   public IActionResult Plus(int cartId)
8   {
9       var cartFromDb = _unitOfWork.ShoppingCart.Get(u => u.Id ==
```

```
10      cartId);
11      cartFromDb.Count += 1;
12      _unitOfWork.ShoppingCart.Update(cartFromDb);
13      _unitOfWork.Save();
14      return RedirectToAction(nameof(Index));
15  }
16  // 本次新增部分
17  public IActionResult Minus(int cartId)
18  {
19      var cartFromDb = _unitOfWork.ShoppingCart.Get(u => u.Id ==
20      cartId);
21      if (cartFromDb.Count <= 1)
22      {
23          // 從購物車中刪除
24          _unitOfWork.ShoppingCart.Remove(cartFromDb);
25      }
26      else
27      {
28          cartFromDb.Count -= 1;
29          _unitOfWork.ShoppingCart.Update(cartFromDb);
30      }
31      _unitOfWork.Save();
32      return RedirectToAction(nameof(Index));
33  }
34  // 本次新增部分
35  public IActionResult Remove(int cartId)
36  {
37      var cartFromDb = _unitOfWork.ShoppingCart.Get(u => u.Id ==
38      cartId);
39      _unitOfWork.ShoppingCart.Remove(cartFromDb);
40      _unitOfWork.Save();
41      return RedirectToAction(nameof(Index));
42  }
```

在我們提供的程式碼中，已經事先在 TeaTimeDemo/Areas/Customer/
Views/Cart/Index.cshtml 建立好對應的 asp-action 以及 asp-route-cartId，
所以只要在 Controller 中完成功能的撰寫，就能直接執行相應的功能。

```html
<div class="col-6 col-sm-4 col-lg-6 pt-2">
    <div class="w-75 btn-group" role="group">
        <a asp-action="plus" asp-route-cartId="@item.Id" class="btn btn-primary">
            <i class="bi bi-plus-square"></i>
        </a>  
        <a asp-action="minus" asp-route-cartId="@item.Id" class="btn btn-warning">
            <i class="bi bi-dash-square"></i>
        </a>
    </div>
</div>
<div class="col-2 col-sm-4 col-lg-2 text-right pt-2">
    <a asp-action="remove" asp-route-cartId="@item.Id" class="btn btn-danger">
        <i class="bi bi-trash-fill"></i>
    </a>
</div>
```

▲ 圖 9-10　程式碼範例畫面

　　完成後就可以測試在購物車頁面的增加、減少數量的按鈕，會發現
金額也會跟著變動，如果將產品數量減到 0，就會將產品移除，以上就是
購物車的所有功能。

|課|後|習|題|

一、問答題

1. ViewModel 的主要作用是什麼？

2. ViewModel 和 Model 之間有什麼區別？為什麼需要使用 ViewModel ？

解答

一、問答題

1. 是一種在 Web 應用程式中使用的模式，用於整合一個或多個 Model 讓 View 使用。

2. Model 通常代表應用程式的資料部分，如使用者資訊、訂單、產品等。
   ViewModel 是專門為 View 設計的，它包含 View 所需的資料，通常不包括整個 Model 的資料。
   ViewModel 的目的是簡化 View 的資料呈現，提高程式碼的可讀性。

訂單管理

在這個章節中,我們將帶領讀者設計訂單結算頁面,讓使用者能夠完成訂單並修改訂購相關資訊。我們將會創建兩個訂單所需資料表,即訂單標題(OrderHeader)和訂單詳細資料(OrderDetail)。訂單標題會包含訂購的資訊,而訂單詳細資訊將包含有關訂單的所有詳細資訊。我們也會帶領讀者建立訂單相關的 Repository,來有效地管理訂單資料。此外,我們將詳細了解訂單狀態管理的整個過程,從顧客提交訂單時的待處理狀態(pending),到店家接受訂單後的處理中狀態(processing),再到等待製作完成的狀態(ready),最後到顧客取餐完並完成支付的訂單完成狀態(completed)。讀者將學習如何管理訂單,像是設計訂單進入店家接受、訂單完成等不同的狀態。為此,我們將添加一個 OrderController 來管理這些操作。

經過這個章節,讀者將掌握訂單管理系統的建立和管理能力,包括訂單資料表的創建,訂單畫面的設計及控制訂單狀態的方法。讀者還將深入了解如何處理訂單流程中的各種狀態,提升對電商平台訂單管理的全面了解。讀者也能根據自身網站的需求加入金流來讓使用者選擇不同的支付方式。

10-1 結算畫面

步驟01 當使用者點進購物車頁面後,可以觀察到下方有個總計 Summary 的按鈕,總計頁面應該會有訂購人的資訊、訂購產品內容等等。所以接下來我們要建立 Summary 的介面,開啟 TeaTimeDemo/Areas/Customer/Controllers/CartController.cs,找到下方區段,並新增程式碼。

```
1   public IActionResult Index()
2   {
3       .[省略].
4   }
5
6   public IActionResult Summary()// 本次新增部分
7   {
8       return View();
9   }
```

步驟02 接著在 Summary 的部分點擊滑鼠右鍵 → 新增檢視 → 檢視 → Razor
檢視 - 空白 → 加入，命名為 Summary.cshtml 後新增。

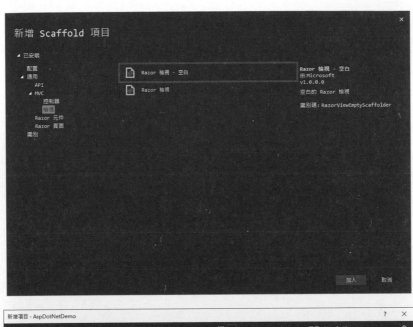

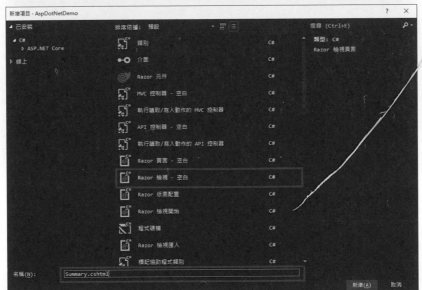

▲ 圖 10-1 新增 Summary View

剛建立好的 Summary 貼上我們在 github 上提供的程式碼，檔案路徑 為：TeaTimeRecources-master/CH10-OrderManagment/Summary.txt。

步驟03 接著開啟 TeaTimeDemo/Areas/Customer/Views/Cart/Index.cshtml，修改部分程式碼，要在這邊加上 asp-action="Summary"，才能開啟 Summary 頁面。

```
1    <div class="card-footer">
2        <div class="card-footer row justify-content-end">
3            <div class="col-sm-12 col-lg-4 col-md-6 pe-0">
4                <!-- 本次新增部分 -->
5                <a asp-action="Summary" class="btn btn-success
6                form-control">總計 Summary</a>
7            </div>
8        </div>
9    </div>
```

完成後執行應用程式，到購物車頁面點選總計按鈕，就會發現它跳轉到剛建立好的頁面了。

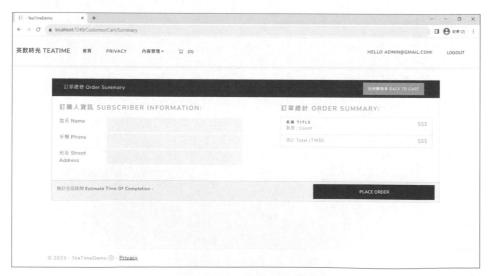

▲ 圖 10-2　Summary 頁面

10-2 新增訂單功能需要的資料表

當我們在任何網站上處理訂單時，通常會有兩張表，一個是訂單標題 OrderHeader，另一個是訂單詳細資訊 OrderDetail。訂單標題將包含訂單的所有資料，像是訂單的發貨地點、付款狀態、訂單日期、付款 ID 等等。而訂單詳細資訊將包含有關該筆訂單的所有詳細資訊，像是有哪些商品、總共訂購了幾筆等等。

步驟01 TeaTimeDemo.Models 點擊滑鼠右鍵→ 加入→ 類別→ 命名為 OrderHeader 後點選新增。

▲ 圖 10-3 新增 OrderHeader Model 頁面

新增完成後，修改為下方程式碼。

```
1   using Microsoft.AspNetCore.Mvc.ModelBinding.Validation;
2   using System;
3   using System.Collections.Generic;
4   using System.ComponentModel.DataAnnotations.Schema;
5   using System.ComponentModel.DataAnnotations;
6   using System.Linq;
7   using System.Text;
8   using System.Threading.Tasks;
9
10  namespace TeaTimeDemo.Models
11  {
12      public class OrderHeader
13      {
14          public int Id { get; set; }
15          public string ApplicationUserId { get; set; }
16          [ForeignKey("ApplicationUserId")]
17          [ValidateNever]
18          public ApplicationUser ApplicationUser { get; set; }
19          [Required]
20          public DateTime OrderDate { get; set; }
21          public double OrderTotal { get; set; }
22          public string? OrderStatus { get; set; }
23          public string? PaymentStatus { get; set; }
24          public DateTime PaymentDate { get; set; }
25          public DateTime PaymentDueDate { get; set; }
26          public string? SessionId { get; set; }
27          [Required]
28          public string PhoneNumber { get; set; }
29          [Required]
30          public string Address { get; set; }
31          [Required]
32          public string Name { get; set; }
33      }
34  }
```

在這邊每筆訂單都只屬於一個使用者，所以會有一個使用者表的外鍵 ApplicationUserId，我們也會有訂單的日期、訂單總計、訂單狀態、訂購人資訊以及付款的相關欄位。

步驟02 對 TeaTimeDemo.Models 點擊滑鼠右鍵→加入→類別→命名為 OrderDetail 後點選新增。

▲ 圖 10-4 新增 OrderDetail Model 頁面

新增完成後，修改為下方程式碼。

```
1   using Microsoft.AspNetCore.Mvc.ModelBinding.Validation;
2   using System;
3   using System.Collections.Generic;
4   using System.ComponentModel.DataAnnotations.Schema;
5   using System.ComponentModel.DataAnnotations;
6   using System.Linq;
7   using System.Text;
8   using System.Threading.Tasks;
9
```

```
10  namespace TeaTimeDemo.Models
11  {
12      public class OrderDetail
13      {
14          public int Id { get; set; }
15          [Required]
16          public int OrderHeaderId { get; set; }
17          [ForeignKey("OrderHeaderId")]
18          [ValidateNever]
19          public OrderHeader OrderHeader { get; set; }
20          [Required]
21          public int ProductId { get; set; }
22          [ForeignKey("ProductId")]
23          [ValidateNever]
24          public Product Product { get; set; }
25          public int Count { get; set; }
26          public double Price { get; set; }
27          public string Ice { get; set; }
28          public string sweetness { get; set; }
29      }
30  }
```

在訂單詳細資訊中，我們包含了我們的訂單標題欄位、產品 ID、產品數量、價錢、冰塊及甜度。

步驟03 完成後開啟 TeaTimeDemo.DataAccess/Data/ApplicationDbContext.cs，新增下方程式碼。

```
1   public DbSet<ShoppingCart> ShoppingCarts { get; set; }
2   public DbSet<ApplicationUser> ApplicationUsers { get; set; }
3   // 本次新增程式碼
4   public DbSet<OrderHeader> OrderHeaders { get; set; }
5   public DbSet<OrderDetail> OrderDetails { get; set; }
```

步驟04 接著要建立 migration，並更新資料庫，點選上方工具列的工具 → NuGet 套件管理員→套件管理器主控台 (需確認預設專案為

TeaTimeDemo.DataAccess)，輸入並執行下方指令：

```
1    add-migration addOrderHeaderAndDetailToDb
2    update-database
```

完成之後就可以去資料庫看資料表是否有新增成功。

10-3 建立訂單的 Repository

步驟01 在 TeaTimeDemo.DataAccess/Repository/IRepository 建 立 類 別，對 IRepository 資料夾點擊滑鼠右鍵→ 加入→ 類別，命名為 IOrderDetailRepository.cs 後新增，並修改為下方程式碼。

```
1    using System;
2    using System.Collections.Generic;
3    using System.Linq;
4    using System.Text;
5    using System.Threading.Tasks;
6    using TeaTimeDemo.Models;
7
8    namespace TeaTimeDemo.DataAccess.Repository.IRepository
9    {
10       public interface IOrderDetailRepository :
11       IRepository<OrderDetail>
12       {
13           void Update(OrderDetail obj);
14       }
15   }
```

步驟02 在 TeaTimeDemo.DataAccess/Repository/IRepository 建 立 類 別，對 IRepository 資料夾點擊滑鼠右鍵→ 加入→ 類別，命名為 IOrderHeaderRepository.cs 後新增，並修改為下方程式碼。

```
1   using System;
2   using System.Collections.Generic;
3   using System.Linq;
4   using System.Text;
5   using System.Threading.Tasks;
6   using TeaTimeDemo.Models;
7
8   namespace TeaTimeDemo.DataAccess.Repository.IRepository
9   {
10      public interface IOrderHeaderRepository:IRepository<OrderHeader>
11      {
12          void Update(OrderHeader obj);
13      }
14  }
```

步驟03 在 TeaTimeDemo.DataAccess/Repository 建立類別，對 Repository 資
料夾點擊滑鼠右鍵→加入→類別，命名為 OrderDetailRepository.cs
後新增，並修改為下方程式碼。

```
1   using System;
2   using System.Collections.Generic;
3   using System.Linq;
4   using System.Text;
5   using System.Threading.Tasks;
6   using TeaTimeDemo.DataAccess.Data;
7   using TeaTimeDemo.DataAccess.Repository.IRepository;
8   using TeaTimeDemo.Models;
9
10  namespace TeaTimeDemo.DataAccess.Repository
11  {
12      public class OrderDetailRepository : Repository<OrderDetail>,
13      IOrderDetailRepository
14      {
15          private ApplicationDbContext _db;
16          public OrderDetailRepository(ApplicationDbContext db) : base(db)
17          {
18              _db = db;
```

```
19          }
20          public void Update(OrderDetail obj)
21          {
22              _db.OrderDetails.Update(obj);
23          }
24      }
25  }
```

步驟04 在 TeaTimeDemo.DataAccess/Repository 建立類別,對 Repository 資料夾點擊滑鼠右鍵→加入→類別,命名為 OrderHeaderRepository. cs 後新增,並修改為下方程式碼。

```
1   using System;
2   using System.Collections.Generic;
3   using System.Linq;
4   using System.Text;
5   using System.Threading.Tasks;
6   using TeaTimeDemo.DataAccess.Data;
7   using TeaTimeDemo.DataAccess.Repository.IRepository;
8   using TeaTimeDemo.Models;
9
10  namespace TeaTimeDemo.DataAccess.Repository
11  {
12      public class OrderHeaderRepository : Repository<OrderHeader>,
13      IOrderHeaderRepository
14      {
15          private ApplicationDbContext _db;
16          public OrderHeaderRepository(ApplicationDbContext db) : base(db)
17          {
18              _db = db;
19          }
20          public void Update(OrderHeader obj)
21          {
22              _db.OrderHeaders.Update(obj);
23          }
24      }
25  }
```

步驟05 開啟 TeaTimeDemo.DataAccess/Repository/IRepository/IUnitOfWork. cs，新增程式碼。

```
1    .[ 省略 ].
2    IShoppingCartRepository ShoppingCart { get; }
3    IApplicationUserRepository ApplicationUser { get; }
4    // 本次新增部分
5    IOrderHeaderRepository OrderHeader { get; }
6    IOrderDetailRepository OrderDetail { get; }
```

步驟06 開啟 TeaTimeDemo.DataAccess/Repository/UnitOfWork.cs，新增程式碼。

```
7    .[ 省略 ].
8    public IApplicationUserRepository ApplicationUser { get; private set; }
9    // 本次新增部分
10   public IOrderHeaderRepository OrderHeader { get; private set; }
11   public IOrderDetailRepository OrderDetail { get; private set; }
12
13   public UnitOfWork(ApplicationDbContext db)
14   {
15       _db = db;
16       Category = new CategoryRepository(_db);
17       Product = new ProductRepository(_db);
18       Store = new StoreRepository(_db);
19       ShoppingCart = new ShoppingCartRepository(_db);
20       ApplicationUser = new ApplicationUserRepository(_db);
21       // 本次新增部分
22       OrderHeader = new OrderHeaderRepository(_db);
23       OrderDetail = new OrderDetailRepository(_db);
24   }
25   .[ 省略 ].
```

以上，就完成訂單 Repository 的建立囉。

10-4 將購物車金額與訂單合併

步驟01 接下來我們要將 OrderHeader 的內容加進 ShoppingCart 的 View Model，開啟 TeaTimeDemo.Models/ViewModels/ShoppingCartVM. cs，修改程式碼。

```
1   using System;
2   using System.Collections.Generic;
3   using System.Linq;
4   using System.Text;
5   using System.Threading.Tasks;
6
7   namespace TeaTimeDemo.Models.ViewModels
8   {
9       public class ShoppingCartVM
10      {
11          public IEnumerable<ShoppingCart> ShoppingCartList { get; set; }
12          // 本次修改部分
13          //public double OrderTotal { get; set; }
14          public OrderHeader OrderHeader { get; set; }
15      }
16  }
```

步驟02 開啟 TeaTimeDemo/Areas/Customer/Controllers/CartController.cs，修改部分程式碼。

```
1   public IActionResult Index()
2   {
3       var claimsIdentity = (ClaimsIdentity)User.Identity;
4       var userId =
5       claimsIdentity.FindFirst(ClaimTypes.NameIdentifier).Value;
6       ShoppingCartVM = new()
7       {
8           ShoppingCartList = _unitOfWork.ShoppingCart.GetAll(u =>
9           u.ApplicationUserId == userId, includeProperties: "Product"),
```

```
10          // 本次修改部分
11          OrderHeader = new()
12      };
13      foreach (var cart in ShoppingCartVM.ShoppingCartList)
14      {
15          // 本次修改部分
16          ShoppingCartVM.OrderHeader.OrderTotal += (cart.Product.Price *
17      cart.Count);
18      }
19      return View(ShoppingCartVM);
20  }
```

步驟03 開 啟 TeaTimeDemo/Areas/Customer/Views/Cart/Index.cshtml，修
改部分程式碼。

```
1   .[省略].
29  <div class="row">
30      <div class="col-12 col-md-6 offset-md-6 col-lg-4 offset-lg-8 pr-4">
31          <ul class="list-group">
32          <li class="list-group-item d-flex justify-content-
33          between bg-light">
34          <span class="text-info"> 總金額 (NT)</span>
35          <!-- 本次修改部分 -->
36          <strong class="text-info">
37              @Model.OrderHeader.OrderTotal.ToString("c")
38          </strong>
39          </li>
40          </ul>
41      </div>
42  </div>
```

完成後可以測試一下購物車加總金額的功能是否正常。

步驟04 接著要將使用者的資料導入總計 Summary 頁面，開啟 TeaTimeDemo/ Areas/Customer/Controllers/CartController.cs，修改部分程式碼。

```
1   public IActionResult Summary()
2   {
3       var claimsIdentity = (ClaimsIdentity)User.Identity;
4       var userId = claimsIdentity.FindFirst(ClaimTypes.NameIdentifier).Value;
5       ShoppingCartVM = new ShoppingCartVM()
6       {
7           ShoppingCartList = _unitOfWork.ShoppingCart.GetAll(u =>
8       u.ApplicationUserId == userId, includeProperties: "Product"),
9           OrderHeader = new()
10      };
11      ShoppingCartVM.OrderHeader.ApplicationUser =
12      _unitOfWork.ApplicationUser.Get(u => u.Id == userId);
13      ShoppingCartVM.OrderHeader.Name =
14       ShoppingCartVM.OrderHeader.ApplicationUser.Name;
15      ShoppingCartVM.OrderHeader.PhoneNumber =
16       ShoppingCartVM.OrderHeader.ApplicationUser.PhoneNumber;
17      ShoppingCartVM.OrderHeader.Address =
18       ShoppingCartVM.OrderHeader.ApplicationUser.Address;
19
20      foreach (var cart in ShoppingCartVM.ShoppingCartList)
21      {
22          ShoppingCartVM.OrderHeader.OrderTotal += (cart.Product.Price *
23       cart.Count);
24      }
25      return View(ShoppingCartVM);
26  }
```

步驟05 接著我們要把使用者的資料放進我們的頁面中，開啟 TeaTimeDemo/Areas/Customer/Views/Cart/Summary.cshtml，到下 方程式碼片段並修改。

```
1   @* 本次新增部分 *@
2   @model ShoppingCartVM
3   .[ 省略 ].
```

```
4   <div class="row container align-items-center">
5       <div class="col-6">
6       <i class="fa fa-shopping-cart"></i>  
7       訂單總管 Order Summary
8       </div>
9       <div class="col-6 text-end">
10      @* 本次修改部分 *@
11      a asp-action="Index" class="btn btn-info btn-sm">回到購物車 Back
12      to Cart</a>
13      </div>
14  </div>
```

```
1   <div class="row my-1">
2       <div class="col-3">
3       <label>姓名 Name</label>
4       </div>
5       <div class="col-9">
6       @* 本次修改部分 *@
7       <input asp-for="OrderHeader.Name" class="form-control" />
8       <span asp-validation-for="OrderHeader.Name" class="text-danger">
9       </span>
10      </div>
11  </div>
12  <div class="row my-1">
13      <div class="col-3">
14      <label>手機 Phone</label>
15      </div>
16      <div class="col-9">
17      @* 本次修改部分 *@
18          <input asp-for="OrderHeader.PhoneNumber" class="form-control" />
19          <span asp-validation-for="OrderHeader.PhoneNumber"
20           class="text-danger"></span>
21      </div>
22  </div>
23  <div class="row my-1">
24      <div class="col-3">
25          <label>地址 Street Address</label>
26      </div>
```

```
27    <div class="col-9">
28        @* 本次修改部分 *@
29    <input asp-for="OrderHeader.Address" class="form-control" />
30    <span asp-validation-for="OrderHeader.Address" class="text-danger">
31    </span>
32    </div>
33 </div>
```

```
1  <ul class="list-group mb-3">
2      @* 本次修改部分 *@
3      @foreach (var details in Model.ShoppingCartList)
4      {
5          <li class="list-group-item d-flex justify-content-between">
6              <div>
7                  <h6 class="my-0">@details.Product.Name</h6>
8                  <small class="text-muted">數量 : @details.Count</small>
9                  <br>
10                 <small class="text-muted">甜度 : @details.Ice</small>
11                 <br>
12                 <small class="text-muted">冰量 :
13      @details.Sweetness</small>
14             </div>
15             <span class="text-muted">@((details.Product.Price *
16     details.Count).ToString("c"))</span>
17         </li>
18     }
19     <li class="list-group-item d-flex justify-content-between bg-light">
20         <small class="text-info">總計 Total (TWD)</small>
21         @* 本次修改部分 *@
22         <strong class="text-info">
23     @Model.OrderHeader.OrderTotal.ToString("c")</strong>
24     </li>
25 </ul>
```

完成之後可以發現 Summary 頁面會顯示訂購人的資訊。

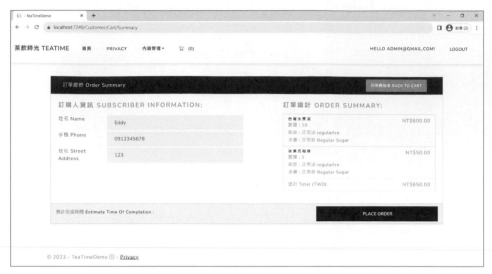

▲ 圖 10-5　OrderDetail Summary 頁面

10-5　送出訂單

顧客觸發行為	訂單狀態	說明
送出訂單	pending	等待店家確認訂單
店家接受訂單	processing	飲料製作中
飲料製作完成	ready	飲料製作完成，可取餐
付款取餐	completed	訂單完成
取消訂單	Cancelled	取消訂單

　　在開始處理訂單狀態之前，要先了解訂單狀態管理發生的事情。當顧客選好產品後，送出訂單，訂單會處於待處理的狀態 (pending 等待店家確認訂單) => 當店家接受訂單後，就會開始製作飲料，訂單狀態就會修改為處理中 (processing 飲料製作中) => 當飲料製作完成時，訂單會

進入準備好的狀態並等待顧客取餐 (ready 飲料製作完成，可取餐) => 最
後，顧客來店取餐與付款 (completed 訂單完成)。

步驟01 在完成送出訂單的功能之前，我們要先新增後續管理訂單狀態的
變數。首先，開啟 TeaTimeDemo.Utility/SD.cs，新增程式碼。

```csharp
1   using System;
2   using System.Collections.Generic;
3   using System.Linq;
4   using System.Text;
5   using System.Threading.Tasks;
6
7   namespace TeaTimeDemo.Utility
8   {
9       public static class SD
10      {
11          public const string Role_Customer = "Customer";
12          public const string Role_Employee = "Employee";
13          public const string Role_Manager = "Manager";
14          public const string Role_Admin = "Admin";
15
16          // 等待店家確認訂單 -> 店家確認後改為訂單準備中 -> 店家準備完成後改
17              為訂單完成、可取餐 -> 使用者取餐後改為訂單完成
18      public const string StatusPending = "Pending";
19      // 等待店家確認訂單
20      //public const string StatusApproved = "Approved";
21      public const string StatusInProcess = "Processing";
22      // 店家確認後改為訂單準備中
23      public const string StatusCancelled = "Cancelled";
24      // 店家或顧客取消訂單
25      public const string StatusReady = "Ready";
26      // 店家準備完成，顧客可以取餐
27      public const string StatusCompleted = "Completed";
28      // 顧客取餐及付款後，店家結束訂單
29      }
30  }
```

步驟02 接下來要處理送出訂單的過程，寫進資料庫，開啟 TeaTimeDemo/ Areas/Customer/Controllers/CartController.cs，新增程式碼。

```
1    // 本次新增部分
2    [BindProperty]
3    public ShoppingCartVM ShoppingCartVM { get; set; }
4    .[省略].
5    public IActionResult Summary()
6    {
7    .[省略].
8    }
9
10   // 本次新增部分
11   [HttpPost]
12   [ActionName("Summary")]
13   public IActionResult SummaryPOST(ShoppingCartVM shoppingCartVM)
14   {
15       var claimsIdentity = (ClaimsIdentity)User.Identity;
16       var userId =
17       claimsIdentity.FindFirst(ClaimTypes.NameIdentifier).Value;
18       ShoppingCartVM.ShoppingCartList = _unitOfWork.ShoppingCart.GetAll
19       (u => u.ApplicationUserId == userId, includeProperties: "Product");
20       ShoppingCartVM.OrderHeader.OrderDate = System.DateTime.Now;
21       // 訂單日期為今天日期
22       ShoppingCartVM.OrderHeader.ApplicationUserId = userId;
23       ApplicationUser applicationUser = _unitOfWork.ApplicationUser.Get
24       (u => u.Id == userId);
25
26       foreach (var cart in ShoppingCartVM.ShoppingCartList)
27       // 計算訂單總金額
28       {
29           ShoppingCartVM.OrderHeader.OrderTotal += (cart.Product.Price *
30           cart.Count);
31       }
32       _unitOfWork.OrderHeader.Add(ShoppingCartVM.OrderHeader);
33       _unitOfWork.Save();
34
35       foreach(var cart in ShoppingCartVM.ShoppingCartList)
```

```
36      // 創建訂單細節資訊
37        {
38              OrderDetail orderDetail = new()
39        {
40          ProductId = cart.ProductId,
41          OrderHeaderId = ShoppingCartVM.OrderHeader.Id,
42          Ice = cart.Ice,
43          sweetness = cart.Sweetness,
44          Price = cart.Product.Price,
45          Count = cart.Count
46        };
47        _unitOfWork.OrderDetail.Add(orderDetail);
48        _unitOfWork.Save();
49        }
50
51      return RedirectToAction(nameof(OrderConfirmation), new { id =
52      ShoppingCartVM.OrderHeader.Id });
53      // 在這邊重導向到一個動作，並將訂單編號傳遞下去
54  }
55
56  // 訂單確認頁面
57  public IActionResult OrderConfirmation(int id)
58  {
59      return View(id);
60  }
```

在一段程式碼中，我們使用 [BindProperty] 這個方法來綁定 ShoppingCartVM 的屬性，當我們購買商品時，它會自動綁定我們的 ShoppingCartVM。

步驟03 完成後對 OrderConfirmation 點擊滑鼠右鍵 → 新增檢視 → Razor 檢視 - 空白 → 加入 → 命名為 OrderConfirmation.cshtml → 新增。

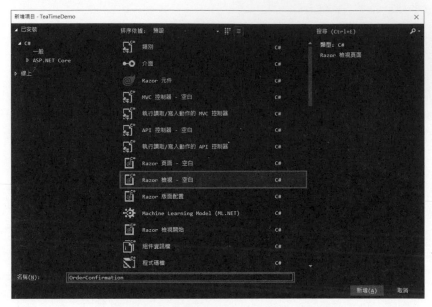

▲ 圖 10-6　新增 OrderConfirmation 畫面

步驟04 對 OrderConfirmation.cshtml 新增下方程式碼。

```
1    @model int
2
3    <div class="container row pt-4">
4        <div class="col-12 text-center">
5            <h1 class="text-primary text-center">訂單送出成功 </h1>
6            您的訂單編號為 : @Model <br /><br />
7        </div>
8        <div class="col-12 text-center" style="color:maroon">
9            <br />
10           您的訂單已成功下達！<br />
11       </div>
12   </div>
```

完成後執行應用程式，將商品加入購物車後點選總計 Summary 的按鈕，跳到訂單總管頁面後，接著點選 Place Order 按鈕，這時就會跳出訂單確認頁面。開啟資料庫也會看到訂單已寫入 OrderHeader 資料表，詳細訂單內容則寫入 OrderDetails 資料表。

▲ 圖 10-7　訂單確認頁面

步驟05　接下來我們要修改訂單狀態，開啟 TeaTimeDemo.DataAccess/Repository/IRepository/IOrderHeaderRepository.cs，並新增程式碼。

```
1    using System;
2    using System.Collections.Generic;
3    using System.Linq;
4    using System.Text;
5    using System.Threading.Tasks;
6    using TeaTimeDemo.Models;
7
8    namespace TeaTimeDemo.DataAccess.Repository.IRepository
9    {
10       public interface IOrderHeaderRepository : IRepository<OrderHeader>
11       {
12           void Update(OrderHeader obj);
13           // 本次新增程式碼
14           void UpdateStatus(int id, string orderStatus, string?
15       paymentStatus = null);
16       }
17   }
```

步驟06 完 成 後 開 啟 TeaTimeDemo.DataAccess/Repository/OrderHeader
Repository.cs，會發現 IOrderHeaderRepository 的部分出現了紅色
底線錯誤，將滑鼠移到該錯誤提示部分，出現燈泡後展開→點選
實作介面，會產生下方程式碼。

```
1   public void UpdateStatus(int id, string orderStatus, string?
2   paymentStatus = null)
3   {
4       throw new NotImplementedException();
5   }
```

步驟07 修改為下方程式碼。

```
1   public void UpdateStatus(int id, string orderStatus, string?
2       paymentStatus = null)
3   {
4       var orderFromDb = _db.OrderHeaders.FirstOrDefault(u => u.Id == id);
5       if (orderFromDb != null)
6       {
7           orderFromDb.OrderStatus = orderStatus;
8           if (!string.IsNullOrEmpty(paymentStatus))
9           {
10              orderFromDb.PaymentStatus = paymentStatus;
11          }
12      }
13  }
```

步驟08 在送出訂單後，要等待店家確認訂單，並將購物車清單清除。開
啟 TeaTimeDemo/Areas/Customer/Controllers/CartController.cs，找
到 public IActionResult OrderConfirmation 的部分，修改為下方程
式碼。

```
1   public IActionResult OrderConfirmation(int id)
2   {
3       OrderHeader orderHeader = _unitOfWork.OrderHeader.Get(u => u.Id ==
```

```
4      id, includeProperties: "ApplicationUser"); // 送出後等待店家確認訂單
5      _unitOfWork.OrderHeader.UpdateStatus(id, SD.StatusPending);
6      // 送出訂單後將購物車內的商品刪除
7      List<ShoppingCart> shoppingCarts =_unitOfWork.ShoppingCart.GetAll
8      (u => u.ApplicationUserId == orderHeader.ApplicationUserId).ToList();
9      _unitOfWork.ShoppingCart.RemoveRange(shoppingCarts);
10     _unitOfWork.Save();
11     return View(id);
12  }
```

完成後執行應用程式，將商品加入購物車後點選總計 Summary 的按鈕，會發現在購物車內的商品被清空了，且 OrderHeader 表內的 OrderStatus 欄位已寫入新的狀態。

以上就完成了訂單的新增，接下來要完成的是訂單的管理功能。

▤ 10-6 訂單管理

現在，我們完成了訂單的新增，接著，我們需要切換訂單的狀態，要如何讓訂單變成店家已接受、訂單完成等狀態，就是本章節要新增的功能。為此我們需要添加一個 OrderController 來管理。

步驟01 對 TeaTimeDemo/Areas/Admin/Controllers 資料夾點擊滑鼠右鍵→加入→控制器→MVC 控制器 - 空白→加入→命名為 OrderController.cs 後新增。

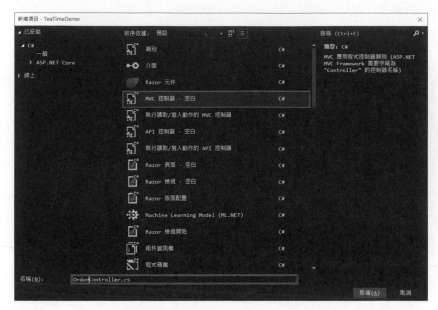

▲ 圖 10-8　新增 OrderController.cs

將剛建立好的 OrderController.cs 修改為下方程式碼。

```csharp
1  using Microsoft.AspNetCore.Mvc;
2  using TeaTimeDemo.DataAccess.Repository.IRepository;
3  using TeaTimeDemo.Models;
4
5  namespace TeaTimeDemo.Areas.Admin.Controllers
6  {
7      [Area("Admin")]
8      [Authorize]
9      public class OrderController : Controller
10     {
11         private readonly IUnitOfWork _unitOfWork;
12         public OrderController(IUnitOfWork unitOfWork)
13         {
14             _unitOfWork = unitOfWork;
15         }
16         public IActionResult Index()
17         {
18             return View();
```

```
19          }
20      #region API CALLS
21      [HttpGet]
22      public IActionResult GetAll()
23      {
24          // 取得所有訂單資訊，並包含訂購人
25          List<OrderHeader> objOrderHeaders =
26          _unitOfWork.OrderHeader.GetAll(includeProperties:
27          "ApplicationUser").ToList();
28          return Json(new { data = objOrderHeaders });
29      }
30      #endregion
31      }
32  }
```

步驟02 接著我們要對 Order 製作一個專屬的 ViewModel，我們希望包含
訂單標題及訂單詳細資訊。對 TeaTimeDemo.Models/ViewModels
資料夾點擊滑鼠右鍵→加入→新增項目→顯示所有範本→命名
為 OrderVM.cs→新增。

▲ 圖 10-9　新增 OrderVM.cs

將剛建立好的 OrderVM.cs 修改為下方程式碼。

```
1   using System;
2   using System.Collections.Generic;
3   using System.Linq;
4   using System.Text;
5   using System.Threading.Tasks;
6
7   namespace TeaTimeDemo.Models.ViewModels
8   {
9       public class OrderVM
10      {
11          public OrderHeader OrderHeader { get; set; }
12          public IEnumerable<OrderDetail> OrderDetail { get; set; }
13      }
14  }
```

步驟03 完成後回到 OrderController.cs，我們要在訂單的首頁中顯示所有
訂單，並包含訂單的詳細資訊及狀態。找到 public IActionResult
Index，對 Index 點擊滑鼠右鍵→新增檢視→Razor 檢視 - 空白→
加入→命名為 Index.cshtml 後新增。

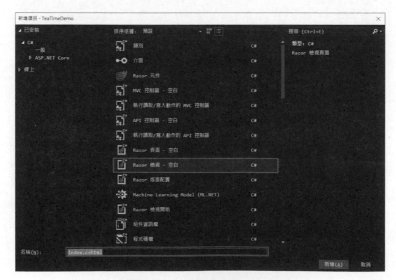

▲ 圖 10-10　新增 Index.cshtml

剛建立好的 Index.cshtml 貼上我們在 github 上提供的程式碼，檔案路徑為：TeaTimeResources-master/CH10-OrderManagment/Order-Index.txt。

步驟04 完成後複製 TeaTimeDemo/wwwroot/js/product.js，並貼在同一個資料夾下，將其重新命名為 order.js，並將其修改為下方程式碼。

```
1   var dataTable;
2   $(document).ready(function () {
3       loadDataTable();
4   });
5
6   function loadDataTable() {
7       dataTable = $('#tblData').DataTable({
8           "ajax": {
9               url: '/admin/order/getall'
10          },
11          "columns": [
12              { data: 'id', "width": "10%" },
13              { data: 'name', "width": "15%" },
14              { data: 'phoneNumber', "width": "20%" },
15              { data: 'applicationUser.email', "width": "20%" },
16              { data: 'orderStatus', "width": "10%" },
17              { data: 'orderTotal', "width": "10%" },
18              {
19                  data: 'id',
20                  "render": function (data) {
21                      return `<div class="w-75 btn-group" role="group">
22                      <a href="/admin/order/details?orderId=${data}"
23          class="btn btn-primary mx-2"> <i class="bi
24          bi-pencil-square"></i></a>
25                      </div>`
26                  },
27                  "width": "15%"
28              }
29          ]
30      });
31  }
```

步驟05 開啟 TeaTimeDemo/Views/Shared/_Layout.cshtml，找到 Privacy 按鈕的部分，將其修改為下方程式碼。

```
1   <!-- 修改前 -->
2   <a class="nav-link text-dark" asp-area="Customer" asp-
3   controller="Home" asp-action="Privacy">Privacy</a>
4
5   <!-- 修改後 -->
6   <a class="nav-link text-dark" asp-area="Admin" asp-controller="Order"
7   asp-action="Index">訂單管理 </a>
```

完成後執行應用程式，點擊導覽列的訂單管理，就會看到目前的所有訂單囉。

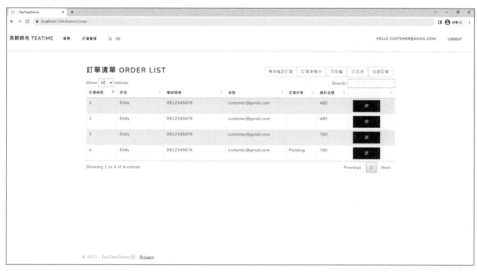

▲ 圖 10-11　訂單管理頁面

步驟06 接著我們想要添加訂單狀態的篩選功能，我們要根據篩選的狀態來給予正確的訂單列表，開啟並修改程式碼 TeaTimeDemo/Areas/Admin/Controllers/OrderController.cs。

```
1    #region API CALLS
2    [HttpGet]
3    public IActionResult GetAll(string status) // 本次修改部分
4    {
5        // 本次修改部分
6        IEnumerable<OrderHeader> objOrderHeaders = _unitOfWork.OrderHeader
7        .GetAll(includeProperties: "ApplicationUser").ToList();
8        // 本次修改部分
9        switch (status)
10       {
11           case "Pending":
12               objOrderHeaders = objOrderHeaders.Where(u => u.OrderStatus ==
13           SD.StatusPending);
14               break;
15           case "Processing":
16               objOrderHeaders = objOrderHeaders.Where(u => u.OrderStatus ==
17           SD.StatusInProcess);
18               break;
19           case "Ready":
20               objOrderHeaders = objOrderHeaders.Where(u => u.OrderStatus ==
21           SD.StatusReady);
22               break;
23           case "Completed":
24               objOrderHeaders = objOrderHeaders.Where(u => u.OrderStatus ==
25           SD.StatusCompleted);
26               break;
27           default:
28               break;
29       }
30       return Json(new { data = objOrderHeaders });
31   }
32   #endregion
```

步驟07 開啟 TeaTimeDemo/wwwroot/js/order.js，修改為下方程式碼。

```
1   var dataTable;
2   $(document).ready(function () {
3       // 本次修改部分
4       var url = window.location.search;
5       console.log(url)
6       if (url.includes("Processing")) {
7           loadDataTable("Processing");
8       }
9       else {
10          if (url.includes("Pending")) {
11              loadDataTable("Pending");
12          }
13          else {
14              if (url.includes("Ready")) {
15                  loadDataTable("Ready");
16              }
17              else {
18                  if (url.includes("Completed")) {
19                      loadDataTable("Completed");
20                  }
21                  else {
22                      loadDataTable("all");
23                  }
24              }
25          }
26      }
27  });
28
29  function loadDataTable(status) { // 本次修改部分
30      dataTable = $('#tblData').DataTable({
31          "ajax": {
32              // 本次修改部分
33              url: '/admin/order/getall?status=' + status
34          },
35          .[省略].
36  }
```

步驟08 開啟 TeaTimeDemo/Areas/Admin/Views/Order/Index.cshtml，修改
為下方程式碼。

```
1    // 本次新增程式碼
2    @{
3        var status = Context.Request.Query["status"];
4        var pending = "text-primary";
5        var processing = "text-primary";
6        var ready = "text-primary";
7        var completed = "text-primary";
8        var all = "text-primary";
9
10       switch (status)
11       {
12           case "Pending":
13               pending = "active text-white";
14               break;
15           case "Processing":
16               processing = "active text-white";
17               break;
18           case "Ready":
19               ready = "active text-white";
20               break;
21           case "Completed":
22               completed = "active text-white";
23               break;
24           default:
25               all = "active text-white";
26               break;
27       }
28   }
29
30   <div class="p-3">
31       <div class="d-flex justify-content-between pt-4">
32           <div class="pt-2">
33               <h2 class="text-primary">訂單清單 Order List</h2>
34           </div>
35           <div class="p-2">
36               <ul class="list-group list-group-horizontal-sm">
```

```
37              <a style="text-decoration:none;" asp-controller="Order"
38                  asp-action="Index" asp-route-status="Pending">
39                  // 本次修改程式碼
40                  <li class="list-group-item @pending"> 等待確認訂單 </li>
41              </a>
42              <a style="text-decoration:none;" asp-controller="Order"
43                  asp-action="Index" asp-route-status="Processing">
44                  // 本次修改程式碼
45                  <li class="list-group-item @processing"> 訂單準備中 </li>
46              </a>
47              <a style="text-decoration:none;" asp-controller="Order"
48                  asp-action="Index" asp-route-status="Ready">
49                  // 本次修改程式碼
50                  <li class="list-group-item @ready"> 可取餐 </li>
51              </a>
52              <a style="text-decoration:none;" asp-controller="Order"
53                  asp-action="Index" asp-route-status="Completed">
54                  // 本次修改程式碼
55                  <li class="list-group-item @completed"> 已完成 </li>
56              </a>
57              <a style="text-decoration:none;" asp-controller="Order"
58                  asp-action="Index" asp-route-status="all">
59                  // 本次修改程式碼
60                  <li class="list-group-item @all"> 全部訂單 </li>
61              </a>
62          </ul>
63        </div>
64      </div>
65  </div>
66      .[ 省略 ].
67  }
```

完成後切到訂單的首頁，就能根據訂單狀態的頁籤切換，只看得到該狀態的訂單囉。

步驟09 接著我們要新增各項訂單的詳細資訊頁面，根據點選的訂單，顯示相關資訊。開啟 TeaTimeDemo/Areas/Admin/Controllers/OrderController.cs，新增程式碼。

```
1  public IActionResult Index()
2  {
3      return View();
4  }
5
6  // 本次新增部分
7  public IActionResult Details(int orderId)
8  {
9      OrderVM orderVM = new OrderVM
10     {
11         // 根據訂單標題內的訂購人 id，顯示訂購人的資訊，以及顯示訂單內所有
12     產品的內容。
13         OrderHeader = _unitOfWork.OrderHeader.Get(u => u.Id == orderId,
14     includeProperties: "ApplicationUser"),
15         OrderDetail = _unitOfWork.OrderDetail.GetAll(u => u.OrderHeaderId
16     == orderId, includeProperties: "Product")
17     };
18     return View(orderVM);
19 }
```

步驟10 完成後對 Details 的部分點擊滑鼠右鍵→新增檢視→Razor 檢視 -
空白→命名為 Details.cshtml→新增。

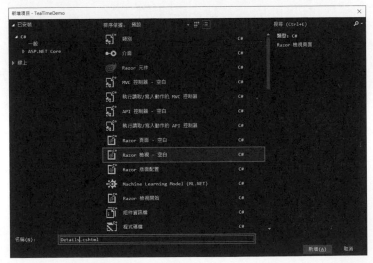

▲ 圖 10-12　新增 Details.cshtml 頁面

步驟11 剛建立好的 Details.cshtml 貼上我們在 github 上提供的程式碼，檔案路徑為：TeaTimeResources/CH10-OrderManagment/Details.txt。

程式碼講解

在訂單管理的頁面部分，我們使用 @if (User.IsInRole(SD.Role_Admin) || User.IsInRole(SD.Role_Employee) || User.IsInRole(SD.Role_Manager)) 來控制一般使用者不能進行編輯的動作，當一般使用者登入時，按鈕會變成為唯讀的狀態 (程式碼第 31-39、45-53、59-67)。

訂單狀態的部分，我們在最上方引入了 @model OrderVM，因此可以使用 @Model.OrderHeader.OrderStatus 獲得當前訂單狀態，訂單金額總計也是相同的方法 (程式碼第 92-119 行)。

我們使用 @foreach (var detail in Model.OrderDetail) 迴圈，產生訂單內的產品的詳細資料至頁面上，迴圈內則使用 @detail 來控制物件內的變數 (程式碼第 95-112 行)。

完成後執行應用程式，進入訂單管理頁面，點擊其中一筆訂單右側的編輯按鈕，就可以看到該筆訂單的詳細資料囉。

▲ 圖 10-13　管理者訂單詳細資料頁面

在訂單細節資訊頁面的左側中，包含了訂購人資訊以及訂購日期。如果使用者點進訂單詳細資訊頁面，在訂購人資訊我們是不允許使用者隨意更改的，只有員工或管理者身分才能進行修改更新。

▲ 圖 10-14　一般使用者（左）以及管理者（右）訂購資訊

步驟12 接下來我們希望能夠讓員工或管理者可以修改訂購人的資訊，而如果是使用者的話只允許讀取，開啟並修改程式碼 TeaTimeDemo/Areas/Admin/Controllers/OrderController.cs。

```
1   private readonly IUnitOfWork _unitOfWork;
2   // 本次新增部分
3   [BindProperty]
4   public OrderVM OrderVM { get; set; }
5   .[省略].
6   public IActionResult Details(int orderId)
7   {
8       // 本次修改部分
9       OrderVM = new OrderVM
10      {
11          OrderHeader = _unitOfWork.OrderHeader.Get(u => u.Id == orderId,
12      includeProperties: "ApplicationUser"),
13          OrderDetail = _unitOfWork.OrderDetail.GetAll(u => u.OrderHeaderId
14      == orderId, includeProperties: "Product")
15      };
16      // 本次修改部分
17      return View(OrderVM);
18  }
19  //本次新增部分
20  [HttpPost]
21  [Authorize(Roles = SD.Role_Admin + "," + SD.Role_Employee + "," +
    SD.Role_Manager)]
22  public IActionResult UpdateOrderDetail()
23  {
24      var orderHeaderFromDb = _unitOfWork.OrderHeader.Get(u => u.Id ==
25      OrderVM.OrderHeader.Id);
26      orderHeaderFromDb.Name = OrderVM.OrderHeader.Name;
27      orderHeaderFromDb.PhoneNumber = OrderVM.OrderHeader.PhoneNumber;
28      orderHeaderFromDb.Address = OrderVM.OrderHeader.Address;
29
30      _unitOfWork.OrderHeader.Update(orderHeaderFromDb);
31      _unitOfWork.Save();
32
33      TempData["Success"] = "訂購人資訊更新成功！";
34
35      return RedirectToAction(nameof(Details), new { orderId =
    orderHeaderFromDb.Id });
36  }
37  .[省略].
```

在 Detail.cshtml 第 83-86 行部分，我們有設定角色權限，並且加上了 asp-action="UpdateOrderDetail"，且在最上方第 5 行程式碼的部分有加上 <input asp-for="OrderHeader.Id" hidden />，將選取的訂單 Id 傳入至 Controller，這樣程式在執行時才知道目前編輯的是哪一筆訂單。

完成後執行應用程式，需要以 Admin、Manager 或是 Employee 等角色的帳號登入，就可以編輯訂購人資訊囉。

接下來要區分 Customer 及其他角色所看到的訂單清單的內容，Customer 應該只能看到自己下訂的訂單，而其他角色則能看到所有訂單 (這部分可以根據專案需求自行設定)。

步驟13 開 啟 TeaTimeDemo/Areas/Admin/Controllers/OrderController.cs，修改程式碼。

```
1   public IActionResult GetAll(string status)
2   {
3       // 本次修改部分
4       IEnumerable<OrderHeader> objOrderHeaders;
5       // 本次新增部分
6       if (User.IsInRole(SD.Role_Admin) || User.IsInRole(SD.Role_Employee)
7       || User.IsInRole(SD.Role_Manager))
8       {
9           objOrderHeaders = _unitOfWork.OrderHeader
10              .GetAll(includeProperties: "ApplicationUser").ToList();
11      }
12      else
13      {
14          // 根據使用者的 ID 來進行篩選，
15          var claimsIdentity = (ClaimsIdentity)User.Identity;
16          var userId =
17          claimsIdentity.FindFirst(ClaimTypes.NameIdentifier).Value;
18          objOrderHeaders = _unitOfWork.OrderHeader.GetAll(u =>
19          u.ApplicationUserId == userId includeProperties:"ApplicationUser");
```

```
20      }
21      switch (status)
22      {
23          .[省略].
24      }
25      return Json(new { data = objOrderHeaders });
26  }
```

完成後執行應用程式，以不同帳號登入並新增訂單，會發現若是以顧客 Customer 的角色帳號登入，就只會看到自己的訂單，而不會看到其他人的。

步驟14 接下來要進行修改訂單狀態的功能。開啟 TeaTimeDemo/Areas/Admin/Views/Order/Details.cshtml，修改編輯訂單狀態的按鈕。

```
1   @if (User.IsInRole(SD.Role_Admin) || User.IsInRole(SD.Role_Employee) ||
    User.IsInRole(SD.Role_Manager))
2   {
3       @if(Model.OrderHeader.OrderStatus == SD.StatusPending)
4       {
5           <button type="submit" class="btn btn-primary form-control my-1">
6       接受訂單 </button>
7       }
8       @if (Model.OrderHeader.OrderStatus == SD.StatusInProcess)
9       {
10          <button type="submit" class="btn btn-primary form-control my-1">
11      製作完成 ( 通知顧客取餐 )</button>
12      }
13      @if (Model.OrderHeader.OrderStatus == SD.StatusReady)
14      {
15          <button type="submit" class="btn btn-success form-control my-1">
16      確認付款 ( 訂單完成 )</button>
17      }
18      @if (Model.OrderHeader.OrderStatus != SD.StatusCompleted &&
19      Model.OrderHeader.OrderStatus != SD.StatusCancelled)
20      {
21          <button type="submit" class="btn btn-danger form-control my-1">
```

```
22    取消訂單 </button>
23       }
24  }
```

一樣透過 @if (User.IsInRole(SD.Role_Admin) || User.IsInRole(SD.Role_
Employee) || User.IsInRole(SD.Role_Manager)) 控制一般使用者無法看到
按鈕，並且透過 Model.OrderHeader.OrderStatus 來判斷目前訂單狀態，
來決定要到訂單的下一階段應該要出現什麼按鈕。

如果訂單：

▸ 處於 Pending 的狀態，就只會顯示接受訂單的按鈕。

▸ 狀態為 Processing，店家可以將訂單修改為製作完成。

▸ 處於 Ready 的狀態，店家可以看到確認付款按鈕。

如果訂單不為：

已完成 Completed 或取消 Cancelled 狀態，就會顯示取消訂單的按鈕。

步驟15 接 著 開 啟 TeaTimeDemo/Areas/Admin/Controllers/OrderController.
cs，新增接受訂單的 Action。

```
1   [HttpPost]
2   [Authorize(Roles = SD.Role_Admin + "," + SD.Role_Employee + "," +
3   SD.Role_Manager)]
4   public IActionResult UpdateOrderDetail()
5   {
6   .[ 省略 ].
7   }
8
9   // 本次新增部分
10  [HttpPost]
11  [Authorize(Roles = SD.Role_Admin + "," + SD.Role_Employee + "," +
12  SD.Role_Manager)]
```

```
13  public IActionResult StartProcessing()
14  {
15      _unitOfWork.OrderHeader.UpdateStatus(OrderVM.OrderHeader.Id,
16      SD.StatusInProcess);
17      _unitOfWork.Save();
18
19      TempData["Success"] = "訂單狀態更新成功！";
20
21      return RedirectToAction(nameof(Details), new { orderId =
22      OrderVM.OrderHeader.Id });
23  }
```

步驟16 完成後開啟 TeaTimeDemo/Areas/Admin/Views/Order/Details.cshtml，
在接受訂單的按鈕加上 asp-action="StartProcessing"，完成後如下：

```
1  <button type="submit" asp-action="StartProcessing" class="btn btn-primary
2  form-control my-1">接受訂單</button>
```

接下來就可以執行應用程式，開啟訂單管理頁面，點擊一筆目前狀
態為等待店家確認 Pending 的訂單，按下接受訂單的按鈕，訂單狀態就修
改為 Processing 了。

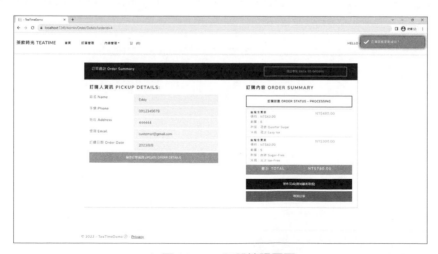

▲ 圖 10-15　訂單管理頁面

步驟17 接下來要增加準備完成以及訂單完成的 Action，開啟並新增程式碼 TeaTimeDemo/Areas/Admin/Controllers/OrderController.cs。

```
1   [HttpPost]
2   [Authorize(Roles = SD.Role_Admin + "," + SD.Role_Employee + "," +
3   SD.Role_Manager)]
4   public IActionResult OrderReady()
5   {
6       _unitOfWork.OrderHeader.UpdateStatus(OrderVM.OrderHeader.Id,
7       SD.StatusReady);
8       _unitOfWork.Save();
9
10      TempData["Success"] = "訂單狀態更新成功！";
11
12      return RedirectToAction(nameof(Details), new { orderId =
13      OrderVM.OrderHeader.Id });
14  }
15  [HttpPost]
16  [Authorize(Roles = SD.Role_Admin + "," + SD.Role_Employee + "," +
17  SD.Role_Manager)]
18  public IActionResult OrderCompleted()
19  {
20      _unitOfWork.OrderHeader.UpdateStatus(OrderVM.OrderHeader.Id,
21      SD.StatusCompleted);
22      _unitOfWork.Save();
23
24      TempData["Success"] = "訂單狀態更新成功！";
25
26      return RedirectToAction(nameof(Details), new { orderId =
27      OrderVM.OrderHeader.Id });
28  }
```

步驟18 開啟 TeaTimeDemo/Areas/Admin/Views/Order/Details.cshtml，修改程式碼。

```
1   <button type="submit" asp-action="OrderReady" class="btn btn-primary
2   form-control my-1">製作完成 ( 通知顧客取餐 )</button>
```

```
3
4    <button type="submit" asp-action="OrderCompleted" class="btn btn-
5    success form-control my-1"> 確認付款 ( 訂單完成 )</button>
```

　　完成後執行應用程式，測試更新訂單狀態的功能，這時已經完成訂單各個狀態的編輯功能了，接下來要完成訂單的取消功能。

步驟19 開 啟 TeaTimeDemo/Areas/Admin/Controllers/OrderController.cs，新增程式碼。

```
1    [HttpPost]
2    [Authorize(Roles = SD.Role_Admin + "," + SD.Role_Employee + "," +
3    SD.Role_Manager)]
4    public IActionResult CancelOrder()
5    {
6        _unitOfWork.OrderHeader.UpdateStatus(OrderVM.OrderHeader.Id,
7        SD.StatusCancelled);
8        _unitOfWork.Save();
9
10       TempData["Success"] = " 訂單取消成功！";
11
12       return RedirectToAction(nameof(Details), new { orderId =
13       OrderVM.OrderHeader.Id });
14   }
```

步驟20 開 啟 TeaTimeDemo/Areas/Admin/Views/Order/Details.cshtml， 修改程式碼。

```
1    <button type="submit" asp-action="CancelOrder" class="btn btn-
     danger form-control my-1"> 取消訂單 </button>
```

　　以上就是本章節訂單管理的內容，各個訂單狀態詳細細節功能依照各個專案有不同的需求，讀者可以自行設定及修改。

|課|後|習|題|

一、實作題

請依照本章節的教學內容，在訂單管理的頁面新增取消狀態的訂單頁籤。

專案部署

　　現在，系統專案已經完成了大部份的功能，但是在部屬之前，還有一些細小的問題要處理，像是確認不同角色是否都能觀看到合適的頁面、修改註冊頁面問題等等。在這個章節中，目的是在引導讀者完成飲料店電商平台網站的部署。在部署之前，我們要確保不同角色的使用者可以正常讀取適當的頁面，以避免一般使用者變更系統設定。而目前使用者在註冊時可以自由選擇角色，但有些角色可能對網站不適用。本節將介紹如何修改註冊程式碼，以限制使用者的角色選擇，確保網站的安全性和功能性。

　　在進行專案部署之前，我們還需要對資料庫進行初始化，包括一些基本資料。本章節中也會介紹如何在部署時建立管理員帳戶，並設定資料庫的初始資料。一步步的帶領讀者建立在 Azure 上的 SQL 伺服器，存放網站的資料。此外，在本書撰寫的當下，由於 Azure 上的 .NET 8 版本還不穩定，為此需要將應用程式的版本和使用的程式庫降級為 .NET 7，以確保在 Azure 上成功部署，使網站在線上運行。透過這一章，讀者將學會如何將他們的電商平台應用程式部署到雲端，解決權限和安全性問題，以及如何進行資料庫初始化。讀者還將了解如何適應特定版本要

求，以確保成功部署應用程式。這對於學習實際專案部署以及雲端服務
的知識非常有價值。

現在，系統專案已經完成了大部分的功能，我們希望能夠將專案部
署到 Azure 的服務上，但是，在部署之前，還有一些細小的問題要處理，
像是確認不同角色是否都能觀看到合適的頁面、修改註冊頁面問題等等。

11-1 角色權限設定

在專案部署之前，我們要先確認不同角色看到的頁面是否正常，以
避免一般使用者更動系統的設定。所以接下來要設定店家操作的功能，
讓店家管理者也可以看到畫面。

步驟01 開啟 TeaTimeDemo/Areas/Admin/Controllers/CategoryController.cs，
修改程式碼。

```
1    // 本次修改部分
2    [Authorize(Roles = SD.Role_Admin + "," + SD.Role_Manager)]
```

完成後執行應用程式，就會發現身分為 Admin 以及 Manager 的帳號
都可以使用類別的功能了。

步驟02 接下來關於店家可以操作的功能，我們都開放給店家管理者可以使
用。分別對 TeaTimeDemo/Areas/Admin/Controllers/ProductController.
cs 以及 TeaTimeDemo/Areas/Admin/Controllers/StoreController.cs，
進行上述的操作。

11-2 修改註冊功能

目前使用者在註冊時還是可以自由選擇公司、管理員、顧客等角色。如果有人選擇了管理員角色，那對我們的網站並不是一件好事。因此，接下來我們要修改我們的註冊程式碼。

步驟01 開 啟 TeaTimeDemo/Identity/Pages/Account/Register.cshtml，修 改程式碼，找到最上方的 <h1>@ViewData["Title"]</h1> 部分，修改為下方程式碼。

```
1   <!-- 本次修改部分 -->
2   @if (User.IsInRole(SD.Role_Admin) || User.IsInRole(SD.Role_Manager))
3   {
4       <h1 class="pt-4">註冊管理者帳號 </h1>
5   }else{
6       <h1>@ViewData["Title"]</h1>
7   }
```

步驟02 找到 Role 下拉式選單的部分 (Ctrl+F 搜尋 asp-for="Input.Role")，修改為下方程式碼。

```
1    <!-- 本次修改部分 -->
2    @if (User.IsInRole(SD.Role_Admin) || User.IsInRole(SD.Role_Manager))
3    {
4        <div class="form-floating mb-3">
5            <select asp-for="Input.Role" asp-items=
6        "@Model.Input.RoleList" class="form-select">
7                <option disabled selected>-Select Role-</option>
8            </select>
9        </div>
10       <div class="form-floating mb-3">
11           <select asp-for="Input.StoreId" style="display:none" asp-items=
12       "@Model.Input.StoreList" class="form-select">
13               <option disabled selected>-Select Store-</option>
```

```
14          </select>
15      </div>
16  }
```

在這邊做的更動就是限制只有角色為 Admin 以及 Manager 的帳號才能選取角色並註冊帳號，若是一般使用者進行註冊，會預設其角色為 Customer。

步驟03 開啟 TeaTimeDemo/Views/Shared/_Layout.cshtml，找到內容管理的下拉式選單部分程式碼，修改為下方程式碼。

```
1   <!-- 本次修改部分 -->
2   @if (User.IsInRole(SD.Role_Admin) || User.IsInRole(SD.Role_Manager))
3   {
4       <li class="nav-item dropdown">
5           <a class="nav-link dropdown-toggle text-dark" data-bs-toggle=
6       "dropdown" href="#" role="button" aria-haspopup="true"
7       aria-expanded="false"> 內容管理 </a>
8           <div class="dropdown-menu">
9               <a class="dropdown-item" asp-area="Admin" asp-
10      controller="Category" asp-action="Index"> 類別 </a>
11              <div class="dropdown-divider"></div>
12              <a class="dropdown-item text-dark" asp-area="Admin"
13      asp-controller="Product" asp-action="Index"> 產品 </a>
14              <a class="dropdown-item text-dark" asp-area="Admin"
15      asp-controller="Store" asp-action="Index"> 分店 </a>
16              @* 本次修改部分 *@
17              <div class="dropdown-divider"></div>
18              <a class="dropdown-item" asp-area="Identity" asp-page=
19      "/Account/Register"> 建立使用者 </a>
20          </div>
21      </li>
22  }
```

一樣設定為只有角色為 Admin 以及 Manager 的帳號才會看到這個下拉式選單，並且新增一個建立使用者的按鈕連結，若是要新增管理階層或員工的帳號，只要以 Admin 或是 Manager 帳號登入就可以協助建立了。

步驟04 開 啟 TeaTimeDemo/Identity/Pages/Account/Register.cshtml/ Register.cshtml.cs。 找 到 await _signInManager.SignInAsync(user, isPersistent: false); 部分，修改為下方程式碼。

```
1   if (_userManager.Options.SignIn.RequireConfirmedAccount)
2   {
3       return RedirectToPage("RegisterConfirmation", new { email =
4       Input.Email, returnUrl = returnUrl });
5   }
6   else
7   {
8       // 本次修改部分
9       if(User.IsInRole(SD.Role_Admin) || User.IsInRole(SD.Role_Manager))
10      {
11          TempData["success"] = "建立新使用者成功";
12      }
13      else
14      {
15          await _signInManager.SignInAsync(user, isPersistent: false);
16      }
17      return LocalRedirect(returnUrl);
18  }
```

原本在註冊完使用者後系統會自動登入新建立的帳號，但如果是幫新員工或管理者建立帳號就會比較不方便，因此在這邊修改為如果目前角色為 Admin 或 Manager，在建立新帳號時就不會自動登入。

11-3 資料庫初始化 DBInitializer

在部署之前，我們需要將我們的資料庫進行初始化，包含一些基本的資料，我們希望在部署時網站會幫我們建立一個管理員的帳戶。在之前，我們的角色是在註冊時確認某個角色存不存在，如果不存在，就會建立所有的角色。但是，現在我們想要透過資料庫初始化的檔案來幫助我們建立，本小節會設定資料庫初始值。

步驟01 首先，對 TeaTimeDemo.DataAccess 點擊滑鼠右鍵→加入→新增資料夾→命名為 DbInitializer。

步驟02 對剛建立好的 DbInitializer 資料夾點擊滑鼠右鍵→加入→類別→命名為 DbInitializer.cs→新增。

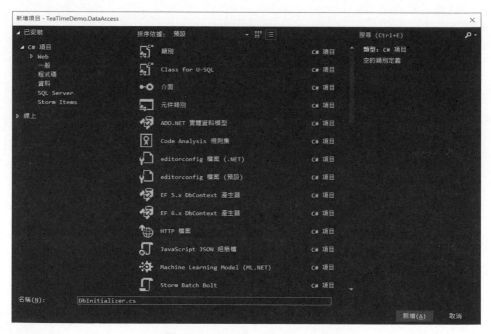

▲ 圖 11-1 新增 DbInitializer.cs 畫面

步驟03 接著再對剛建立好的 DbInitializer 資料夾點擊滑鼠右鍵→加入→
新增項目→選取 介面→命名為 IDBInitializer.cs→新增。

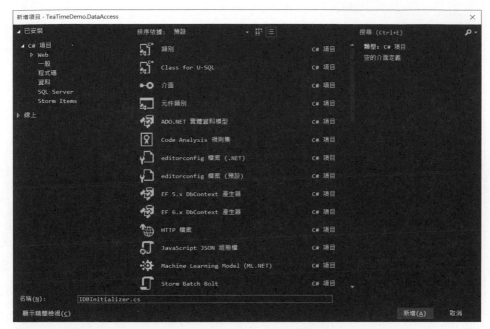

▲ 圖 11-2 新增 DbInitializer.cs 畫面

步驟04 開啟剛建立好的 DbInitializer.cs，修改為下方程式碼。

```
1   using Microsoft.AspNetCore.Identity;
2   using Microsoft.EntityFrameworkCore;
3   using System;
4   using System.Collections.Generic;
5   using System.Linq;
6   using System.Text;
7   using System.Threading.Tasks;
8   using TeaTimeDemo.DataAccess.Data;
9   using TeaTimeDemo.Models;
10  using TeaTimeDemo.Utility;
11
12  namespace TeaTimeDemo.DataAccess.DbInitializer
```

```
13  {
14      public class DbInitializer : IDbInitializer
15      {
16          // 使用依賴注入的方式來引入我們會用到的服務
17          private readonly UserManager<IdentityUser> _userManager;
18          private readonly RoleManager<IdentityRole> _roleManager;
19          private readonly ApplicationDbContext _db;
20          public DbInitializer(
21              UserManager<IdentityUser> userManager,
22              RoleManager<IdentityRole> roleManager,
23              ApplicationDbContext db)
24          {
25              _roleManager = roleManager;
26              _userManager = userManager;
27              _db = db;
28          }
29          public void Initialize()
30          {
31              try
32              {
33              // 檢查是否有待處理的 migration，如果有就進行資料庫遷移 migration。
34                  if (_db.Database.GetPendingMigrations().Count() > 0)
35                  {
36                      _db.Database.Migrate();
37                  }
38              }
39              catch (Exception ex)
40              {
41              }
42              // 檢查角色是否存在，如果不存在就建立所有角色以及我們的管理者帳號
43              if
44              (!_roleManager.RoleExistsAsync(SD.Role_Customer).
45              GetAwaiter().GetResult())
46              {
47                  _roleManager.CreateAsync(new
48                  IdentityRole(SD.Role_Customer)).GetAwaiter().GetResult();
49                  _roleManager.CreateAsync(new
50                  IdentityRole(SD.Role_Manager)).GetAwaiter().GetResult();
51                  _roleManager.CreateAsync(new
```

```
52              IdentityRole(SD.Role_Employee)).GetAwaiter().GetResult();
53              _roleManager.CreateAsync(new
54              IdentityRole(SD.Role_Admin)).GetAwaiter().GetResult();
55              _userManager.CreateAsync(new ApplicationUser
56              {
57                  UserName = "admin@gmail.com",
58                  Email = "admin@gmail.com",
59                  Name = "Administrator",
60                  PhoneNumber = "0911111111",
61                  Address = "test address 123",
62                  EmailConfirmed = true
63              }, "Admin123*").GetAwaiter().GetResult();
64              ApplicationUser user = _db.ApplicationUsers.
65              FirstOrDefault(u => u.Email == "admin@gmail.com");
66              _userManager.AddToRoleAsync(user,
67              SD.Role_Admin).GetAwaiter().GetResult();
68          }
69          return;
70      }
71  }
72 }
```

在這邊我們有三件事想做，首先，如果專案還沒執行 migration，那我們
希望網站先幫我們執行 migration。第二，如果沒有建立角色，那我們希
望在這邊會先建立所有的角色。第三，我們希望在這邊建立我們網站的
管理者帳號。

步驟05 再來我們要將 IDbInitializer 設置為一個公共接口，開啟剛建立好
的 IDbInitializer.cs，修改為下方程式碼。

```
1  using System;
2  using System.Collections.Generic;
3  using System.Linq;
4  using System.Text;
```

```
5   using System.Threading.Tasks;
6
7   namespace TeaTimeDemo.DataAccess.DbInitializer
8   {
9       public interface IDbInitializer
10      {
11          void Initialize();
12      }
13  }
```

步驟06 開啟 TeaTimeDemo/Program.cs，新增程式碼。

```
1   builder.Services.ConfigureApplicationCookie(options =>
2   {
3       options.LoginPath = $"/Identity/Account/Login";
4       options.LogoutPath = $"/Identity/Account/Logout";
5       options.AccessDeniedPath = $"/Identity/Account/AccessDenied";
6   });
7   // 本次新增程式碼
8   builder.Services.AddScoped<IDbInitializer, DbInitializer>();
9
10  .[ 省略 ].
11
12  app.UseRouting();
13  // 本次新增部分
14  SeedDatabase();
15
16  .[ 省略 ].
17
18  app.Run();
19  // 本次新增部分，在網站啟動後，會幫我們執行 SeedDatabase 這個函式
20  void SeedDatabase()
21  {
22      using (var scope = app.Services.CreateScope())
23      {
24          var dbInitializer = scope.ServiceProvider.
25          GetRequiredService<IDbInitializer>();
26          dbInitializer.Initialize();
```

```
27        }
28    }
```

步驟07 接著我們要來測試我們的初始資料庫是否能夠有效的執行,開啟
appsettings.json,將資料庫連線字串中的 Database=TeaTime,重
新命名為 Database=TeaTimeTest,接著執行應用程式。

執行完成後開啟 SSMS,會發現新建立了一個名為 TeaTimeTest 的資
料庫,且 AspNetUsers 表內會有預設的 Admin 帳號。

開啟專案執行畫面也會看到我們的預設的產品資料都已經建立好
了。但是,這邊不會有產品的圖片,因為這個需要管理者手動添加進
去。另外,管理者帳號在這邊也能夠正常登入。

▲ 圖 11-3 專案執行畫面

測試完成後,就可以將我們的 TeaTimeTest 資料庫刪除,因為這個資
料庫只是用來測試資料庫初始化是否能夠成功執行。

11-4 建立 Azure SQL Server

最後就要進行部署的動作了,首先,要先到 Azure 建立一個帳戶。

步驟01 開啟 https://portal.azure.com/#home ，建立完成後並登入帳號。

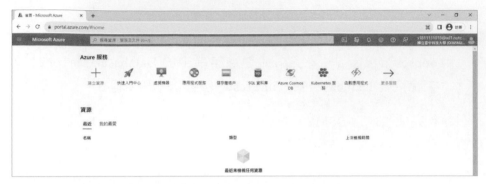

▲ 圖 11-4 開啟 Azure 服務畫面

步驟02 在上方搜尋列輸入 SQL 資料庫，並點選服務中的 SQL 資料庫。

▲ 圖 11-5 Azure 服務搜尋引擎畫面

步驟03 點選建立按鈕。

▲ 圖 11-6 點選建立按鈕畫面

步驟04 建立新的資源群組。

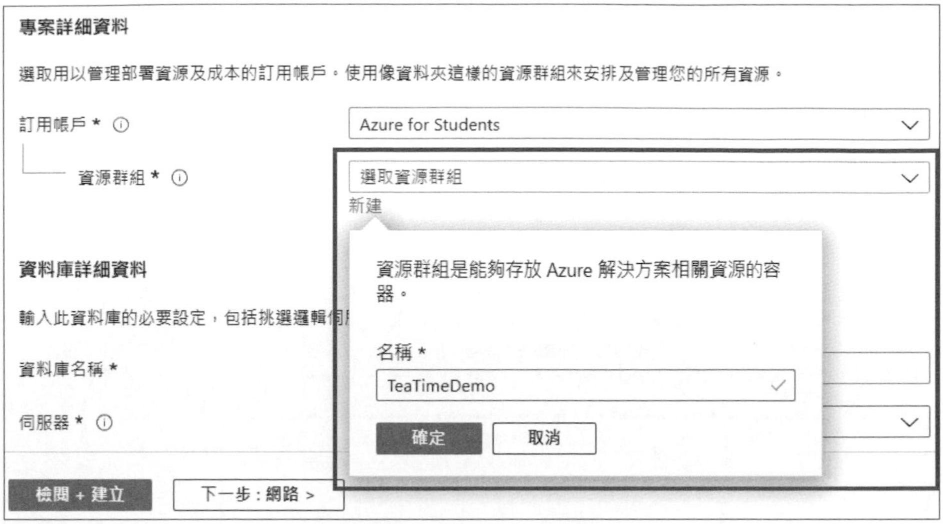

專案詳細資料

選取用以管理部署資源及成本的訂用帳戶。使用像資料夾這樣的資源群組來安排及管理您的所有資源。

訂用帳戶 * ⓘ   Azure for Students ⌄

└── 資源群組 * ⓘ   選取資源群組 ⌄

新建

資源群組是能夠存放 Azure 解決方案相關資源的容器。

名稱 *

TeaTimeDemo ✓

確定   取消

資料庫詳細資料

輸入此資料庫的必要設定，包括挑選邏輯伺服

資料庫名稱 *

伺服器 * ⓘ   ⌄

檢閱 + 建立   下一步：網路 >

▲ 圖 11-7 建立資源群組畫面

步驟05 輸入資料庫名稱後，點選圖中藍字 建立新的，建立伺服器。

資料庫詳細資料

輸入此資料庫的必要設定，包括挑選邏輯伺服器及設定計算和儲存體資源

資料庫名稱 *   TeaTime ✓

伺服器 * ⓘ   選取伺服器 ⌄

建立新的

❌ 值不得為空白。

▲ 圖 11-8 建立新的伺服器畫面

步驟06 輸入要建立的伺服器名稱 → 驗證方法點選 使用 SQL 驗證 → 建立登入帳號及密碼 → 完成後點選確定。

> 這邊要記錄自己建立的帳號及密碼，後續連線時會用到，不要搞丟了。

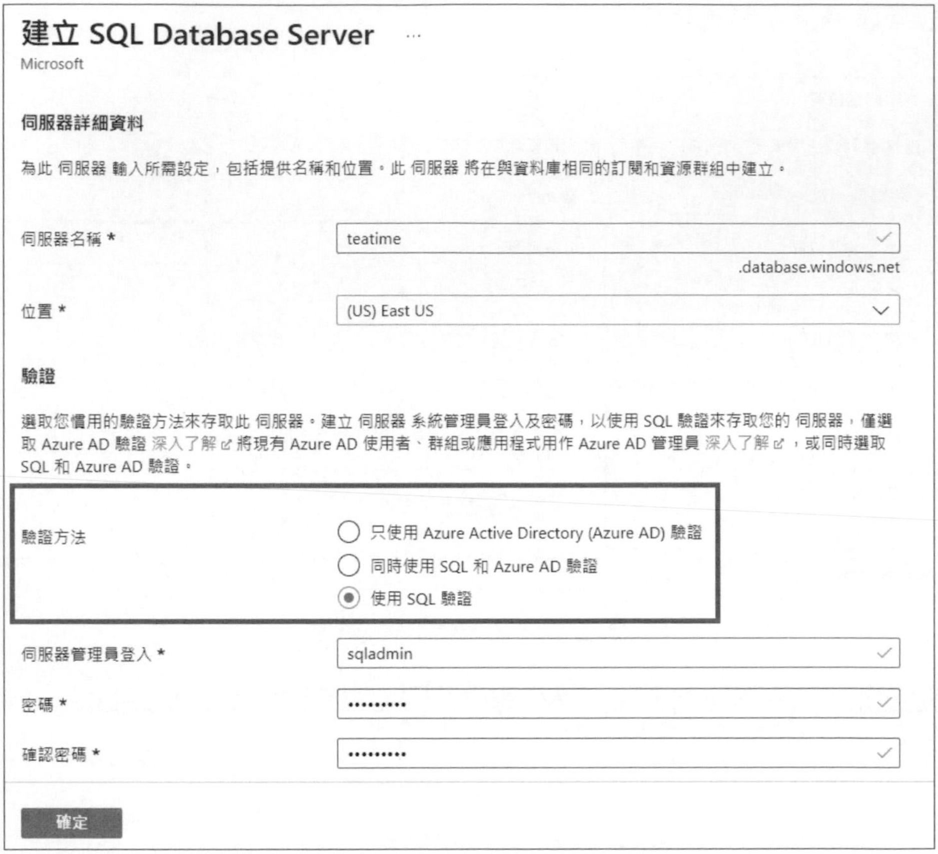

▲ 圖 11-9 建立新的伺服器畫面

步驟07 工作負載環境勾選開發,會發現預計費用降低了很多。

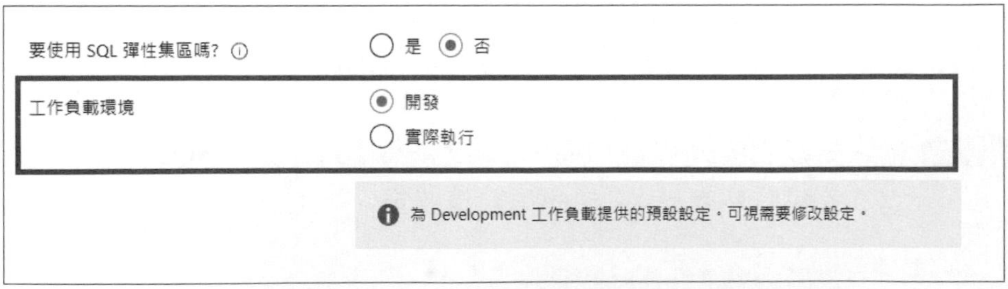

▲ 圖 11-10 工作負載環境勾選開發畫面

步驟08 點選設定資料庫。

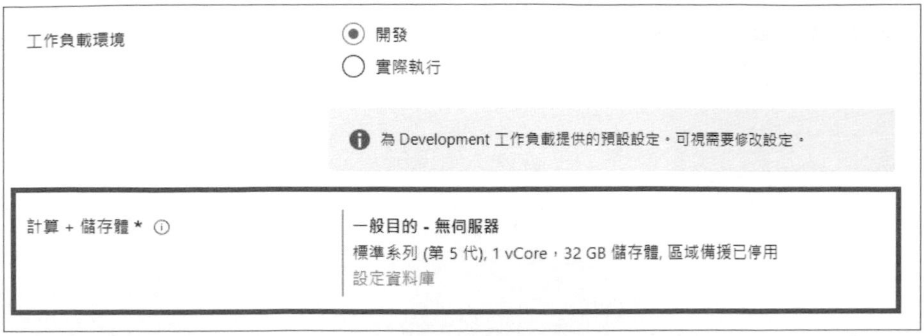

| 工作負載環境 | ◉ 開發 |
| | ○ 實際執行 |

> ❶ 為 Development 工作負載提供的預設設定。可視需要修改設定。

計算 + 儲存體 * ⓘ	一般目的 - 無伺服器
	標準系列 (第 5 代), 1 vCore, 32 GB 儲存體, 區域備援已停用
	設定資料庫

▲ 圖 11-11 點選設定資料庫畫面

步驟09 服務層級的部分選擇基本 → 完成後點選套用。

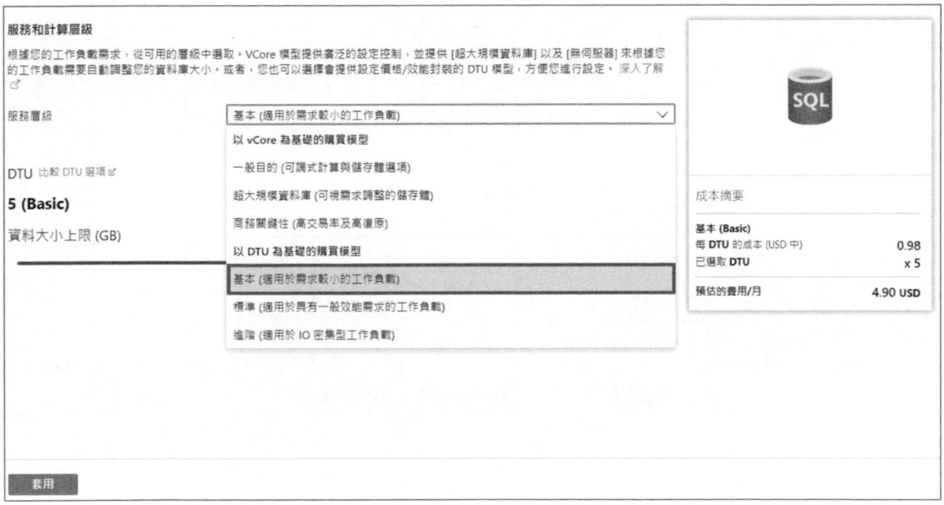

服務和計算層級

根據您的工作負載需求，從可用的層級中選取。VCore 模型提供廣泛的設定控制，並提供 [超大規模資料庫] 以及 [無伺服器] 來根據您的工作負載需要自動調整您的資料庫大小。或者，您也可以選擇會提供設定價格/效能封裝的 DTU 模型，方便您進行設定。深入了解 ⌐

| 服務層級 | 基本 (適用於需求較小的工作負載) ∨ |

以 vCore 為基礎的購買模型
一般目的 (可調式計算與儲存體選項)
超大規模資料庫 (可視需求調整的儲存體)
商務關鍵性 (高交易率及高復原)

以 DTU 為基礎的購買模型

DTU 比較 DTU 選項 ⌐

5 (Basic)

資料大小上限 (GB)

基本 (適用於需求較小的工作負載)
標準 (適用於具有一般效能需求的工作負載)
進階 (適用於 IO 密集型工作負載)

成本摘要

基本 (Basic)
每 DTU 的成本 (USD 中)　　0.98
已選取 DTU　　　　　　　　x 5

預估的費用/月　　　　4.90 USD

套用

▲ 圖 11-12 選擇基本服務層級並套用畫面

步驟10 點選檢閱＋建立。

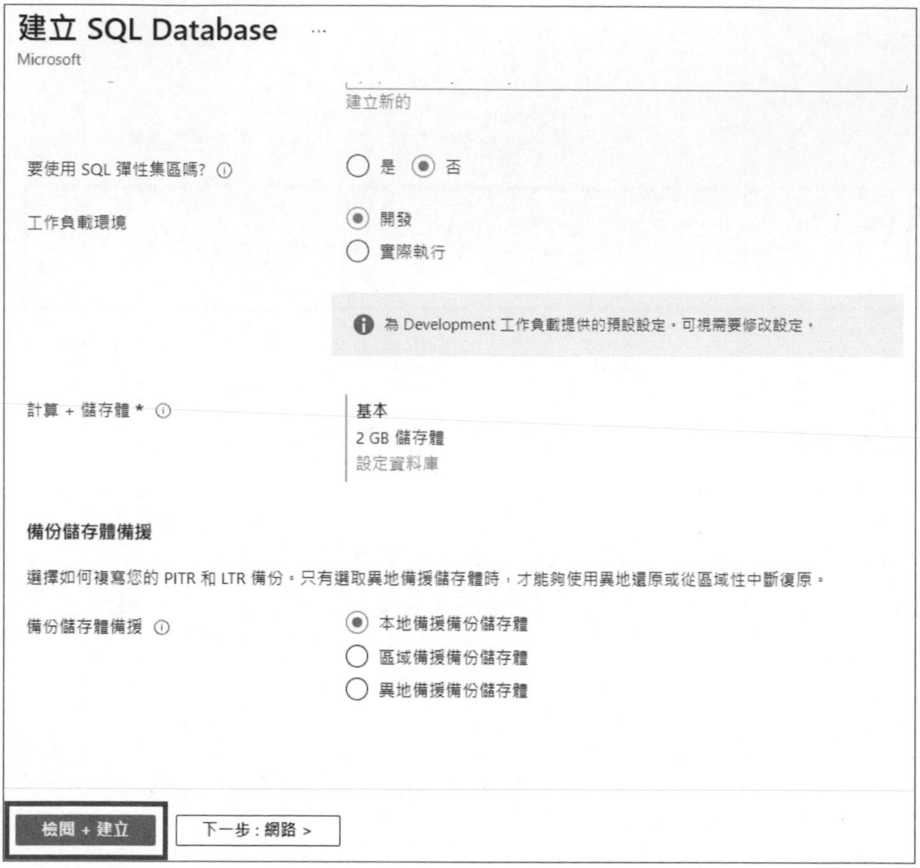

建立 SQL Database ⋯
Microsoft

建立新的

要使用 SQL 彈性集區嗎? ⓘ   ○ 是 ◉ 否

工作負載環境   ◉ 開發
                                   ○ 實際執行

ⓘ 為 Development 工作負載提供的預設設定。可視需要修改設定。

計算＋儲存體＊ ⓘ   **基本**
                                   2 GB 儲存體
                                   設定資料庫

備份儲存體備援

選擇如何複寫您的 PITR 和 LTR 備份。只有選取異地備援儲存體時，才能夠使用異地還原或從區域性中斷復原。

備份儲存體備援 ⓘ   ◉ 本地備援備份儲存體
                                   ○ 區域備援備份儲存體
                                   ○ 異地備援備份儲存體

[檢閱＋建立]   [下一步：網路 >]

▲ 圖 11-13 點選檢閱＋建立畫面

步驟11 點選建立,建立及部署需等候一段時間。

建立 SQL Database …
Microsoft

基本　網路　安全性　其他設定　標籤　**檢閱 + 建立**

產品詳細資料

SQL 資料庫
由 Microsoft 提供
使用規定 | 隱私權原則

每月預估費用
4.90 USD

成本摘要

基本 (Basic)
每 DTU 的成本 (USD 中)　0.98
已選取 DTU　x 5

預估的費用/月　4.90 USD

條款

按一下 [建立],即表示我 (a) 同意上述 Marketplace 供應項目的相關法律條款及隱私權聲明; (b) 授權 Microsoft 向我目前的付款方式收取供應項目的相關費用,帳單週期與我的 Azure 訂用帳戶相同; 並 (c) 同意 Microsoft 將我的連絡資料、使用方式及交易資訊提供給供應項目的提供者,以用於支援、帳單及其他交易活動。Microsoft 不提供第三方供應項目的權利。如需其他詳細資料,請參閱 Azure Marketplace 條款。

基本

訂用帳戶　Azure for Students
資源群組　TeaTimeDemo
區域　eastus
資料庫名稱　teatime
伺服器　teatime

計算 + 儲存體　基本: 2 GB 儲存體
備份儲存體備援　本地備援備份儲存體

網路

允許 Azure 服務和資源存取此伺服器　否
私人端點　無

建立　< 上一步　下載自動化的範本

Microsoft.SQLDatabase.newDatabaseNewServer_acb250c7af2d4993a0fd1 | 概觀
部署

🔍 搜尋　《　🗑 刪除　⊘ 取消　重新部署　↓ 下載　🔄 重新整理

概觀
輸入
輸出
範本

正在部署

部署名稱: Microsoft.SQLDatabase.newDatabaseNewServer_acb250c7af2d...　開始時間 : 2023/8/22 下午7:01:05
訂用帳戶 : Azure for Students　相互關聯識別碼 : 364598d4-819c-47d9-9e07-0305a3f6d672
資源群組 : TeaTimeDemo

∨　部署詳細資料

資源	類型	狀態	作業詳細資料
teatime	SQL Server	Accepted	作業詳細資料

提供意見反應

請告訴我們您的部署體驗

▲ 圖 11-14 建立部署畫面

步驟12 完成後點擊前往資源 → 設定伺服器防火牆。

▲ 圖 11-15 設定伺服器防火牆

步驟13 點擊選取的網路→防火牆規則底下→點擊新增您的用戶端→勾選允許 Azure 服務和資源存取此伺服器，之後就可以點擊儲存。

▲ 圖 11-16 點擊選取的網路以及一些規則

步驟14 接著回到 SQL 資料庫 → 點選左方連接字串 → 複製 ADO.
NET (SQL 驗證) 下方的程式碼貼到記事本。

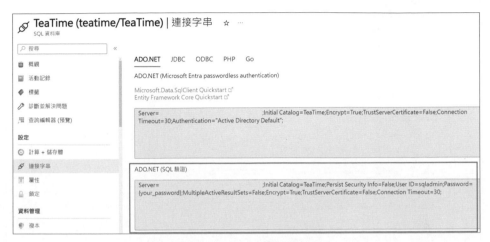

▲ 圖 11-17 ADO.NET 畫面

以上就完成了 Azure 上的 SQL 資料庫的建立,接下來要回到 Visual
Studio 進行操作。

11-5 版本降級

在本書撰寫的當下,.NET 8 還在預覽版本的狀態,所以在 Azure 上
無法部署 .NET 8 的版本,接下來要先將專案內的版本以及使用的套件降
級為 .NET 7 的版本。

步驟01 對 TeaTimeDemo 點擊滑鼠右鍵 → 編輯專案檔,找到
<TargetFramework> net8.0</TargetFramework> 將其修改為
<TargetFramework>net7.0</TargetFramework>。

步驟02 接著將下方有出現 preview 的套件改為 7.0.3，如下方程式碼所示。

```
1   <ItemGroup>
2     <PackageReference
3       Include="Microsoft.AspNetCore.Identity.EntityFrameworkCore"
4       Version="7.0.3" />
5     <PackageReference Include="Microsoft.AspNetCore.Identity.UI"
6       Version="7.0.3" />
7     <PackageReference Include="Microsoft.EntityFrameworkCore"
8       Version="7.0.3" />
9     <PackageReference Include="Microsoft.EntityFrameworkCore.Sqlite"
10      Version="7.0.3" />
11    <PackageReference Include="Microsoft.EntityFrameworkCore.SqlServer"
12      Version="7.0.3" />
13    <PackageReference Include="Microsoft.EntityFrameworkCore.Tools"
14      Version="7.0.3">
15    <PrivateAssets>all</PrivateAssets>
16    <IncludeAssets>runtime; build; native; contentfiles; analyzers;
17      buildtransitive</IncludeAssets>
18    </PackageReference>
19    <PackageReference
20      Include="Microsoft.VisualStudio.Web.CodeGeneration.Design"
21      Version="7.0.3" />
22  </ItemGroup>
```

步驟03 這樣就完成了 TeaTimeDemo 專案檔的修改，接下來要對 TeaTime Demo.DataAccess、TeaTimeDemo.Models、TeaTimeDemo.Utility 進行一樣的操作。

　　四個專案檔都修改完成後，就可以執行應用程式來測試看看是否能正常執行，如果功能一切正常，就代表降版成功囉。

> 在先前的章節有更改資料庫連線字串，如果想要連接先前建立的資料庫，記得到 appsettings.json 修改資料庫連線字串。

步驟04 對 TeaTimeDemo 點擊滑鼠右鍵 → 加入 → 新增項目 → 右上方
搜尋欄位輸入 appsettings → 選取應用程式設定檔案 → 命名為
appsettings.Production.json → 新增。

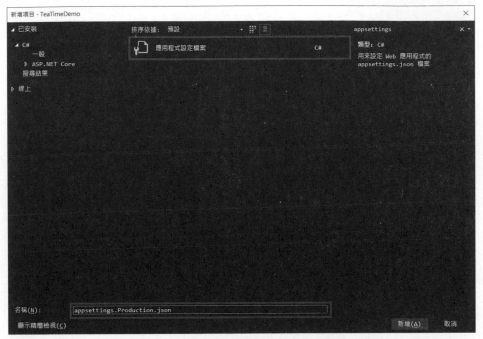

▲ 圖 11-18 新增 appsettings.Production.json 畫面

步驟05 接著將 appsettings.json 內的所有程式碼複製並貼在剛建立好的
appsettings.Production.json 上。

步驟06 接著將在 Azure 上複製的資料庫連線字串貼在 DefaultConnection
後方,連線字串中會有 {your_password} 的部分,將其改為剛剛
建立時的密碼。

11-6 Git 設定與初始化

步驟01 先到下面網址安裝 Git。

Git 官方網站
網址：https://git-scm.com/downloads

▲ 圖 11-19 安裝 Git 畫面

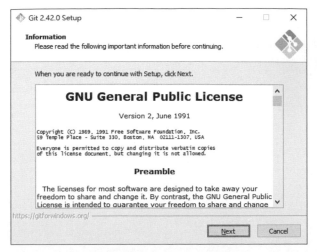

▲ 圖 11-20 安裝 Git 畫面

步驟02 安裝完成後到下面網站創建帳號。

GitHub 官方網站：
網址：https://github.com/

步驟03 點選綠色 New 按鈕。

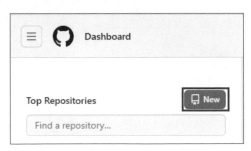

▲ 圖 11-21 新增畫面

步驟04 Repository name 的部分輸入要建立的存放庫名稱，輸入完後點選下方 Create repository。

▲ 圖 11-22　創建 GitHub 專案畫面

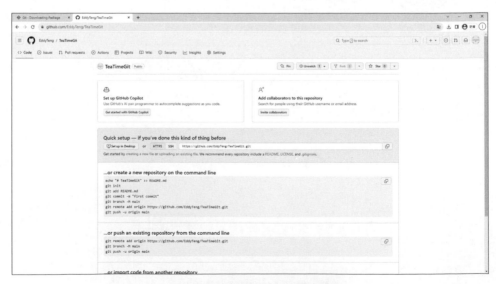

▲ 圖 11-23　創建 GitHub 專案畫面

步驟05 接下來對專案資料夾點擊滑鼠右鍵 → Open Git Bash here。

▲ 圖 11-24 執行專案資料夾指令畫面

步驟06 接著依序輸入並執行下方指令。

```
1   git init
2   git add .
3   git commit -m "first commit"
```

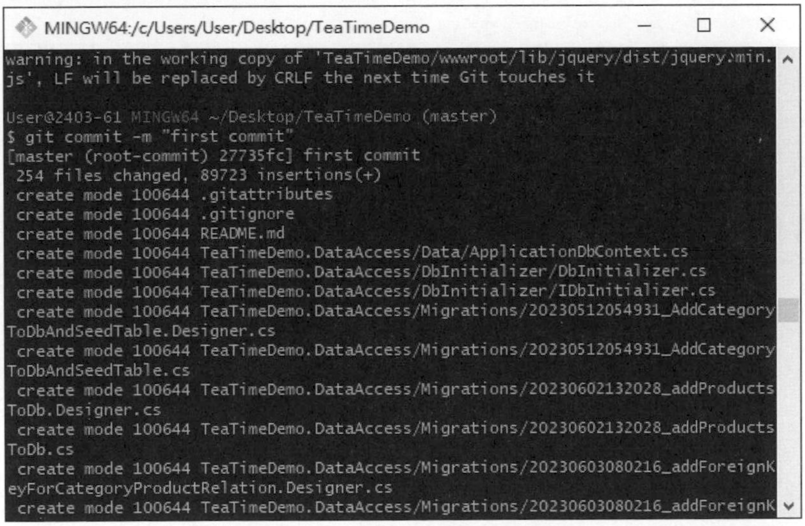

▲ 圖 11-25 Git 指令執行畫面

如果有發現它要求輸入你的 GitHub 的使用者信箱及名稱，就按照指令在引號內輸入自己的使用者資訊。

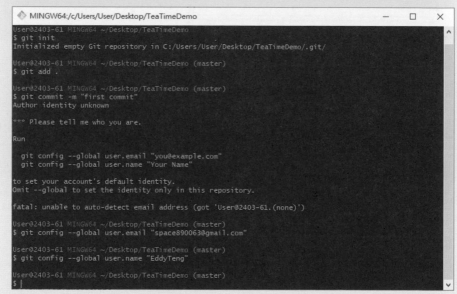

▲ 圖 11-26 Git 指令執行畫面

步驟07 輸入與 Git 上的存放庫連線的指令,該指令可以在 GitHub 上複製
(圖 11-27)。

```
1 git remote add origin https://github.com/UserName/RepoName.git
```

步驟08 完成後可以輸入 git remote -v 檢查是否有連線成功,如果成功應
該會出現已連線的 Repo 路由。

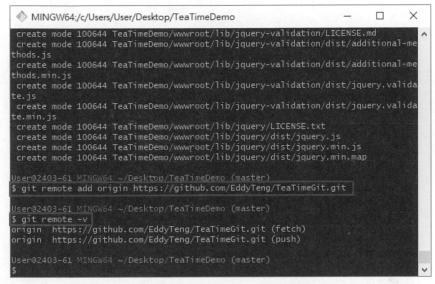

▲ 圖 11-27 Git 指令執行畫面

步驟09 最後就是 push 的動作了,輸入下方程式碼。

```
1 git push -u origin master
```

步驟10 如果是第一次使用 Git,通常會跳出與 Git 帳號連線的視窗,這邊
選取 Sign in with your browser。

▲ 圖 11-28 登入視窗畫面

步驟11 跳到瀏覽器後登入你的 GitHub 帳號，接著點擊 Authorize git-ecosystem。

▲ 圖 11-29 授權 GitHub 畫面

完成驗證與授權的動作後就會開始 push。

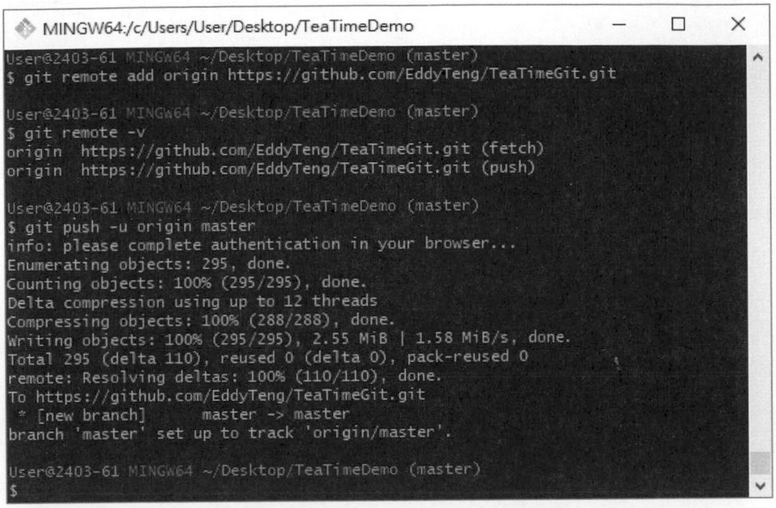

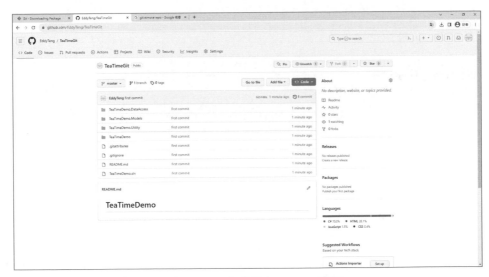

▲ 圖 11-30 Git 指令畫面

push 完成後開啟 GitHub，就會看到該存放庫內已經有專案的程式碼，到這邊就成功將專案推上 Git。

▲ 圖 11-31 專案推上 GitHub 畫面

11-7 專案部署

步驟01 接著開啟 Azure 網站,搜尋應用程式服務。

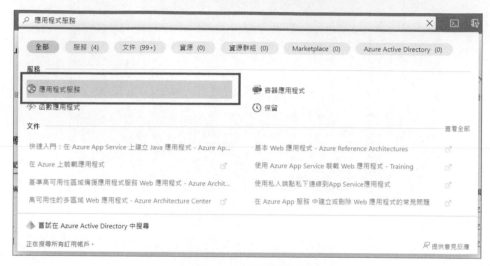

▲ 圖 11-32 搜尋引擎畫面

步驟02 點選建立 → Web 應用程式。

▲ 圖 11-33 建立 Web 應用程式畫面

步驟03 資源群組選取剛剛建立的 TeaTimeDemo，名稱欄位要填入的是網站的名稱。

▲ 圖 11-34 建立 Web 應用程式畫面

步驟04 執行階段堆疊的部分要選擇 .NET 7（STS）。

▲ 圖 11-35 選擇 .NET7(STS) 畫面

在本書撰寫的當下，.NET 8 預覽版本的部屬才剛剛發布，經過測試後部屬部分仍不穩定，因此本書選擇降版為 .NET 7 來進行部屬。

後續等待 Azure 平台部屬最新版本更穩定時，我們會將新的部屬操作更新至 TeaTimeRecources-master/CH11，讀者可至該網站查看到最新的部屬資訊。

步驟05 下方定價方案選擇免費 F1 → 點選下一步：部署，接著點選下一步：網路功能。

▲ 圖 11-36 定價方案選擇免費 F1 畫面

步驟06 在這裡可以連結 GitHub 的存放庫，點選啟用並選擇指定的存放庫
以及分支。

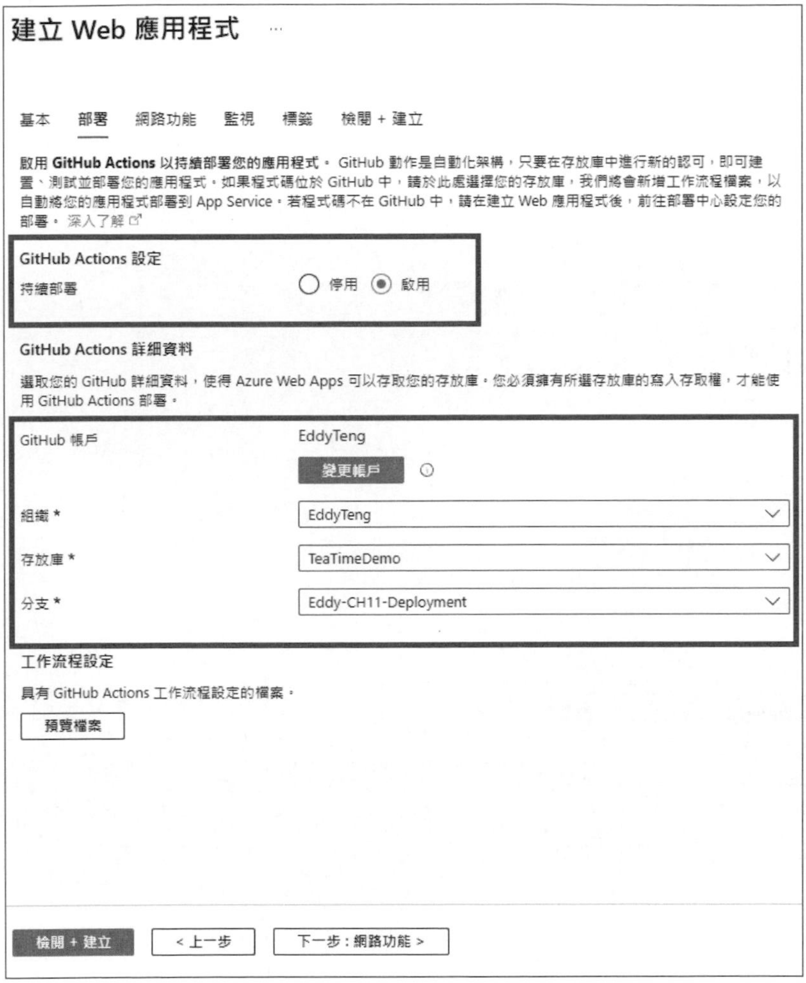

▲ 圖 11-37 連結 GitHub 存放庫畫面

步驟07 點選下一步：監視 >。

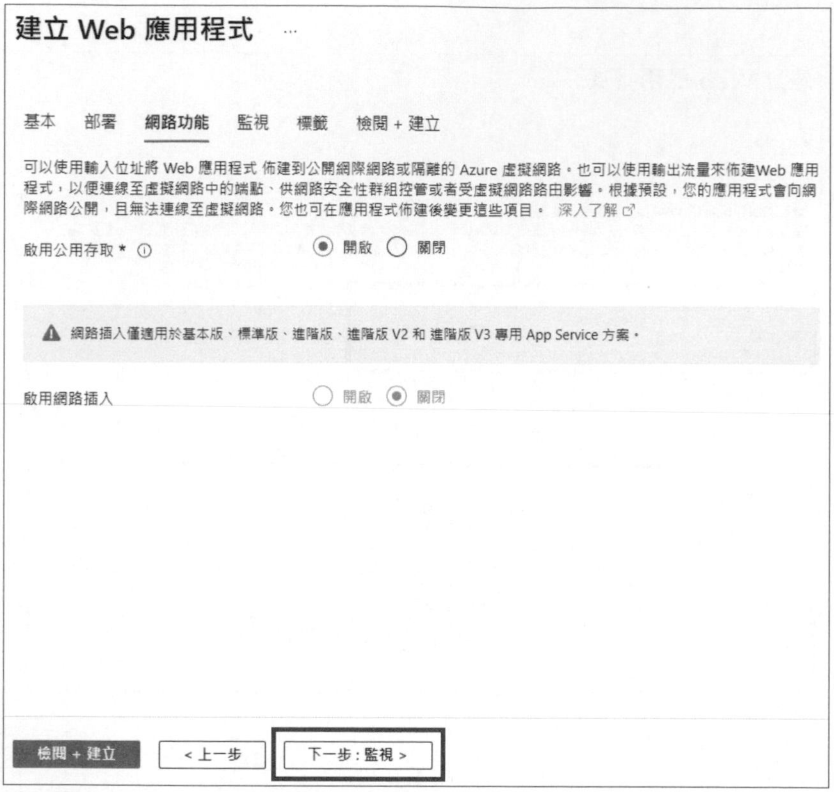

建立 Web 應用程式 …

基本　部署　**網路功能**　監視　標籤　檢閱 + 建立

可以使用輸入位址將 Web 應用程式 佈建到公開網際網路或隔離的 Azure 虛擬網路。也可以使用輸出流量來佈建Web 應用程式，以便連線至虛擬網路中的端點、供網路安全性群組控管或者受虛擬網路路由影響。根據預設，您的應用程式會向網際網路公開，且無法連線至虛擬網路。您也可在應用程式佈建後變更這些項目。　深入了解 ☐

啟用公用存取 * ⓘ　　　　　　　⦿ 開啟　◯ 關閉

⚠ 網路插入僅適用於基本版、標準版、進階版、進階版 V2 和 進階版 V3 專用 App Service 方案。

啟用網路插入　　　　　　　◯ 開啟　⦿ 關閉

檢閱 + 建立　　< 上一步　　下一步 : 監視 >

▲ 圖 11-38　建立 Web 應用程式畫面

步驟08 點選下一步：標籤 >。

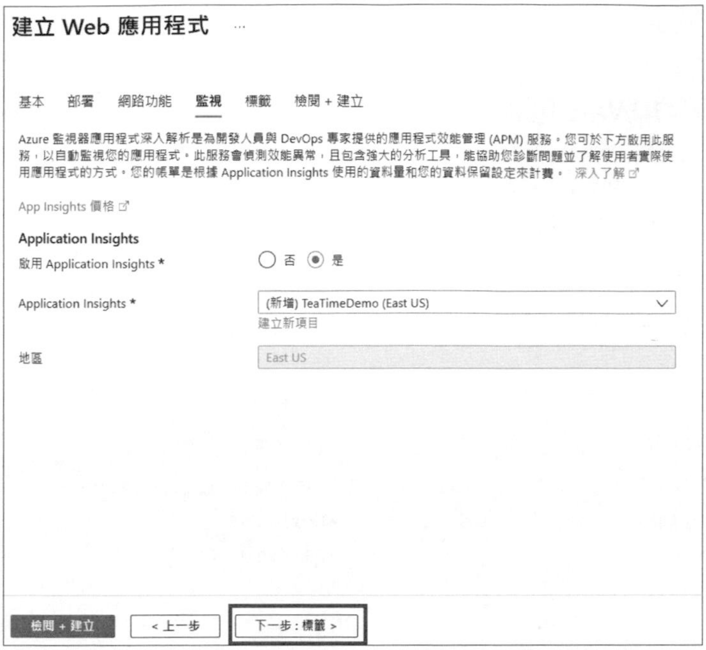

建立 Web 應用程式 ...

基本　部署　網路功能　**監視**　標籤　檢閱 + 建立

Azure 監視器應用程式深入解析是為開發人員與 DevOps 專家提供的應用程式效能管理 (APM) 服務。您可於下方啟用此服務，以自動監視您的應用程式。此服務會偵測效能異常，且包含強大的分析工具，能協助您診斷問題並了解使用者實際使用應用程式的方式。您的帳單是根據 Application Insights 使用的資料量和您的資料保留設定來計費。　深入了解 ☑

App Insights 價格 ☐

Application Insights

啟用 Application Insights *　　　　　◯ 否　◉ 是

Application Insights *　　　　　　(新增) TeaTimeDemo (East US)　　　　　　▽
　　　　　　　　　　　　　　　建立新項目

地區　　　　　　　　　　　　East US

[檢閱 + 建立]　　[< 上一步]　　[**下一步：標籤 >**]

▲ 圖 11-39　建立 Web 應用程式畫面

步驟09 點選下一步：檢閱 + 建立。

▲ 圖 11-40　建立 Web 應用程式畫面

步驟10 點選建立。

▲ 圖 11-41　建立 Web 應用程式畫面

步驟11 等待部署完成。

▲ 圖 11-42 等待部署畫面

步驟12 完成後點選前往資源。

▲ 圖 11-43 部署完成畫面

接下來等待部署完成，點擊預設網域的網址就可以開啟網頁囉。

▲ 圖 11-44 專案資訊畫面

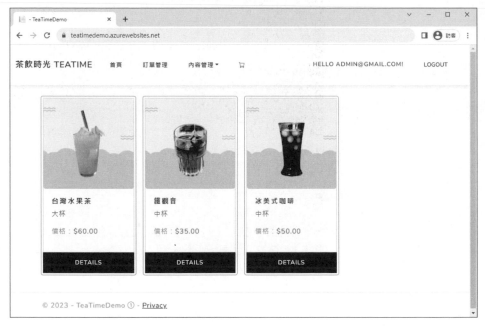

▲ 圖 11-45 專案部署完後開啟的畫面

以上就是本章節部署所有流程。